印制电路板设计与应用

唐雯雯　丘海宁　著

北京工业大学出版社

图书在版编目（CIP）数据

印制电路板设计与应用 / 唐雯雯，丘海宁著. — 北京：北京工业大学出版社，2018.12（2021.5重印）
ISBN 978-7-5639-6007-1

Ⅰ．①印… Ⅱ．①唐… ②丘… Ⅲ．①印刷电路板（材料）—电路设计 Ⅳ．①TM215

中国版本图书馆CIP数据核字（2019）第 021051 号

印制电路板设计与应用

著　　者：唐雯雯　丘海宁
责任编辑：申路好
封面设计：点墨轩阁
出版发行：北京工业大学出版社
　　　　　（北京市朝阳区平乐园100号　邮编：100124）
　　　　　010-67391722（传真）　bgdcbs@sina.com
出 版 人：郝　勇
经销单位：全国各地新华书店
承印单位：三河市明华印务有限公司
开　　本：787毫米×960毫米　1/16
印　　张：18.75
字　　数：375 千字
版　　次：2018年12月第1版
印　　次：2021年5月第2次印刷
标准书号：ISBN 978-7-5639-6007-1
定　　价：79.80元

版权所有　　翻印必究
（如发现印装质量问题，请寄本社发行部调换010-67391106）

内 容 简 介

Protel DXP 是目前应用广泛的印制电路板和电子线路设计软件。本书主要介绍了使用 Protel DXP 软件绘制电路原理图、印制电路板等内容。同时，本书也详细介绍了与此相关的元件图和元件封装图、印制电路板设计原则，各种设计对象的属性设置方法、绘制方法和编辑方法，以及各类文件的设计步骤和操作方法。本书采用案例教学法，配合具体实例进行讲解，便于学生快速掌握印制电路板设计知识。

本书适用于中高职院校相关专业学生，也适合印制电路板设计初学者阅读使用。

前　言

随着现代科学技术的持续发展，电子工业技术也在不断进步，大规模、超大规模集成电路的应用越来越广泛，相应的电路板制作工艺也越来越复杂，利用计算机设计制作原理图和电路板的软件应运而生，Protel DXP 软件就是其中的佼佼者。

Protel DXP 软件自问世以来，随着计算机技术的迅速发展，从 DOS 环境下的 Protel for DOS 到基于 Windows 的 Protel for Windows 1.0，再到 Protel 98、Protel 99、Protel 99SE，版本在不断地更新换代，近年来又先后推出了 Protel DXP、Altium Designer 6.0 等版本，新版本的功能越来越强大，智能化程度也越来越高。从目前的生产使用环节来看，Protel DXP 软件已逐步呈现取代 Protel 99SE 软件的趋势，因此学习 Protel DXP 软件的应用是非常必要的。

Protel DXP 软件在功能上全面兼容 Protel 系列以前版本的设计文件，还提供了混合电路仿真功能，为正确设计实验原理图电路中某些功能模块提供了方便；提供了全新的 FPGA 设计功能，这是以前版本所没有提供的功能；提供了更加丰富的原理图组件库和印制电路板（PCB）封装库以及强大的查错功能。Protel DXP 软件将原理图编辑、电路仿真、印制电路板设计及打印功能有机地结合在一起，提供了一个集成开发环境，因此，其功能更强大，使用更方便。

本书共 10 章，其主要内容概括如下。

第 1 章主要介绍 Protel DXP 软件的设计环境、Protel DXP 软件的文件管理及电路板设计步骤，该章属于了解内容，但也是学习 Protel DXP 软件的基础。

第 2 章主要介绍原理图设计环境的设置、原理图中元件库管理器的使用以及原理图模板的设计。该章是绘制原理图的基础，掌握该章内容可以设置原理图设计环境，以使它们可以为绘制原理图提供更好的服务。

第 3 章主要介绍画图工具箱、元件属性的设置、原理图的编辑、层次原理图的设计方法以及有关元件报表文件的生成。原理图是仿真和制作电路板的基础，因此该章是读者需要重点掌握的内容。

第 4 章主要介绍元件图的绘制方法。原理图的主要设计对象即为元件，Protel DXP 软件提供了非常丰富的集成元件库，但不可避免地还有一些元件是集成元件库中找不到的，因此需要设计者自己绘制元件图。

第 5 章主要介绍电路板相关的基础知识、电路板板层的管理和电路板设计环境的设置。要学习制作电路板首先要了解各个板层的功能，因此，了解电路板的相关基础知识是非常重要的。

第 6 章主要介绍人工定义电路板、手工设计电路板案例分析、电路板的编辑，并说明对元件手工布局、布线的方法。电路板的定义在制作电路板的过程中是最基本的内容，如果不能定义电路板则无法展开后续电路板的制作工作。

第 7 章主要介绍电路板的布局、布线的方法，以及电路板设计规则的设置。该章是制作电路板的关键所在，是读者要掌握的重中之重。

第 8 章主要介绍元件封装图的绘制方法。与原理图中的元件图类似，元件封装图也是电路板中重要的设计对象，设计者可以根据所买元件的实际尺寸来绘制所需要的元件封装图，以使元件封装符合设计者的安装要求。

第 9 章主要介绍仿真原理图的绘制，仿真分析参数的设置以及仿真结果的分析。仿真并不是 Protel DXP 软件的强项，但是如果能在制作电路板之前对原理图进行仿真，就可以更好地了解电路图能否符合设计者的要求。

第 10 章主要介绍电路板设计的原则，包括电路板的选择、尺寸、布局、布线和抗干扰设计，了解这些设计规则可以使读者更好地设计出合格的电路板。

目　录

第1章　Protel DXP 软件设计基础 ··· 1

1.1　熟悉 Protel DXP 软件设计环境 ··· 1
  1.1.1　案例介绍及知识要点 ··· 1
  1.1.2　操作步骤 ··· 1
  1.1.3　知识点总结——Protel DXP 软件的设计环境 ··· 5
  1.1.4　知识点总结——文件的建立 ··· 7

1.2　Protel DXP 软件的文件管理 ··· 9
  1.2.1　Protel DXP 软件中的文件 ··· 9
  1.2.2　管理文件 ··· 10
  1.2.3　管理项目文件中的设计文件 ··· 10

1.3　电路板设计步骤 ··· 11
  1.3.1　原理图设计 ··· 11
  1.3.2　电路板图设计 ··· 12

第2章　原理图设计环境 ··· 13

2.1　原理图设计环境的设置 ··· 13
  2.1.1　案例介绍及知识要点 ··· 13
  2.1.2　操作步骤 ··· 14
  2.1.3　知识点总结——原理图选项设置 ··· 16
  2.1.4　知识点总结——原理图参数设置 ··· 20

2.2　元件库管理器 ··· 26
  2.2.1　案例介绍及知识要点 ··· 26
  2.2.2　操作步骤 ··· 27
  2.2.3　知识点总结——元件库管理器面板 ··· 31
  2.2.4　知识点总结——添加/删除元件库 ··· 35
  2.2.5　知识点总结——查找元件 ··· 38
  2.2.6　知识点总结——放置元件 ··· 40

2.3　原理图模板的应用与设计 ··· 41
  2.3.1　案例介绍及知识要点 ··· 41
  2.3.2　操作步骤 ··· 41

第3章 原理图的绘制 ·················· 47

3.1 绘制原理图案例分析 ·················· 47
3.1.1 案例介绍及知识要点 ·················· 47
3.1.2 操作步骤 ·················· 48

3.2 知识点总结——画图工具箱 ·················· 53
3.2.1 导线 ·················· 54
3.2.2 总线、总线分支和网络标号 ·················· 56
3.2.3 电源、地线符号 ·················· 64
3.2.4 输入/输出端口 ·················· 65
3.2.5 节点 ·················· 67
3.2.6 其他画图工具 ·················· 68

3.3 知识点总结——设置元件属性 ·················· 68
3.3.1 元件属性对话框 ·················· 68
3.3.2 快捷修改元件序号及参数 ·················· 74

3.4 知识点总结——原理图的编辑 ·················· 75
3.4.1 选择元件 ·················· 75
3.4.2 调整元件的位置 ·················· 77
3.4.3 元件的复制、剪切、粘贴和删除 ·················· 79

3.5 层次原理图的设计 ·················· 80
3.5.1 案例介绍及知识要点 ·················· 81
3.5.2 操作步骤 ·················· 81
3.5.3 知识点总结——层次原理图的设计方法 ·················· 86
3.5.4 由原理图文件产生方块电路符号 ·················· 87

3.6 知识点总结——编译工程 ·················· 88
3.6.1 设置编译工程选项 ·················· 88
3.6.2 编译工程 ·················· 91

3.7 知识点总结——生成网络表 ·················· 92

3.8 知识点总结——有关元件的报表文件 ·················· 94
3.8.1 元件报表 ·················· 94
3.8.2 元件交叉参考表 ·················· 95

第4章 元件图的绘制 ·················· 97

4.1 绘制元件图案例分析 ·················· 97
4.1.1 案例介绍及知识要点 ·················· 97
4.1.2 操作步骤 ·················· 98

- 4.2 知识点总结——元件图设计环境及管理器 ················102
  - 4.2.1 集成元件库概述 ················102
  - 4.2.2 进入元件图设计环境 ················103
  - 4.2.3 元件图设计管理器 ················106
- 4.3 知识点总结——元件图绘制工具的使用 ················108
  - 4.3.1 绘图工具箱 ················109
  - 4.3.2 "IEEE"工具箱 ················114
  - 4.3.3 对齐栅格工具菜单 ················114
- 4.4 知识点总结——元件库的调用及更新 ················115
- 4.5 知识点总结——有关元件库的报表文件 ················116
  - 4.5.1 元件报表 ················116
  - 4.5.2 元件库报表 ················117

第5章 印刷电路板设计基础 ················119

- 5.1 印刷电路板基础知识 ················119
  - 5.1.1 案例介绍及知识要点 ················119
  - 5.1.2 操作步骤 ················119
  - 5.1.3 知识点总结——印刷电路板结构 ················122
  - 5.1.4 知识点总结——元件封装 ················122
- 5.2 电路板板层的管理 ················123
  - 5.2.1 案例介绍及知识要点 ················124
  - 5.2.2 操作步骤 ················124
  - 5.2.3 知识点总结——电路板板层的设置 ················125
  - 5.2.4 知识点总结——板层显示与颜色管理 ················126
- 5.3 电路板设计环境的设置 ················128
  - 5.3.1 案例介绍及知识要点 ················128
  - 5.3.2 操作步骤 ················129
  - 5.3.3 知识点总结——电路板选项设置 ················130
  - 5.3.4 知识点总结——电路板参数设置 ················132
- 5.4 电路板管理器 ················138

第6章 人工制作电路板 ················141

- 6.1 定义电路板 ················141
  - 6.1.1 案例分析及知识要点 ················141
  - 6.1.2 人工定义电路板的操作步骤 ················141
  - 6.1.3 利用向导新建印制电路板的操作步骤 ················144

  6.1.4　知识点总结——电路板设计原则 ································· 151
  6.1.5　知识点总结——印制电路板设计环境 ····························· 152
  6.1.6　知识点总结——修改定义的电路板边框 ·························· 152
 6.2　手工设计电路板案例分析 ··· 153
  6.2.1　案例介绍及知识要点 ·· 153
  6.2.2　操作步骤 ··· 153
  6.2.3　知识点总结——放置电路板设计对象 ····························· 157
  6.2.4　铜膜线 ··· 158
  6.2.5　焊盘 ··· 159
  6.2.6　过孔 ··· 162
  6.2.7　圆和圆弧 ··· 163
  6.2.8　填充 ··· 165
  6.2.9　覆铜 ··· 166
  6.2.10　知识点总结——字符串 ·· 168
  6.2.11　元件封装 ··· 169
  6.2.12　直线 ··· 171
  6.2.13　坐标 ··· 172
  6.2.14　尺寸线 ··· 173
  6.2.15　设置坐标原点 ·· 175
  6.2.16　焊盘补泪滴 ·· 175
 6.3　知识点总结——电路板的编辑 ·· 176
  6.3.1　设计对象的调整 ·· 176
  6.3.2　选取元件封装 ·· 178
  6.3.3　移动设计对象 ·· 180
  6.3.4　排列元件封装 ·· 181
  6.3.5　剪切、复制和粘贴元件 ·· 183
  6.3.6　删除元件 ·· 185
 6.4　知识点总结——元件手工布局 ·· 185
 6.5　知识点总结——元件手工布线 ·· 186

第7章　自动布线绘制电路板 ·· 187
 7.1　自动布线设计电路板案例分析 ·· 187
  7.1.1　案例介绍及知识要点 ·· 187
  7.1.2　操作步骤 ··· 187
 7.2　知识点总结——调入网络表 ·· 194

		7.2.1	编译设计项目 ············· 194
		7.2.2	装入网络与元件 ············· 194
	7.3	知识点总结——元件的布局 ············· 196
	7.4	知识点总结——电路板的设计规则设置 ············· 197
		7.4.1	设计规则工作界面介绍 ············· 197
		7.4.2	电气特性的设置 ············· 199
		7.4.3	布线规则设置 ············· 201
		7.4.4	表贴式元件特性设置 ············· 208
	7.5	知识点总结——自动布线与清除布线 ············· 210
		7.5.1	自动布线 ············· 210
		7.5.2	清除布线 ············· 211
	7.6	有关电路板图的报表文件 ············· 212
		7.6.1	电路板图的网络表文件 ············· 212
		7.6.2	元件报表 ············· 213
		7.6.3	简单元件报表 ············· 213

第8章 元件封装图的绘制 ············· 215

8.1	绘制元件封装图案例分析 ············· 215
	8.1.1 案例介绍及知识要点 ············· 215
	8.1.2 操作步骤 ············· 216
8.2	知识点总结——元件封装编辑器 ············· 222
	8.2.1 元件封装编辑器介绍 ············· 222
	8.2.2 元件封装编辑器参数设置 ············· 223
8.3	制作元件封装图的方式 ············· 224
	8.3.1 案例分析及知识要点 ············· 224
	8.3.2 手工创建元件封装的操作步骤 ············· 224
	8.3.3 利用向导制作元件封装的操作步骤 ············· 228
8.4	知识点总结——元件封装管理 ············· 232

第9章 电路仿真 ············· 235

9.1	电路仿真实例 ············· 235
	9.1.1 案例介绍及知识要点 ············· 235
	9.1.2 操作步骤 ············· 236
9.2	知识点总结——电路仿真的基本步骤 ············· 246
9.3	常用元件参数设置 ············· 248
	9.3.1 电阻器设置 ············· 248

- 9.3.2 电容器 ... 251
- 9.3.3 电感器 ... 252
- 9.3.4 石英晶体 ... 253
- 9.3.5 二极管 ... 253
- 9.3.6 三极管 ... 254
- 9.3.7 场效应管 ... 255
- 9.3.8 继电器 ... 256
- 9.3.9 熔丝 ... 257
- 9.3.10 变压器 ... 257
- 9.3.11 集成电路 ... 257
- 9.3.12 两种专用仿真元件 ... 259
- 9.3.13 仿真数学函数 ... 260

9.4 仿真激励源 ... 261
- 9.4.1 直流源 ... 261
- 9.4.2 正弦信号源 ... 262
- 9.4.3 脉冲信号源 ... 262
- 9.4.4 分段线性源 ... 263
- 9.4.5 调频信号源 ... 264
- 9.4.6 指数函数激励源 ... 265

9.5 仿真实例 ... 266
- 9.5.1 仿真步骤及注意事项 ... 266
- 9.5.2 仿真练习 ... 266

第10章 电路板的设计原则 ... 275

10.1 一般原则 ... 275
- 10.1.1 电路板的选择 ... 275
- 10.1.2 电路板尺寸 ... 275
- 10.1.3 电路板布局 ... 276
- 10.1.4 电路板布线 ... 277
- 10.1.5 焊盘 ... 278
- 10.1.6 大面积填充 ... 278
- 10.1.7 跨接线 ... 279

10.2 接地 ... 279
- 10.2.1 地线的共阻抗干扰 ... 279
- 10.2.2 如何连接地线 ... 279

10.3 抗干扰设计··················280
10.4 高频布线··················281
10.5 电路板设计指导··················282

第 1 章　Protel DXP 软件设计基础

1.1　熟悉 Protel DXP 软件设计环境

1.1.1　案例介绍及知识要点

①建立项目文件。
②在此项目文件下建立原理图文件。
③在此项目文件下建立电路板图文件。
④在此项目文件下建立元件库文件。
⑤在此项目文件下建立元件封装库文件。

知识点

①熟悉 Protel DXP 软件操作环境。
②掌握建立项目文件及各类文件的方法。
③了解电路板的设计步骤。

1.1.2　操作步骤

1. 新建项目文件

执行"File\New\PCB Project"命令，在"Projects"面板中显示如图 1.1 所示的默认项目文件。

图 1.1　新建项目文件的"Projects"面板

执行"File\Save Project"命令，弹出如图 1.2 所示的保存项目文件对话框。在"保存在"下拉列表框中选择保存路径"E：\Protel DXP\第 1 章"，在"文件名"文本框中输入"第一章"，即此项目文件名为"第一章"。

完成此操作后的"Projects"面板如图 1.3 所示。

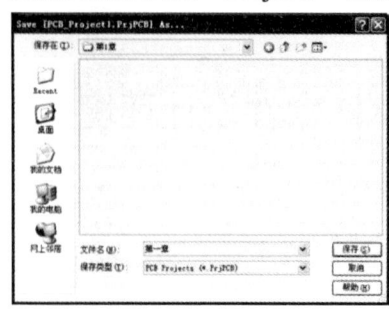

图 1.2　保存项目文件对话框　　图 1.3　保存项目文件后的"Projects"面板

2. 新建原理图文件

在"第一章.PRJPCB"文件名上右击，在弹出的快捷菜单（见图 1.4）中选择"Add New to Project\Schematic"命令，即可新建一个原理图文件，这时的"Projects"面板如图 1.5 所示。

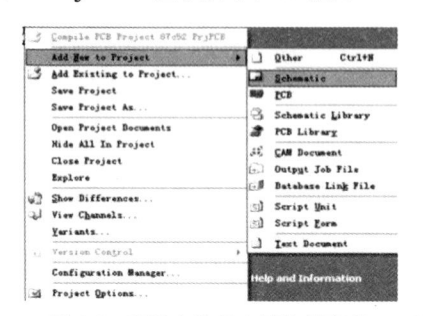

图 1.4　项目文件的右键快捷菜单　　图 1.5　新建原理图文件后的"Projects"面板

执行"File\Save"命令，弹出如图 1.6 所示的保存原理图文件对话框。此时，默认路径为"E：\Protel DXP\第 1 章"，在"文件名"文本框中输入"原理图"。

完成此操作后的"Projects"面板如图 1.7 所示。

图 1.6　保存原理图文件对话框　　图 1.7　保存原理图后的"Projects"面板

3. 新建电路板图文件

在"第一章.PRJPCB"文件名上右击,在弹出的快捷菜单中选择"Add New to Project\PCB"命令,即可新建一个电路板图文件,"Projects"面板如图1.8所示。

执行"File\Save"命令,弹出如图1.9所示的保存电路板图文件对话框。此时,默认路径为"E:\Protel DXP\第1章",在"文件名"文本框中输入"电路板图"。

完成此操作后的"Projects"面板如图1.10所示。

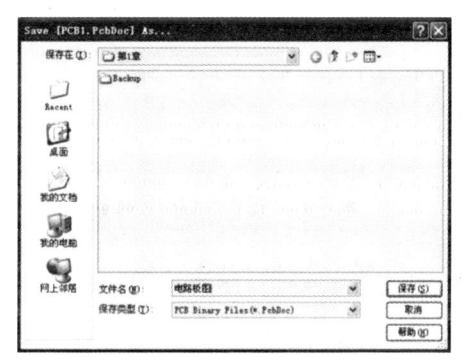

图1.8 新建电路板图文件后的"Projects"面板　　图1.9 保存电路板图文件对话框

4. 新建元件库文件

在"第一章.PRJPCB"文件名上右击,在弹出的快捷菜单(见图1.4)中选择"Add New to Project\Schematic Library"命令,即可新建一个元件库文件,这时的"Projects"面板如图1.11所示。

图1.10 保存电路板图后的"Projects"面板　　图1.11 新建元件库文件后的"Projects"面板

执行"File\Save"命令，弹出如图 1.12 所示的保存元件库文件对话框。此时，默认路径为"E：\Protel DXP\第 1 章"，在"文件名"文本框中输入"元件库"。

完成此操作后的"Projects"面板如图 1.13 所示。

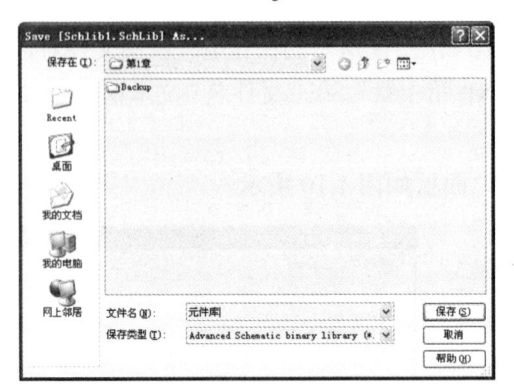

图 1.12　保存元件库文件对话框　　　图 1.13　保存元件库后的"Projects"面板

5. 新建元件封装库文件

在"第一章.PRJPCB"文件名上右击，在弹出的快捷菜单（见图 1.4）中选择"Add New to Project\PCB Library"命令，即可新建一个元件封装库文件，这时的"Projects"面板如图 1.14 所示。

图 1.14　新建元件封装库文件后的"Projects"面板

执行"File\Save"命令，弹出如图 1.15 所示的保存元件封装库文件对话框。此时，默认路径为"E：\Protel DXP\第 1 章"，在"文件名"文本框中输入"元件封装库"。

完成此操作后的"Projects"面板如图 1.16 所示。

图 1.15　保存元件封装库文件对话框　　图 1.16　保存元件封装库后的"Projects"面板

1.1.3　知识点总结——Protel DXP 软件的设计环境

　　Protel DXP 软件的设计环境主要分为七个部分：菜单栏、工具栏、标签栏、命令行、库文件面板、管理器面板以及主工作区。命令行在进入具体的设计文件后，才有数据显示。库文件面板一般为隐藏的，若打开元件库后，Protel DXP 软件的设计环境如图 1.17 所示。

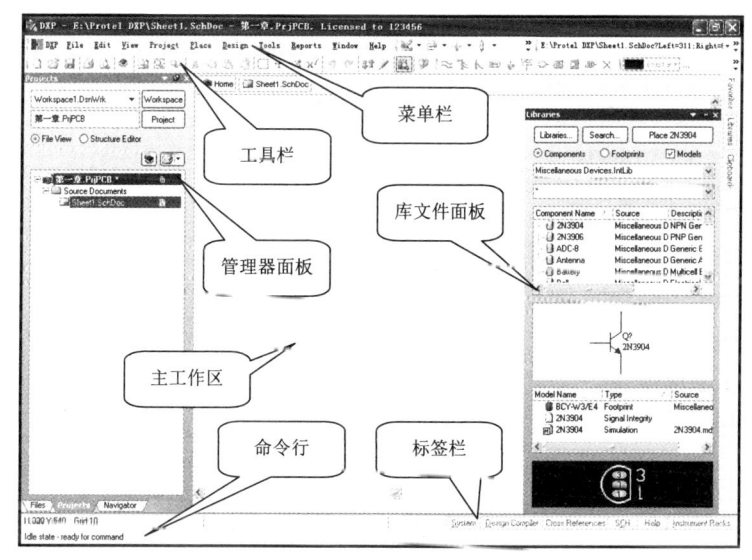

图 1.17　带有元件库面板的设计环境

　　菜单栏、工具栏和库文件面板在不同的设计文件中不尽相同，在后续的章节中再进行一一介绍。但"Files"面板和标签栏以及"DXP"菜单都是相同的，在此对它们进行简单的介绍。

1. "Files"面板

"Files"面板如图 1.18 所示，其主要包括如下 5 个卷展栏。

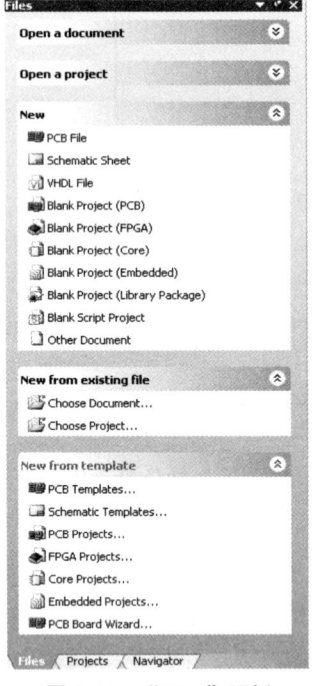

图 1.18　"Files"面板

①Open a document：打开一个已存在的文件。

②Open a project：打开一个已存在的项目文件。

③New：新建文件。

④New from existing file：由已存在的文件新建文件。

⑤New from template：由模板新建文件。

在设计环境中面板不会全部打开，单击右边的双箭头可以打开或收起这一部分菜单选项。

单击面板下方的标签页可以在已打开的管理器面板中进行切换。

2. 标签栏

图 1.19 为 Protel DXP 软件设计环境中的标签栏，单击标签栏中的面板名称可以显示或隐藏相应的菜单。在原理图和元件库设计环境中有"SCH"面板，在电路板图和元件封装库设计环境中有"PCB"面板。

图 1.19　标签栏

标签栏中各面板包含的菜单命令简单列举如下。

①System：Clipboard，Favorites，Libraries，Messages，Files，Output，To-Do，Projects。

②Design Compiler：Differences，Compile Errors，Compile Object Debugger，Navigator。

③SCH：List，Sheet，Inspector。

④PCB：List，PCB，Inspector。

3．"DXP"菜单

图 1.20 为"DXP"菜单，此菜单主要用来设置 Protel DXP 软件的默认环境、备份路径以及对所有 Protel DXP 软件环境下的文件进行统一规定。根据用户自己的习惯，可以进行部分修改，在此仅对其中各命令做出解释。

①Customize：自定义菜单的内容、快捷键和工具按钮。

②System Preferences：设置 Protel DXP 软件的原始设置环境、备份路径等。

图 1.20 "DXP"菜单

③System Info：EDA Service，Protel DXP 软件可以兼容的文件。

④Run Process：运行某一程序。

⑤Licensing：Protel DXP 软件的许可信息。

⑥Run Script：选择并打开已有的文件。

⑦Run Script Debugger：执行某文件的调试程序。

1.1.4 知识点总结——文件的建立

1．建立项目文件

选择"File\New"菜单，可以看到如图 1.21 所示的"New"子菜单，其中包括所有可以建立的文件。选择"PCB Project"命令，建立 PCB 项目文件；选择"FPGA Project"命令，可以建立 FPGA 项目文件。这两个项目文件都是 Protel DXP 软件中常用的项目文件，本书重点介绍 PCB 项目文件中的所有相关文件。

2. 建立设计文件

（1）执行"File\New"菜单建立文件

在图 1.21 所示的"New"子菜单中，除了可以建立项目文件之外，所有的设计文件都可以在这里建立，选择不同的建立文件命令即可建立不同的设计文件。各命令对应的设计文件如下。

①Schematic：原理图文件。

②VHDL Document：硬件描述语言文件。

③PCB：电路板图文件。

④Schematic Library：元件库文件。

⑤PCB Library：元件封装库文件。

⑥PCB3D Library：3D 元件封装库文件。

⑦Text Document：文本文件。

⑧Output Job File：输出工作点文件。

⑨CAM Document：电路板工厂实际生产所需的 CAM 文件。

⑩Database Link File：数据库链接文件。

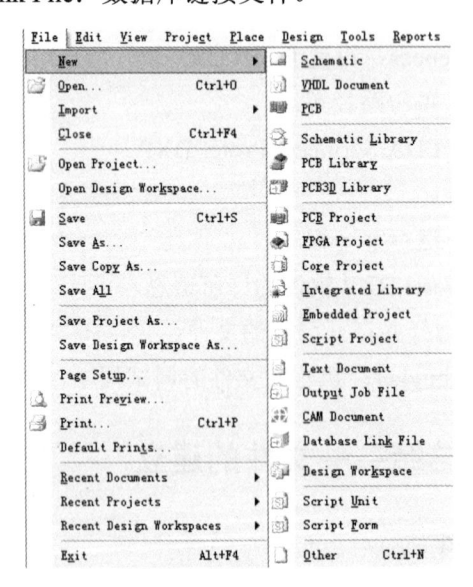

图 1.21 "File"菜单和"New"子菜单

（2）利用"Projects"面板中的右键快捷菜单建立文件

图 1.4 为在"Projects"面板中的印制电路板（PCB）项目文件上右击弹出的快捷菜单，选择"Add New to Project"子菜单中的命令，可以在该印制电路板项目文件中添加新文件，其中主要的文件与利用"File\New"菜单建立的文件相同。

（3）两种建立方法的区别

利用上述两种新建文件的方法都可以在 Protel DXP 软件中建立新的文件，但是两者的不同之处在于：利用"File\New"菜单建立文件时，需要先使欲建立文件所在的项目文件处于活动状态，即先选中项目文件中的任一文件，然后再执行建立文件的命令，否则当前哪一个项目文件处于活动状态就会将新文件添加到那个项目文件中，有时直接执行命令新建文件还可能会建立一个不属于任何项目文件的浮动文件；利用右键快捷菜单建立文件时，在欲建立文件的项目文件上右击即可。

1.2　Protel DXP 软件的文件管理

1.2.1　Protel DXP 软件中的文件

前面已经介绍了建立项目文件和四种绘图文件的方法，这也是学习 Protel DXP 软件必须先熟悉的 Protel DXP 软件的文件结构。Protel DXP 软件可以将各文件单独存放，但是，在设计工作中需要设计的往往是电路板，因此，在设计某一电路板项目时，需要先建立一个项目文件，然后再在此项目文件中建立与此项目相关的原理图文件和电路板图文件等，并且存放在该项目文件所在的文件夹中，从而方便管理维护。若不将原理图文件和电路板图文件放在同一项目文件中，会有很多操作无法进行。

图 1.16 所示的"Projects"面板展示的内容就是在一个项目文件中建立了四种常用设计文件后的文件结构关系，即在印制电路板项目文件下包含原理图文件、电路板图文件、元件库文件和元件封装库文件。Protel DXP 软件中常用的主要设计文件的类型及其后缀与"File\New"菜单中各命令的对应如表 1.1 所示。

表 1.1　设计文件类型

"New"命令	文件类型	后　缀
PCB Project	印制电路板项目文件	PCBPrj
Schematic	原理图文件	SchDoc
PCB	电路板图文件	PCBDoc
Schematic Library	元件库文件	SchLib
PCB Library	元件封装库文件	PCBLib
Integrated Library	集成库文件	IntLib

> 说明：Protel DXP 软件中提供了集成库文件，在集成库中包含了元件库和元件封装库，但在用户设计时一般只设计元件库或元件封装库，所以在使用默认库文件时为集成库文件，新建库文件时为元件库文件或元件封装库文件。

1.2.2 管理文件

Protel DXP 软件中文件的管理均可由"File"菜单（见图 1.21）来完成，其中包括新建、保存、导入和导出文件等。除已经介绍过的建立文件之外，文件的打开、保存也极为重要。在如图 1.21 所示的"File"菜单中，对文件管理的命令简单介绍如下。

①Open：打开已经建立的文件。
②Import：导入文件。
③Close：关闭打开的文件。
④Open Project：打开已存在的项目文件。
⑤Open Design Workspace：打开已存在的设计工作空间。
⑥Save Project As：将当前项目文件另存为。
⑦Save Design Workspace As：将当前设计工作空间另存为。
⑧Save All：保存当前所有打开的文件。
⑨Recent Documents：打开右边子菜单列出最近的设计文件。
⑩Recent Projects：打开右边子菜单列出最近的项目文件。
⑪Recent Design Workspaces：打开右边子菜单列出最近的工作空间。

1.2.3 管理项目文件中的设计文件

由于设计文件可以单独保存，所以若没有将某些设计文件放置在项目文件中也可以自由添加或删除这些设计文件。

在如图 1.4 所示的右键快捷菜单中，选择"Add Existing to Project…"命令可以弹出如图 1.22 所示的对话框，选择所需添加到项目文件中的设计文件即可。

若要删除项目文件中的某一设计文件，可以在要删除的文件上右击，弹出如图 1.23 所示的快捷菜单，选择"Remove from Project…"命令，将其从所在项目文件中删除。但需要注意的是，这个命令仅仅是将设计文件从当前项目文件中删除，而不会从计算机硬盘中删除。

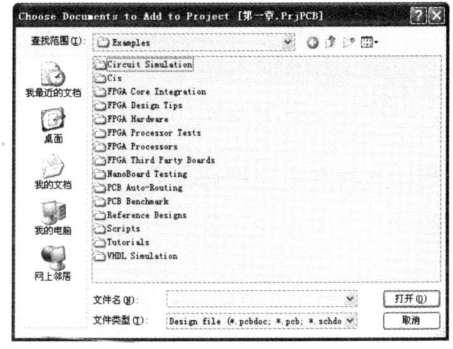

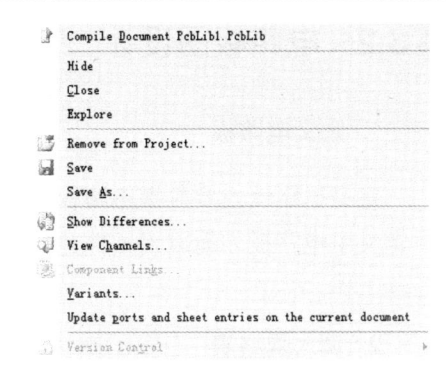

图 1.22 添加文件对话框　　　　图 1.23 "Project"面板中设计文件的右键快捷菜单

1.3 电路板设计步骤

本教程主要针对电路板项目文件进行介绍，为让用户有一个对电路板项目文件设计方法的总体把握，首先介绍电路板的设计步骤。电路板的设计主要分为两大部分：原理图设计和电路板图设计。

1.3.1 原理图设计

1. 原理图设计环境设置

绘制原理图之前要先对设计环境进行设置，以使设计环境适合自己的设计习惯及设计要求。设计环境主要包括图纸大小、可视栅格、捕捉栅格、电气捕捉栅格等。

2. 放置元件

载入元件库后，从元件库中选择所需元件，放置到图纸上，并修改元件属性，元件属性包括元件的序号、元件封装及元件参数。

3. 原理图布线

利用工具栏中的工具连接各元件的引脚，主要的连接方法包括导线和总线、网络标号等。

4. 编译原理图

对绘制好的原理图进行电气规则检查的设置，对原理图进行编译，查找并修正错误；根据需要生成各种报表，如网络表、元件报表等。

1.3.2 电路板图设计

1. 定义电路板

定义电路板主要包括电路板设计环境的设置和电路板边框的定义。只有先定义了电路板才能放置元件封装和铜膜线等主要设计对象，否则无法进行后续工作。

2. 调入网络表

由绘制好的原理图载入网络表文件，即将原理图中的各元件及元件之间的关系载入电路板图中，为后续工作做准备。

3. 元件布局、布线

首先将载入的元件封装在电路板范围内排列好位置；然后对电路板进行布局和布线的设计规则的设置，并进行布线；最后再利用DRC（设计规则检查）检查整个电路板。

整个电路板图的设计完成之后，再生成工厂加工所需要的文件，然后即可送到电路板生产厂家进行生产。

若在原理图和电路板图的设计过程中，Protel DXP软件自带的元件库和元件封装库中没有设计者所需的元件或元件封装，用户就需要自己绘制元件图和元件封装图。具体的设计步骤将在以后的章节中再做详细介绍。

第 2 章 原理图设计环境

绘制原理图时,首先应该设置原理图的设计环境,添加、查找必要的元件库。好的原理图设计环境可以更有效地帮助用户绘制原理图,虽然许多设置可以使用默认值,但是了解设计环境各选项设置的意义仍然是必要的,查找元件更是在画图时所必须掌握的操作。

2.1 原理图设计环境的设置

在绘制原理图时,首先应该对原理图设计环境的参数进行设置,使设计者在绘图时能够方便好用。尽管每个使用者使用软件的习惯不尽相同,但一般来说,默认的设计环境设置基本可以满足要求。原理图设计环境的设置包括两个部分:原理图选项设置(Design\Document Options)和原理图参数设置(Tools\Schematic Preference)。本节中,给大家介绍各个选项的具体意义,在使用时可以根据自己的习惯及需要进行设置。但除个别选项外,建议大家选用默认参数。

2.1.1 案例介绍及知识要点

按如下要求设置原理图的设计环境。

①设置原理图图纸尺寸为"A4",图纸方向为水平,捕捉栅格为10mil,可视栅格为10mil,电气捕捉栅格为8mil。

②去掉复制时的原理图模板,设置多元件部件的部件序号以字母表示,设置光标为小十字光标。

知识点

①了解原理图选项设置。
②了解原理图参数设置。

2.1.2 操作步骤

1. 原理图选项设置

在原理图设计环境中，执行"Design\Document Options"命令，弹出如图2.1所示的"Document Options"对话框。在"Sheet Options"页面中，按照图2.1所示相关选项进行设置。各参数设置要求说明如下。

①原理图图纸尺寸："Standard Style"区域中的"Standard styles"设置为"A4"。

②图纸方向："Options"区域中的"Orientation"设置为"Landscape（纵向）"。

③捕捉栅格："Grids"区域中的"Snap"设置为"10"。

④可视栅格："Grids"区域中的"Visible"设置为"10"。

⑤电气捕捉栅格：在"Electrical Grid"区域中选中"Enable"复选框，将"Grid Range"设置为"8"。

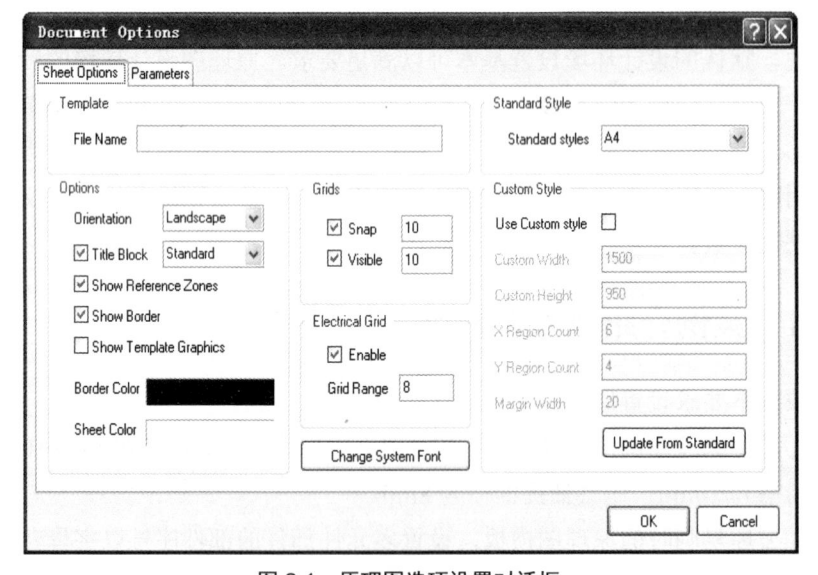

图2.1 原理图选项设置对话框

2. 原理图参数设置

在原理图设计环境中，执行"Tools\Schematic Preference"命令，弹出如图2.2所示的"Preferences"对话框。在"Schematic"页面和"Graphical Editing"页面中分别完成要求的参数设置。各参数设置要求说明如下。

（1）"Schematic"页面中的设置（见图2.2）

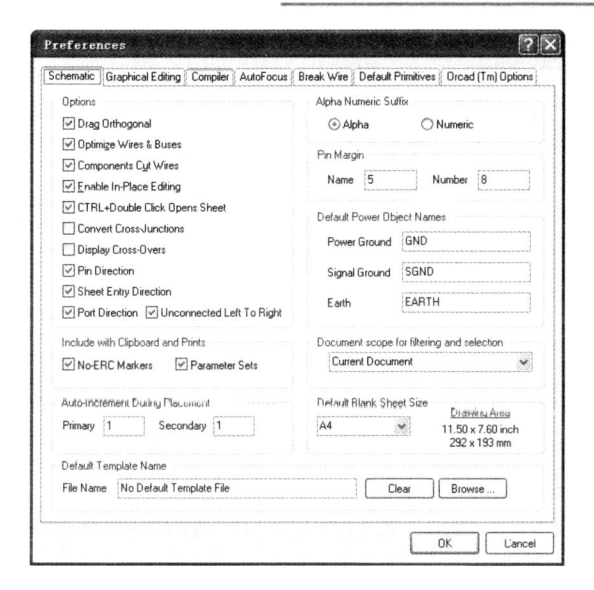

图 2.2　原理图参数对话框"Schematic"页面

多元件部件的序号设置："Alpha Numeric Suffix"区域中选择"Alpha"单选按钮。

（2）"Graphical Editing"页面中的设置（见图 2.3）

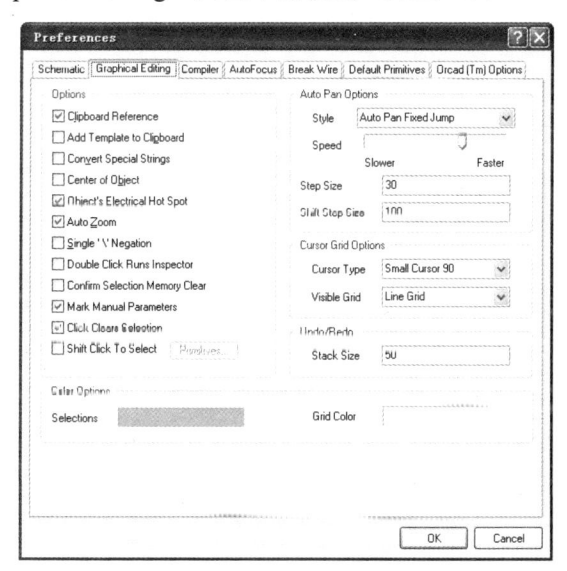

图 2.3　原理图参数设置对话框"Graphical Editing"页面

①去掉复制时的原理图模板：在"Options"区域中取消选中"Add Template to Clipboard"复选框。

②光标设置：在"Cursor Grid Options"区域中的"Cursor Type"下拉列表框中选择"Small Cursor 90"。

2.1.3 知识点总结——原理图选项设置

1. "Sheet Options"页面

执行"Design\Document Options"命令后，默认弹出的原理图选项设置对话框的页面即"Sheet Options"页面（见图2.1）。在此页面中，可以设置原理图的图纸大小、栅格大小、模板设置及标题栏等选项。

（1）"Template"区域

若没有使用任何模板，"File Name"为一个文本输入框；若已经调用了某模板，则显示当前使用的原理图模板的名称。

（2）"Options（选项）"区域

设置与图纸有关的颜色、标题栏等选项，但不包括图纸尺寸的设置。详细介绍如下。

①Orientation：设置图纸方向。Landscape：水平放置。Portrait：垂直放置。

②Title Block：选择标题栏的类型。Protel DXP软件提供的标题栏类型有两种："Standard"为标准标题栏，如图2.4所示；"ANSI"为美国国家标准标题栏，如图2.5所示。

③Show Reference Zones：选中显示参考边框或参考区域。如果不选中显示边框，则只显示有参考区域而不显示实际的边框。

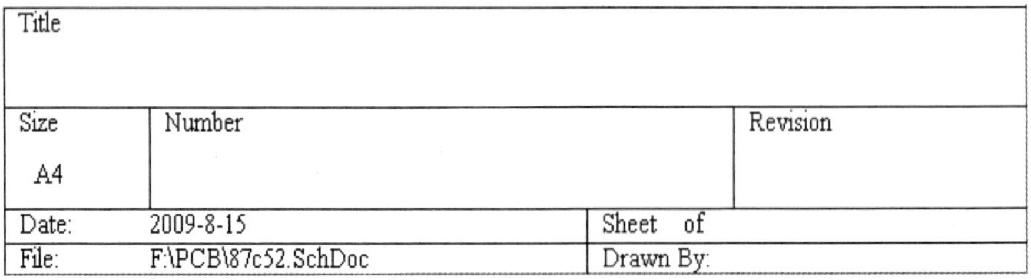

Title			
Size A4	Number		Revision
Date:	2009-8-15	Sheet	of
File:	F:\PCB\87c52.SchDoc	Drawn By:	

图2.4 "Standard"标题栏

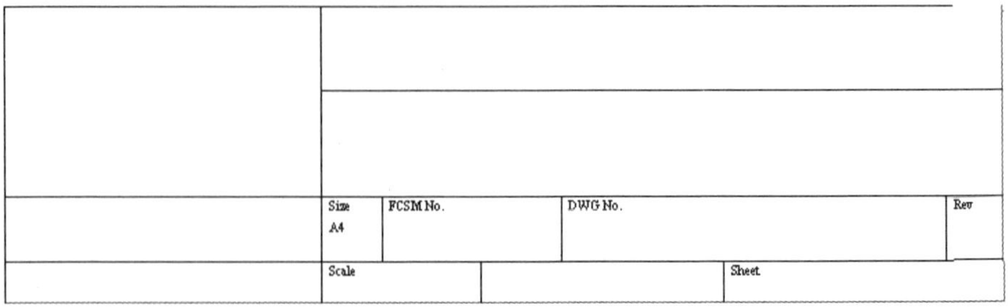

	Size A4	FCSM No.	DWG No.	Rev
	Scale		Sheet	

图2.5 "ANSI"标题栏

④Show Border：选中显示边框。

⑤Show Template Graphics：选中显示模板中的图片。

⑥Border Color：设置原理图边框的颜色，单击颜色条，弹出如图 2.6 所示的"Choose Color（选择颜色）"对话框，在选择颜色对话框中单击选择所需颜色，然后单击"OK"按钮确定。

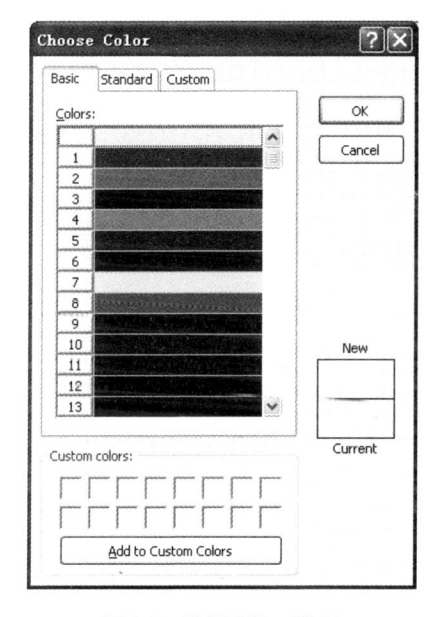

图 2.6　选择颜色对话框

⑦Sheet Color：设置原理图图纸的颜色，设置方法同上。

（3）"Grids"区域

设置图纸上的可视栅格和捕捉栅格。

①Snap：选中使用捕捉栅格，默认的捕捉栅格为 10mil。捕捉栅格的作用为，使用捕捉栅格时，鼠标在执行移动、放置设计对象的操作时每次移动的单位都是捕捉栅格所设置的数值。

②Visible：选中显示可视栅格，默认的可视栅格为 10mil；否则不显示可视栅格，即栅格的设置无效。

注意：一般说来在原理图或者电路板中，不要随意更改其默认的颜色，以免与其他默认颜色混淆，带来不必要的麻烦。

（4）"Electrical Grid"区域

设置电气捕捉栅格，电气捕捉栅格的作用在于，当有电气特性的两个对象相距小于这个数量时，会自动连接到一个点上，有利于原理图的连接等。

①Enable：选中显示电气捕捉栅格。

②Grid Range：设置电气捕捉栅格的大小，默认设置为 8。

（5）"Standard Style"区域

选择 Protel DXP 软件提供的默认原理图图纸的尺寸。

Protel DXP 软件提供的原理图图纸尺寸有如下类型。

①公制：A4、A3、A2、A1、A0。

②英制：A、B、C、D、E。

③OraCAD：OraCADA、OraCADB、OraCADC、OraCADD、OraCADE。

④其他：Letter、Legal、Tabloid。

（6）"Custom Style"区域

①Use Custom style：只有选中此复选框才可以自定义原理图的尺寸。

②Custom Width：自定义宽度。

③Custom Height：自定义高度。

④X Region Count：X 方向参考区域的宽度。

⑤Y Region Count：Y 方向参考区域的宽度。

⑥Margin Width：参考边框与边框的距离。

（7）设置系统字体

单击"Change System Font"按钮，弹出如图 2.7 所示的"字体"对话框。可以在此对话框中设置原理图中系统字体的字形、大小和颜色等，该设置主要针对元件引脚的序号和名称。

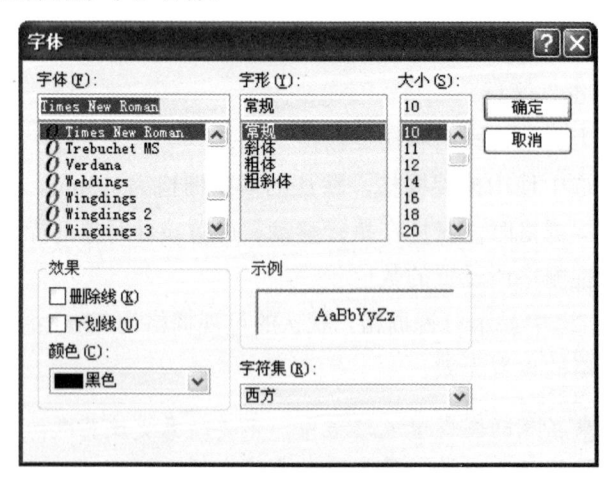

图 2.7　"字体"对话框

2．"Parameters"页面

在原理图选项设置对话框中单击"Parameters"标签，打开如图 2.8 所示的输入特殊字符串内容的页面，可以对原理图的设计信息进行设置。

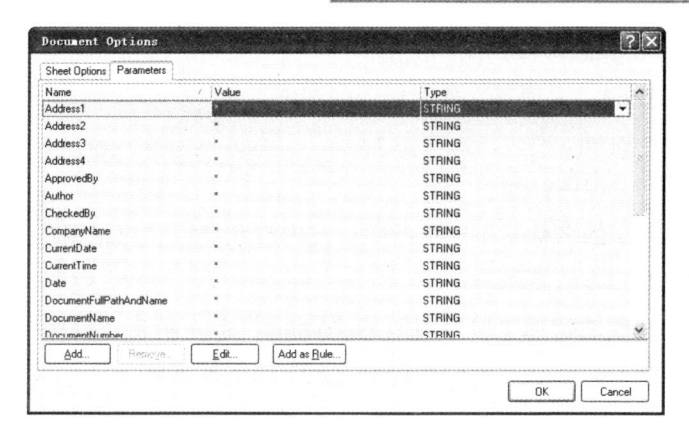

图 2.8　输入特殊字符串内容的页面

图 2.8 所示对话框中包括三栏：

①Name：特殊字符串的名称。

②Value：特殊字符串内容。

③Type：特殊字符串类型。

单击各栏的标题可以将各特殊字符串排序。

在 Protel DXP 软件中可以提供的特殊字符串说明如下。

①Address1～Address4：设计者地址。

②ApprovedBy：项目设计负责人。

③Author：图纸设计者。

④CheckedBy：图纸校对者。

⑤CompanyName：公司名称。

⑥CurrentDate：当前日期。

⑦CurrentTime：当前时间。

⑧Date：日期。

⑨DocumentFullPathAndName：文件所在全部路径和名称。

⑩DocumentName：文件名。

⑪DocumentNumber：文件号。

⑫DrawnBy：绘制图纸者。

⑬Engineer：设计工程师。

⑭ImagePath：图像路径。

⑮ModifiedDate：修改日期。

⑯Organization：设计机构名。

⑰Revision：设计图纸版本号。

⑱Rule：设计规则信息。

⑲SheetNumber：原理图图纸编号。

⑳SheetTotal：本项目文件中原理图图纸总数。

㉑Time：时间。

㉒Titel：原理图标题。

特殊字符串的名称是不能更改的，其内容和类型可以根据自己的需要进行修改。修改的方法有两种：

①在欲修改的特殊字符串对应的"Value"框中单击，直接在"Value"框中输入要设置的信息，单击"Type"框中的下拉菜单箭头，在其中选择所需的特殊字符串类型。

②双击要修改的特殊字符串，会弹出如图 2.9 所示的对话框，设计者可根据自己的需要修改各个参数值，比直接在"Parameters"页面中输入要详细一些。

特殊字符串的内容设置后，是不可以直接显示的，若要使特殊字符串能够在图纸上显示出来，必须与绘图工具栏中的输入字符相结合。具体的使用过程在自定义模板中再详细介绍。

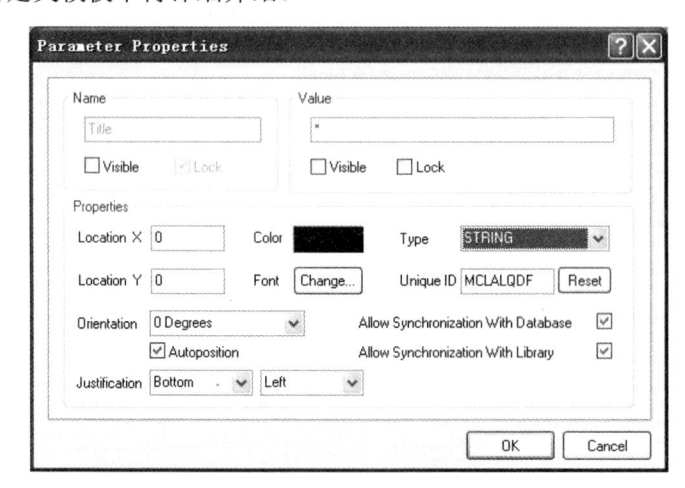

图 2.9 参数属性对话框

2.1.4 知识点总结——原理图参数设置

在原理图设计环境中，执行"Tools\Schematic Preferences"命令，即可弹出如图 2.2 所示的"Preferences"对话框。其中主要设置原理图图纸设计环境、默认的操作选项等内容。本节仅对常用的"Schematic"页面和"Graphical Editing"页面进行详细介绍。

1. "Schematic"页面

首次打开原理图设计环境设置对话框时,默认的页面即为"Schematic"页面(见图 2.2)。此页面中可以设置的参数及其说明如下。

(1)"Options"区域

①Drag Orthogonal:选中此复选框,以正交方式拖动元器件。

②Optimize Wires & Buses:选中此复选框,系统将自动优化连线,自动删掉重复的线路。

③Components Cut Wires:选中"Optimize Wires & Buses"选项才有可能对此项进行操作。选中此复选框,若某元件的两个引脚同时连接到一根导线上,则两引脚间的导线被自动切除。

④Enable In-Place Editing:选中此复选框,可以在原理图当中直接修改元件参数而不需要进入元件参数属性对话框。

⑤CTRL+Double Click Opens Sheet:选中此复选框,按住"Ctrl"键双击鼠标左键时,如果对元件进行操作,则选中此元件,如果对图纸符号进行操作,则打开对应子原理图,而非打开元件或图纸符号的属性。

⑥Convert Cross-Junctions:选中此复选框,在向已经连接的"T"字处增加一段导线形成四段导线的连接时,会自动产生两个相邻的三段导线的连接点,如图 2.10 所示。不选此复选框时,变成两条交叉的、没有电气连接的导线,如图 2.11 所示。

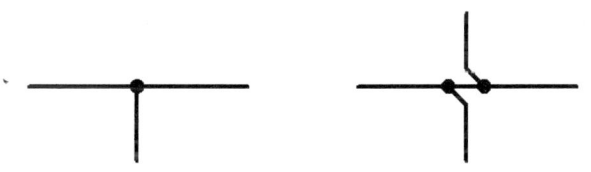

图 2.10 选中"Convert Cross-Junctions"时,连接前后的导线

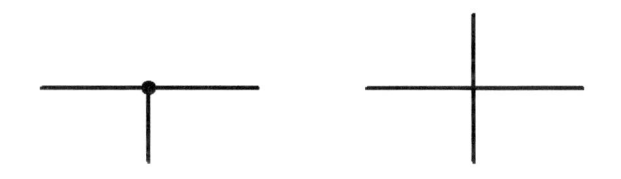

图 2.11 不选中"Convert Cross-Junctions"时,连接前后的导线

⑦Display Cross-Overs:选中此复选框,则在上述情况时会产生两条没有电气连接的导线,并产生曲线桥形式,如图 2.12 所示。

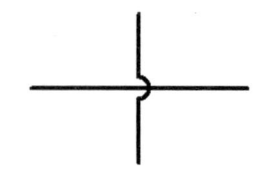

图 2.12　无电气连接导线的曲线桥形式

⑧Pin Direction：选中此复选框，原理图中的元件会显示引脚的信号方向。

⑨Sheet Entry Direction：选中此复选框，在设计层次原理图时显示图纸符号中端口的信号方向。

⑩Port Direction：选中此复选框，在设计层次原理图时显示原理图中端口的信号方向。

⑪Unconnected Left To Right：此复选框必须在选中"Port Direction"复选框时，才能进行操作。选中此复选框，原理图中所有端口的方向全部被设置为从左至右，端口设置中的"style"不再起作用。

（2）"Include with Clipboard and Prints"区域

①No-ERC Markers：选中此复选框，当利用剪切板对原理图进行复制打印等操作时，No-ERC 标记将被一起复制或打印。

②Parameter Sets：选中此复选框，当利用剪切板对原理图进行复制打印等操作时，设计对象的参数将被一起复制或打印。

（3）"Auto-Increment During Placement"区域

①Primary：在原理图设计环境中，放置元件时元件序号的自动增量。

②Secondary：在元件库编辑环境中，放置元件引脚时引脚序号的自动增量。

（4）"Alpha Numeric Suffix"区域

此区域中有两个单选按钮，主要用来设置多部件元件的序号表示方法。如元件 SN74LS00N 由 4 个与非门逻辑单元组成，每个单元在原理图中都可以单独使用，而实际上这是由 4 个部件组成的一个元件。为区分此类元件的各个部分，需要在序号中加以标示。

①Alpha：选中此单选按钮，用字母如 A、B 等来表示元件的各个部分，如图 2.13 所示。

②Numeric：选中此单选按钮，用数字表示元件的各个部分，为了区分表示各个部分的数字与表示序号的数字，在表示序号与表示部分的数字中间加一个"："，如图 2.14 所示。

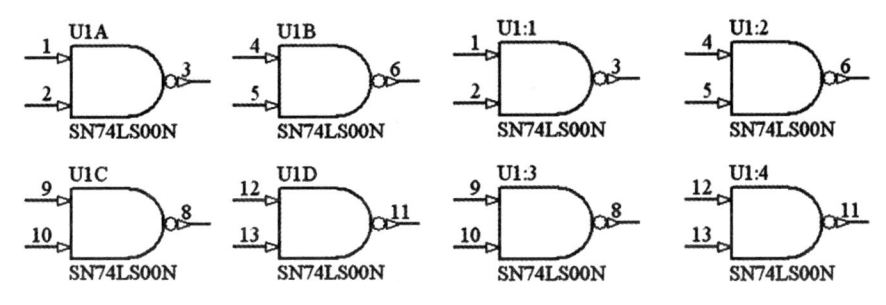

图 2.13　以字母表示序号　　　　图 2.14　以数字表示序号

（5）"Pin Margin"区域

此区域设置元件引脚的序号和名称离元件主图形边界的距离。

①Name：设置引脚名称离元件主图形边界的距离。

②Number：设置引脚序号离元件主图形边界的距离。

（6）"Default Power Object Names"区域

此区域设置默认的地线名称，分别对应于不同的地线符号。

①Power Ground：设置电源地的网络名称，系统默认为"GND"。对应的电源地的符号为"￪"。

②Signal Ground：设置信号地的网络名称，系统默认为"SGND"。对应的信号地的符号为"￬"。

③Earth：设置大地的网络名称，系统默认为"EARTH"。对应的大地的符号为"￬"。

（7）"Document scope for filtering and selection"区域

此区域设定本页面中的选项适用的范围。选择"Current Document"仅适用于当前文档；选择"Open Document"则适用于所有打开的文档。

（8）"Default Blank Sheet Size"区域

此区域设定默认的图纸大小。系统默认为"A4"。

（9）"Default Template Name"区域

此区域设定默认的模板文件。默认值为"No Default Template File"，即没有应用模板。

如需设定默认的模板文件，可以单击"Browse"按钮进行选择，在打开的对话框中选择所需的后缀为.chot 的文件，单击"打开"按钮即可设定默认的模板文件。若要取消已选择的默认模板文件，单击"Clear"按钮即可。

2. "Graphical Editing"页面

在"Preferences"对话框中单击上方的"Graphical Editing"标签，即可出现如图 2.15 所示的"Graphical Editing"页面。在此对话框中，主要设置原理图图纸环境的一些选项信息和摇景、光标等内容。

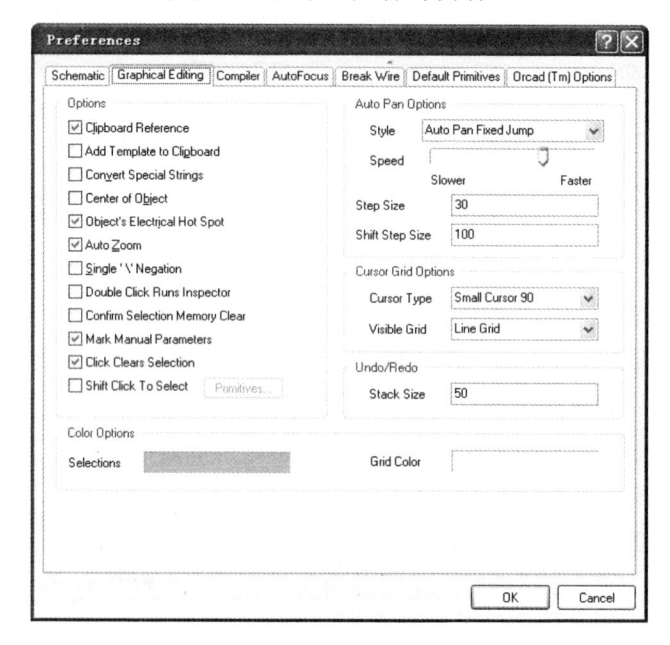

图 2.15 "Graphical Editing" 页面

（1）"Options" 区域

①Clipboard Reference：剪切板的参考点。选中此复选框，在执行复制或剪切命令时，光标会变成十字形，可以选择一个点作为将要进行复制或剪切的对象的参考点，以方便复制或剪切的操作。否则，选择复制或剪切命令时鼠标所在的点就是对象的参考点。建议在进行原理图设计的时候选中此复选框。

②Add Template to Clipboard：添加模板到剪贴板。选中此复选框，在执行复制或剪切命令时，系统会把模板文件一起添加到剪贴板上。否则，只复制或剪切选中的对象到剪贴板。在从 Protel DXP 软件中复制电路原理图到 Word 文档中时，添加模板会影响电路图的效果，建议在复制时取消选中此复选框。

③Convert Special Strings：转换特殊字符串。选中此复选框，将显示特殊字符串内容，否则，不显示特殊字符串。

④Center of Object：对象的中心点。选中此复选框，拖动时的参考点为对象的中心。

⑤Object's Electrical Hot Spot：电气对象热点。选中此复选框，拖动时的参考点为在使用鼠标选择元件时离鼠标最近的电气连接点，一般为某个引脚的端点。

⑥Auto Zoom：自动缩放。使用跳转命令寻找某一元件时，自动调整显示比例显示该元件。

⑦Single '\' Negation：非或负的符号表示。选中此复选框，则可以在字母前面输入"\"，此时字母显示非或负的形式。根据使用习惯，一般在字母后面输入"\"。

⑧Double Click Runs Inspector：选中此复选框，双击时会激活元件的"检查器"对话框，而不是元件属性对话框。

⑨Confirm Selection Memory Clear：选中此复选框，选择集存储空间可用于保存一组对象的选择状态。为了防止一个选择集存储空间被覆盖，建议选择此复选框。

⑩Mark Manual Parameters：当用一个点来显示参数时，这个点表示自动定位已经被关闭，并且这些参数被移动或旋转。选中此复选框，则显示此点。

⑪Click Clears Selection：选中此复选框，用鼠标单击原理图的任意位置都可以取消设计对象的选中状态；不选中此复选框，只有用鼠标单击设计对象时才能取消设计对象的选中状态。

（2）"Auto Pan Options"区域

该区域设置摇景功能的各项参数。

①Style：摇景模式的选择。

a. Auto Pan Off：不使用摇景功能。

b. Auto Pan Fixed Jump：按设置的步距进行摇景。

c. Auto Pan ReCenter：当光标移动到图纸边缘时，自动将光标处显示为窗口中心。

②Speed：摇景速度的设置。

③Step Size：移动步距的设置。系统默认为"30"。

④Shift Step Size：按下"Shift"键时移动步距的设置。系统默认为"100"。

（3）"Cursor Grid Options"区域

①Cursor Type：光标类型的设置。

a. Small Cursor 90：水平线和垂直线组成的小十字光标。系统默认值。

b. Large Cursor 90：水平线和垂直线组成的大十字光标，水平线和垂直线分别延伸到图纸的边沿。

c. Small Cursor 45：两条交叉的45°线组成的小光标。

②Visible Grid：可视栅格的类型。

a. Line Grid：可视栅格为线状。系统默认此值。

b. Dot Grid：可视栅格为点状。选择此种类型，只有在栅格的交叉点上有一个点，不建议选择此种类型。

若要原理图显示可视栅格，必须在"Document Options"对话框中选中"显示可视栅格"才可以显示。

（4）"Undo/Redo"区域

Stack Size：设置可撤销或重复操作的次数。系统默认值为"50"。此值设置越大，占用系统内存越大，因此，建议不要设置过大。

（5）"Color Options"区域

设置选中对象的颜色和栅格的颜色。

③Selections：设置选中对象的外框的颜色，默认为亮绿色。单击彩色条可以打开设置颜色的对话框。

④Grid Color：设置可视栅格的颜色，默认为很浅的灰色。

本软件中有很多颜色的设定，根据颜色可以判断很多对象的属性或状态等。建议，如果没有特殊需要，不要对系统定义的颜色进行修改。

2.2 元件库管理器

Protel DXP 软件中的集成元件库与以往 Protel 版本的元件库不同，集成元件库中包含了元件符号、元件封装符号以及元件仿真模型和信号完整性模型等。在画图之前，装载必要的元件库是首要的工作。

Protel DXP 软件默认的元件库管理器中装载了两个常用的印制电路板项目文件的集成元件库。但在真正画图时，这两个集成元件库很有可能不会包含所需元件，因此需要查找所需元件所在的元件库，并进行加载。

本节中，将详细介绍元件的查找，元件库的装载，以及元件库管理器的使用方法等。

2.2.1 案例介绍及知识要点

①添加 Simulation Sources 元件库。

②查找元件 NE555N，添加该元件所在元件库，并将其放置在原理图上。

知识点

①掌握元件库的添加方法。

②掌握查找元件的方法。

③掌握放置元件的方法。

2.2.2 操作步骤

1. 添加元件库

①打开元件库管理器面板,如图 2.16 所示。

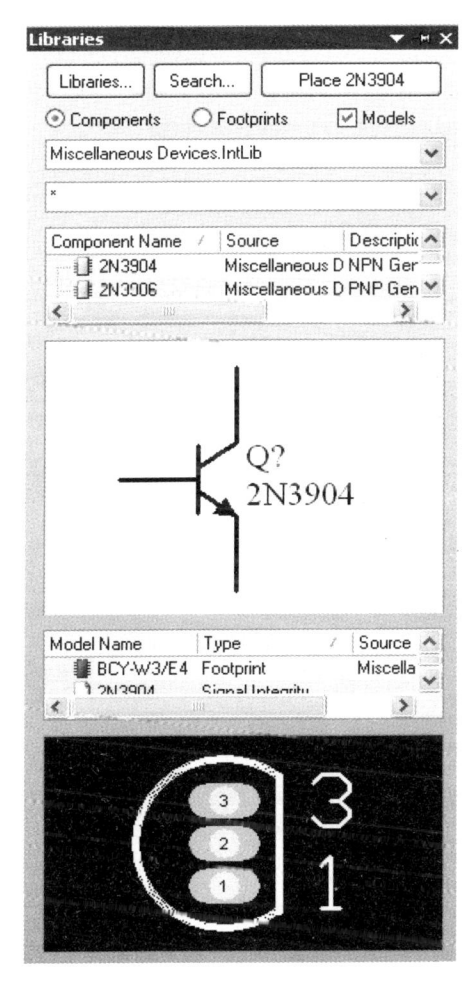

图 2.16 元件库管理器

②单击"Libraries"按钮,弹出添加元件库对话框,切换到"Installed"选项卡,如图 2.17 所示。

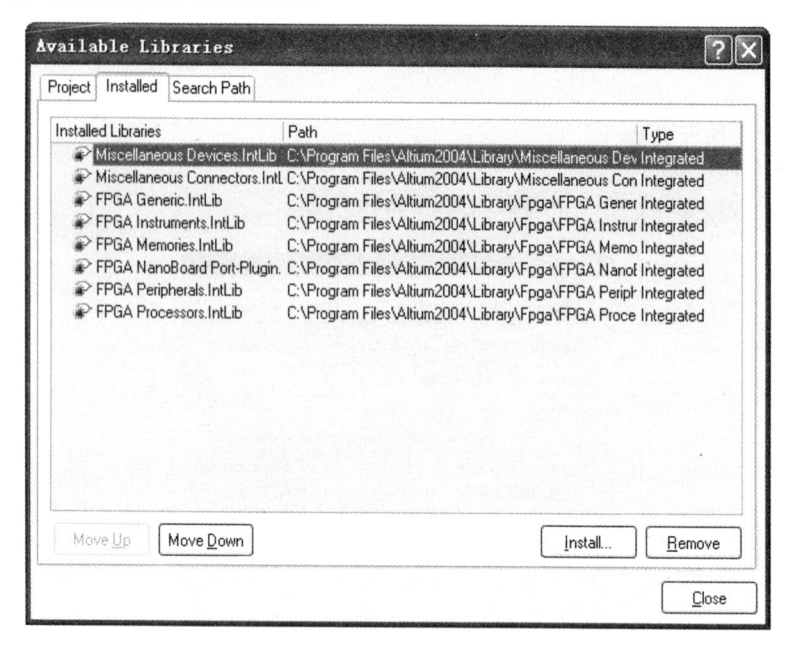

图 2.17　添加元件库对话框

③单击"Install"按钮，打开 Protel DXP 软件自带元件库所在的对话框，找到 Simulation Sources 元件库所在的文件夹，如图 2.18 所示。

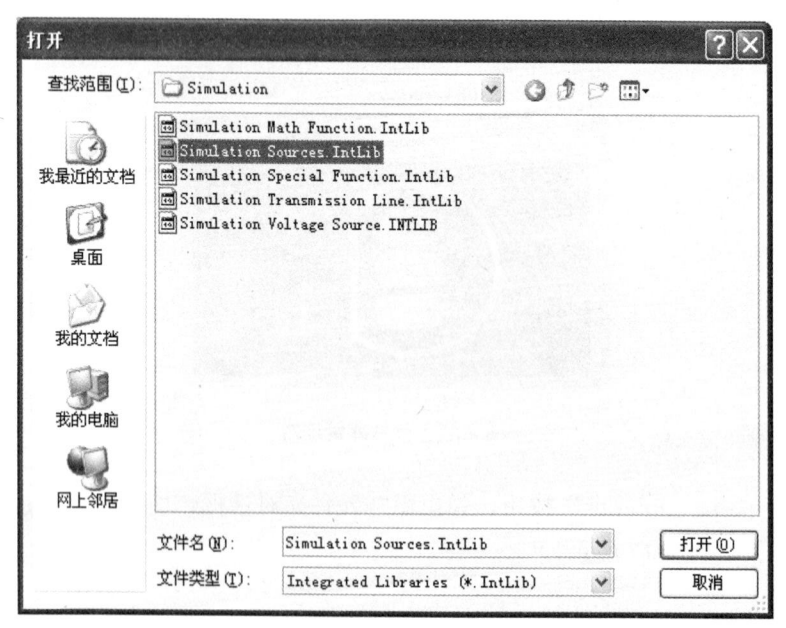

图 2.18　元件库 Simulation Sources 所在的文件夹

④双击 Simulation Sources 元件库，即可添加该元件库，同时回到图 2.17 所示的添加元件库对话框，单击"Close"按钮结束元件库的添加。

2. 查找元件

①在图 2.16 所示的元件库管理器中单击"Search"按钮,弹出图 2.19 所示的查找元件对话框。

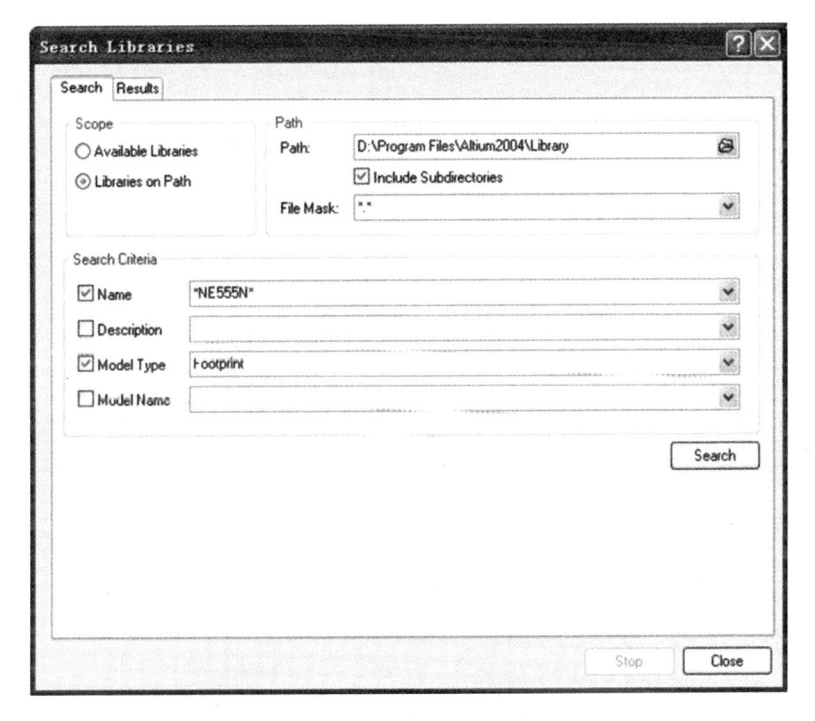

图 2.19 查找元件对话框

②在查找元件对话框中的"Scope"区域中选择"Libraries on Path"单选按钮,在"Path"区域中的"Path"中将路径设置为 Protel DXP 软件安装目录下的"Library",并选中"Include Subdirectories"复选框,在"Search Criteria"的"Name"中输入"*NE555N*"。这里输入前后两个"*"作为通配符,以防元件库中的名称与查找的元件名称不完全相符而找不到。

③上述设置完成后单击"Search"按钮,Protel DXP 软件开始进行查找,并弹出如图 2.20 所示的查找结果对话框,查找的结果也在该对话框中显示出来。

④选中合适的元件,单击"Install Library"按钮,即可添加元件库。

⑤添加元件后的元件库管理器面板如图 2.21 所示。找到添加的元件库,在该元件库中找到"NE555N",双击选择该元件,单击即可将该元件放置在原理图图纸上。

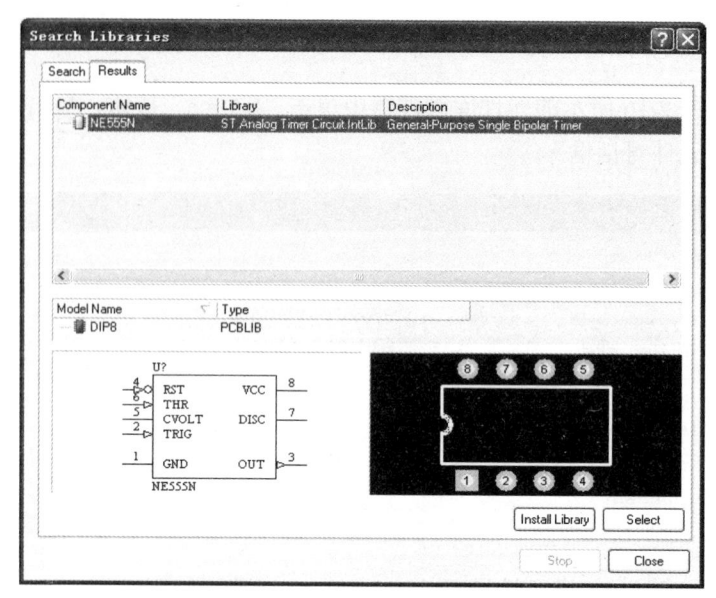

图 2.20　查找结果对话框

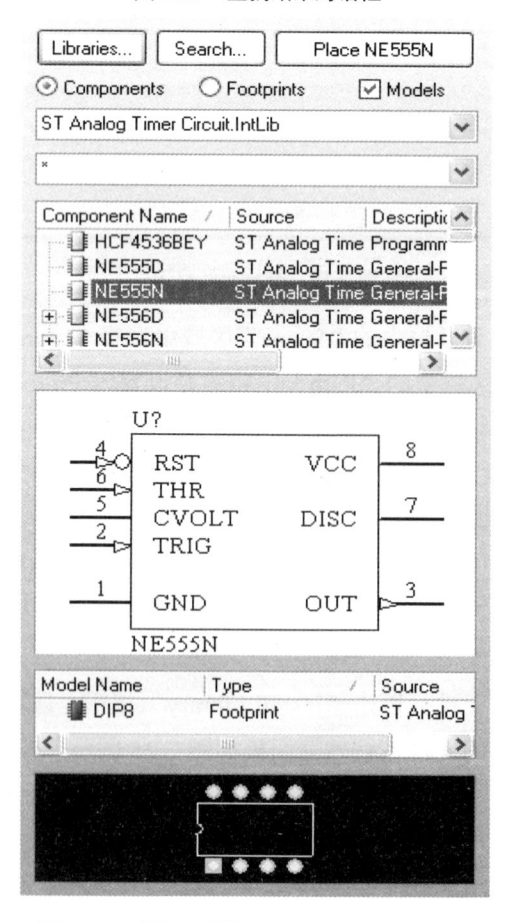

图 2.21　添加所查找元件后的元件库管理器

2.2.3 知识点总结——元件库管理器面板

在标签栏的 System 中选择"Libraries"可以打开元件库管理器面板，如图 2.22 所示。在打开的元件库管理器右侧有如图 2.23 所示的元件库标签页，单击可以切换显示"Favorites""Libraries"和"Clipboard"面板。

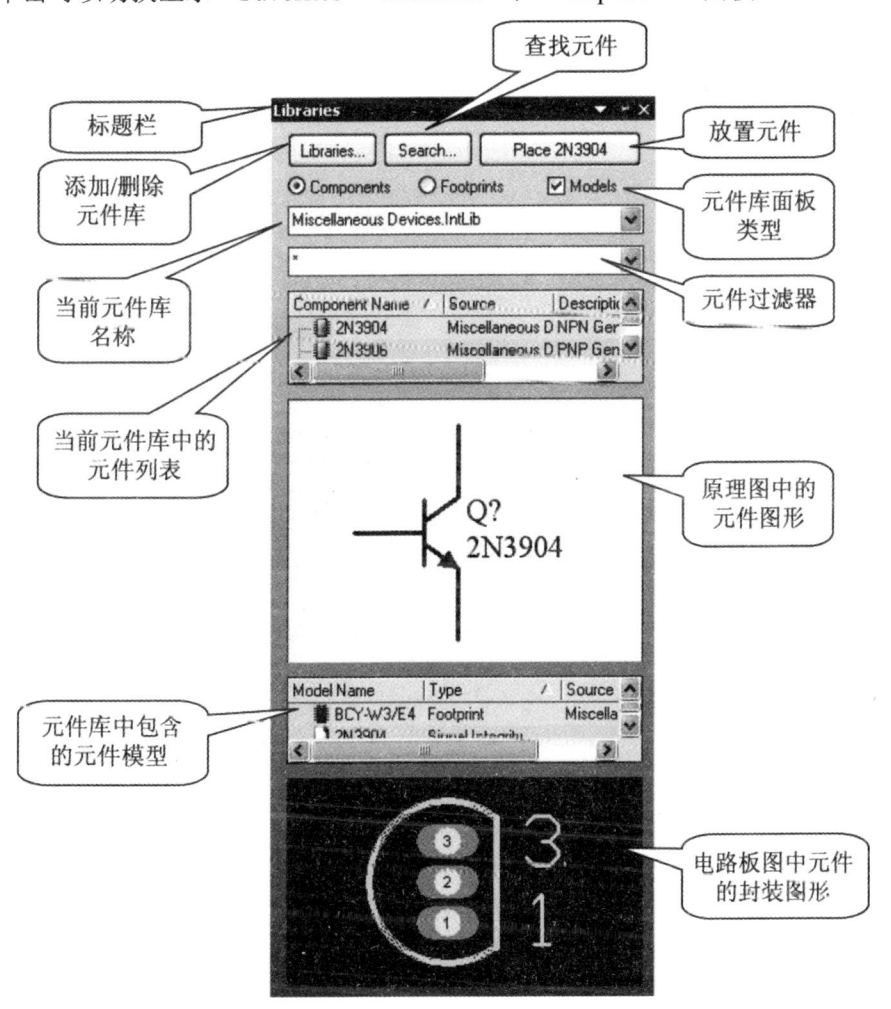

图 2.22　元件库管理器

1. 元件库管理器标题栏

① ▼：单击此箭头，同样可以在"Favorites""Libraries"和"Clipboard"面板中切换。

② ▣：在此状态下，元件库管理器面板在不使用时可以自动隐藏。元件库面板隐藏后如图 2.23 所示，成为元件库标签页的形式。

③ ![icon]：在此状态下，元件库管理器面板不自动隐藏，总是在前端显示。此时的元件库面板如图 2.24 所示。

单击"![icon]"按钮，可在上述两种状态间切换。

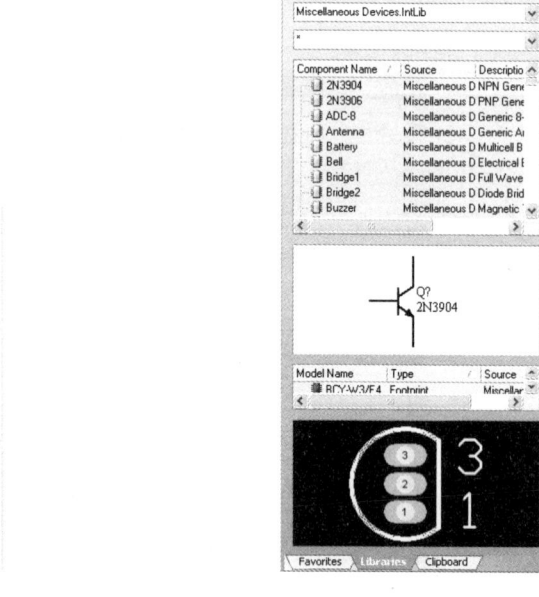

图 2.23　元件库标签页　　图 2.24　不自动隐藏的元件库管理器面板

2. 元件库面板类型

原理图中元件库的显示类型有两种。

①Components：选择此单选按钮，元件库管理器如图 2.24 所示，它主要显示元件库中的元件信息，并且显示此元件对应的元件封装和仿真模型信号完整性分析模型。选中此单选按钮时，再选中"Models"复选框会显示元件封装的信息及元件封装的预显示图形，否则隐藏元件封装的信息。

②Footprints：选择此单选按钮，元件封装库管理器如图 2.25 所示，它只显示元件封装库。在原理图设计环境中是不能选择此项的，选择此项不能放置元

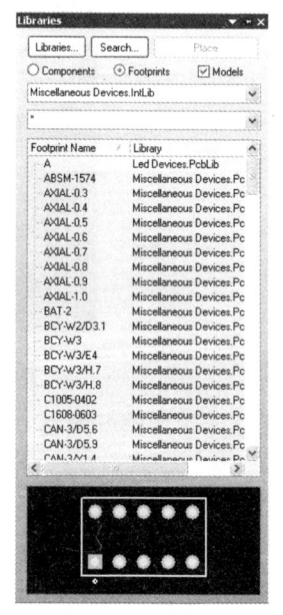

图 2.25　元件封装库管理器

件。选中此选项时，再选中"Models"复选框会显示元件封装的预显示图形，否则隐藏。

3. 当前元件库名称

单击此栏中的下拉箭头，在下拉菜单中可以选择已经装载的元件库，选中哪个元件库此栏中就显示哪个元件库的名称。默认的元件库为"Miscellaneous Devices.IntLib"。

4. 元件过滤器

元件过滤器是用来查找当前元件库中的元件的，输入元件的名称或元件的部分名称，在元件列表中将只显示以输入的元件名称为名称的元件或以此为前面部分字母的元件，输入的元件名称不区分大小写。

但有时有些元件名称并不都知道，则可以用"*"代替部分元件名称。

举例如下：在元件过滤器中输入"res"，则元件列表显示如图 2.26 所示；在元件过滤器中输入"res2"，则元件列表显示如图 2.27 所示；在元件过滤器中输入"*es"，则元件列表显示如图 2.28 所示。

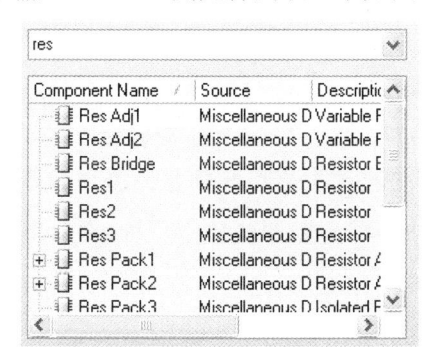

图 2.26　输入"res"的元件列表 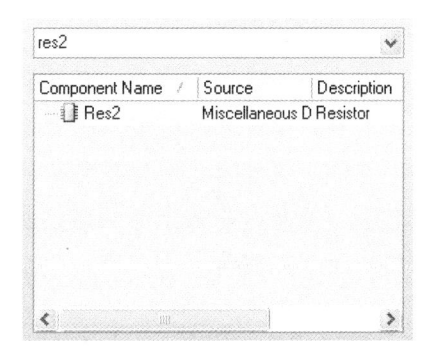　　图 2.27　输入"res2"的元件列表

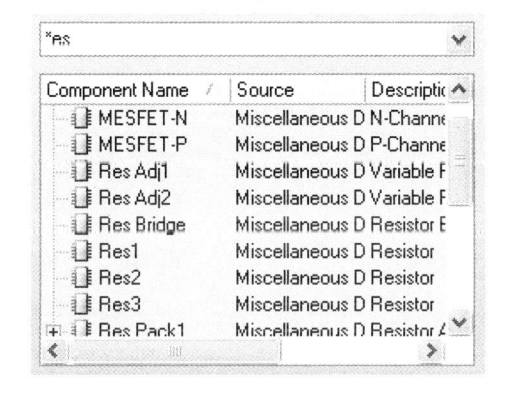

图 2.28　输入"*es"的元件列表

5. 元件列表

元件列表显示当前元件库中经过滤器过滤后的元件列表。

元件列表的顺序按照元件的首字母进行排序，为了选择元件的方便，也可以在单击其中任一元件后，再按键盘上的字母进行快捷查找。例如：输入"r"之后，元件列表的显示转到以"R"为首字母的元件上，如图 2.29 所示；输入"res"之后，元件列表转到以"Res"为前三个字母的元件上，如图 2.30 所示。

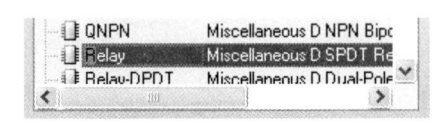

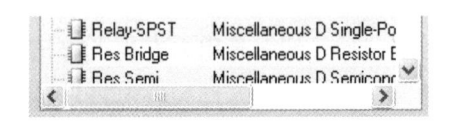

图 2.29　输入"r"时的元件列表

图 2.30　输入"res"时的元件列表

在元件列表中多部件元件的显示如图 2.31 所示。单击元件名称前的"+"可以清楚地表示出一个元件有几个部分，在放置元件时可以直接选择其中的某一部分，使放置元件更加方便。

6. 元件模型

集成的元件库中包含了元件的元件图形、元件封装图形、元件仿真模型和信号完整性分析模型。在"元件模型"这一栏中，将显示元件列表内选中元件所包含的元件封装名称、元件仿真模型名称和信号完整性分析模型名称，以及这些模型所对应的类型和来源。例如：选中"Res2"，元件模型如图 2.32 所示。

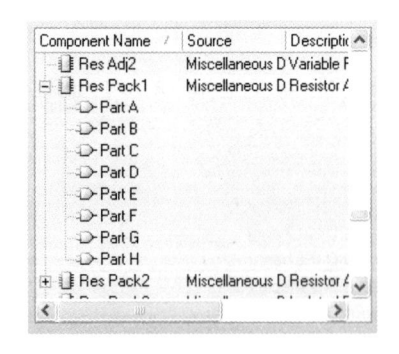

图 2.31　多部件元件的显示

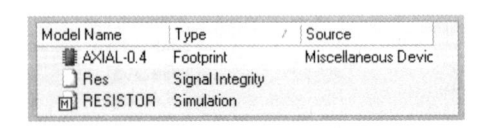

图 2.32　"Res2"的元件模型

注意：这些模型不能直接放置，必须在放置元件后，在元件属性中进行设置。

2.2.4　知识点总结——添加/删除元件库

Protel DXP 软件为设计者提供了大量的集成元件库，从中可以找到我们所需要用的大部分元件，但是在实际的操作过程中，这些集成元件库不能直接使用，必须将它加载到设计环境下；而且，不是集成元件库加载得越多越好，只要加载需要使用的即可，因为加载的元件库如果太多，会给在已加载的元件库中查找放置元件带来不必要的麻烦。

打开添加/删除元件库对话框的方法有两种：
①单击"Libraries"按钮；
②执行"Design\Add/Remove Library"命令。

执行上述命令后，均可弹出如图 2.33 所示的"Available Libraries"对话框。

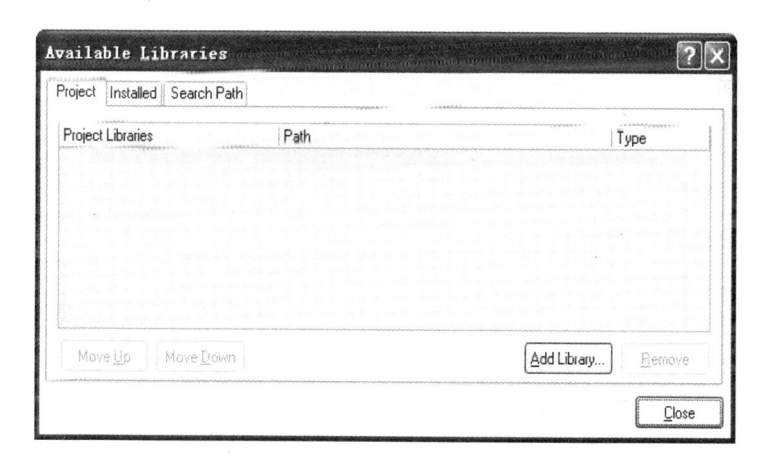

图 2.33　"Available Libraries"对话框的"Project"选项卡

此对话框中含有三个选项卡。

1. "Project"选项卡

此选项卡中显示当前项目文件中的元件库文件。

①"Add Library"按钮：单击此按钮，添加原理图元件库或集成元件库到当前项目文件中。添加原理图元件库后的"Project"选项卡如图 2.34 所示，此时"Project"选项卡中项目文件的结构如图 2.35 所示；添加集成元件库后的"Project"选项卡如图 2.36 所示。此时"Project"选项卡中项目文件的结构如图 2.37 所示。但需注意的是，打开添加的集成元件库时，此元件库并不在项目文件中，而是单独打开这个集成元件库文件，项目文件结构如图 2.38 所示。

图 2.34 添加原理图元件库后的"Project"选项卡

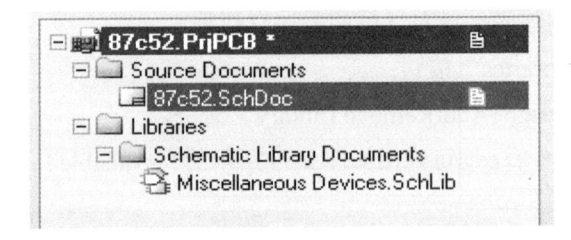

图 2.35 加入原理图元件库后的项目文件结构

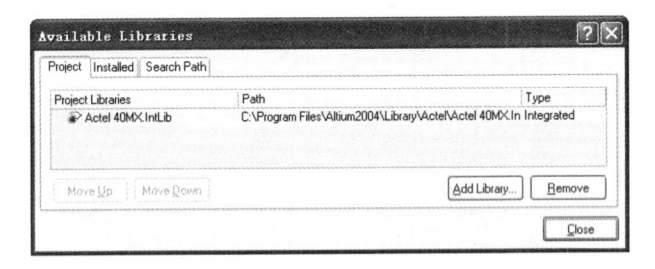

图 2.36 添加集成元件库后的"Project"选项卡

图 2.37 加入集成元件库后的项目文件结构

图 2.38 打开集成元件库时的项目文件结构

②"Remove"按钮：单击此按钮，可以删除选中的原理图元件库或集成元件库。

2. "Installed"选项卡

单击"Available Libraries"对话框中的"Installed"标签，打开"Installed"选项卡，如图2.39所示。此选项卡中显示 Protel DXP 软件设计环境中已经装载的集成元件库，添加/删除元件库实际在此选项卡中进行操作。全部的操作由元件库列表下面的4个按钮来完成。

①Move Up：单击此按钮，将元件库在元件列表中的位置向上移动。

②Move Down：单击此按钮，将元件库在元件列表中的位置向下移动。

③Install：单击此按钮，打开元件库所在的文件夹，Protel DXP 软件自带的元件库文件夹所在的路径为"C：\Program Files\Altium2004\Library"，即 Protel DXP 软件的安装路径，如图2.40所示。各元件库存放在以自己公司为名称的文件夹下，找到所需元件库，双击元件库，或选中元件库后单击"打开"按钮，即可将所需元件库添加到 Protel DXP 软件的设计环境中。

④Remove：在进行原理图设计的过程中，有许多元件库都用不到，可以在设计环境中将其删去。在选项卡的元件库列表中，选中所要删除的元件库，然后单击"Remove"按钮，即可删除不需要的元件库。

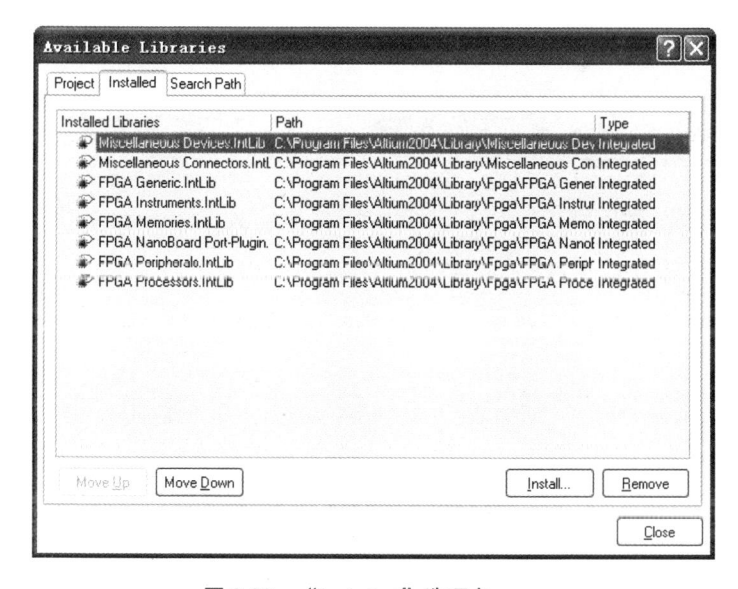

图2.39 "Installed"选项卡

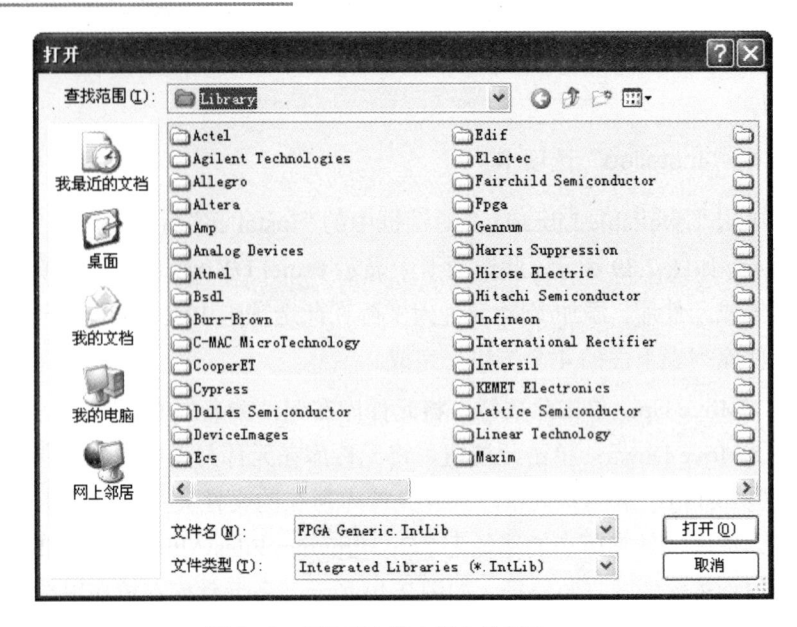

图 2.40　元件库文件夹所在的路径

3. "Search Path"选项卡

单击"Available Libraries"对话框中的"Search Path"标签,切换到"Search Path"选项卡,如图 2.41 所示。该对话框显示的为搜索路径,即如若找不到所需元件时,要设置的搜索路径。此选项卡一般为空,不进行设置。

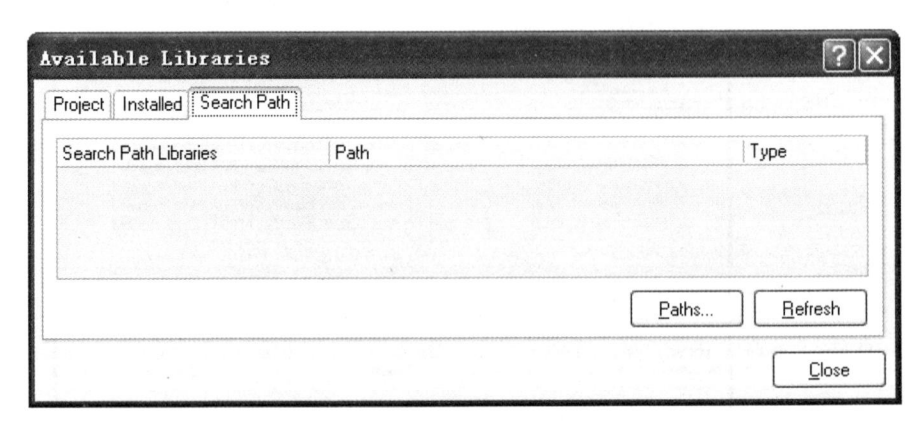

图 2.41　"Search Path"选项卡

2.2.5　知识点总结——查找元件

Protel DXP 软件提供了很多集成元件库,因此设计者对需要用到的元件在什么元件库中不一定了解。此时就需要用查找功能查找元件所在的元件库,然后将元件所在的元件库添加到 Protel DXP 软件的设计环境中。

单击元件库管理器中的"Search"按钮，弹出如图 2.19 所示的查找元件对话框。

1. "Scope"区域

在此区域中设置查找元件库的范围。

①Available Libraries：在当前设计环境中存在的元件库中查找。

②Libraries on Path：在"Path"区域中给定的路径中查找。

2. "Path"区域

在此区域中设置查找元件库的路径。选中"Available Libraries"单选按钮时，此路径不可设置。默认的查找路径为 Protel DXP 软件提供集成元件库所在的文件夹。选中"Include Subdirectories"复选框，便可在"Path"提供的路径下的子文件夹中查找元件。

3. "Search Criteria"区域

在此区域中设置所要查找的元件信息。

①Name：元件名称。若知道元件全称，可以直接输入全称进行查找，但在 Protel DXP 软件提供的元件库中，并不是所有的元件名称和我们已知的都完全相同，因此，在查找元件时可以查找元件名称相近的元件。

②Description：元件描述。一般不选中此复选框进行查找。

③Model Type：可以在下拉列表框中选择"Footprint""Simulation""PCB3D"和"Signal Integrity"四种模型。选中此项前的复选框，"Model Name"选项才可用。

④Model Name：对应元件模型的名称。

当设置全部完成之后，单击"Search"按钮即可查找元件所在的元件库，查找结果在"Results"页面中显示。

4. "Results"选项卡

单击图 2.19 所示对话框中的"Results"标签，对话框变为"Results"选项卡。例如，查找"*74LS00*"元件的结果如图 2.42 所示。

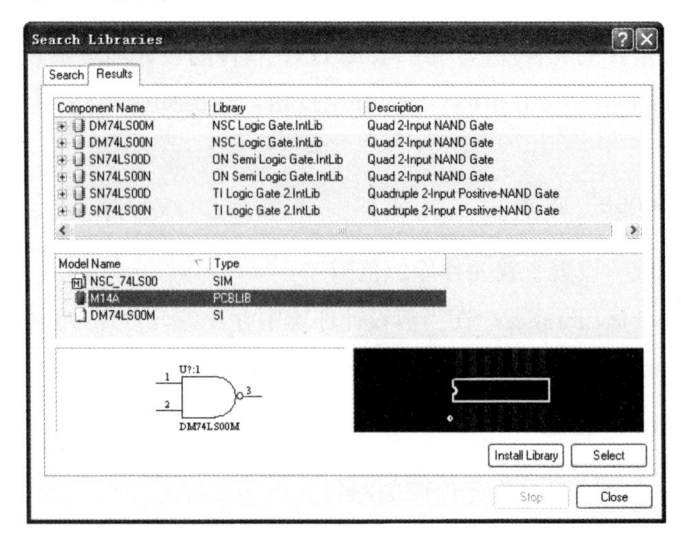

图 2.42　查找元件结果

①Component Name：显示查找到的符合条件的元件的名称。
②Library：元件所在的元件库。
③Description：元件描述。
④Model Name：元件库中所包含的元件模型。
⑤Type：元件模型的类型。

在查找到的元件中，选择符合条件的一个，单击"Install Library"按钮，可以将此元件库添加到元件库管理器中，若还需要的话，可以继续添加；单击"Select"按钮，将此元件库添加到元件库管理器中，同时关闭查找元件对话框。

2.2.6　知识点总结——放置元件

在 Protel DXP 软件中，提供了三种放置元件的方法：
①执行"Place\Part…"命令；
②在画图工具栏中选择"　　"工具；
③利用元件库管理器放置元件。

采用前两种方法，不如用元件库管理器放置元件直观。因此，在实际的操作过程中，最常选用元件库管理器（见图 2.22）来放置元件。前面已经介绍了查找所需元件的方法，接下来简单说明一下如何将查找到的元件放置在图纸上。放置方法有两种：
①在元件列表中找到所需元件，直接双击；
②在元件列表中找到所需元件，单击选中，然后单击"Place"按钮。

执行任意操作之后，鼠标指针变为十字状，同时选中的元件浮动在鼠标指针上，可以将元件放置到适当的位置。举例：放置"Res2"元件，执行命令后如图 2.43 所示。

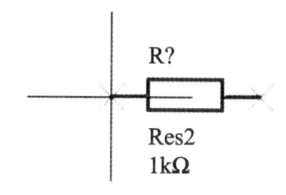

图 2.43 放置"Res2"元件

2.3 原理图模板的应用与设计

2.3.1 案例介绍及知识要点

绘制 A4 原理图模板，要求图纸的标题栏如表 2.1 所示。

表 2.1 标题栏

标题	=Title
姓名	=Author
学号	=Address 1
班级	=Address 2
学校	=Organization

知识点

①学会原理图模板的调用方法。
②学会标题栏的绘制方法，即学会部分绘图工具的使用。

2.3.2 操作步骤

1. 新建原理图文件

新建一个原理图文件，单击" "按钮，打开如图 2.44 所示的"保存文件"对话框，保存类型中选择"*.schdot"，文件名改为"A4.SCHDOT"，单击"保存"按钮。

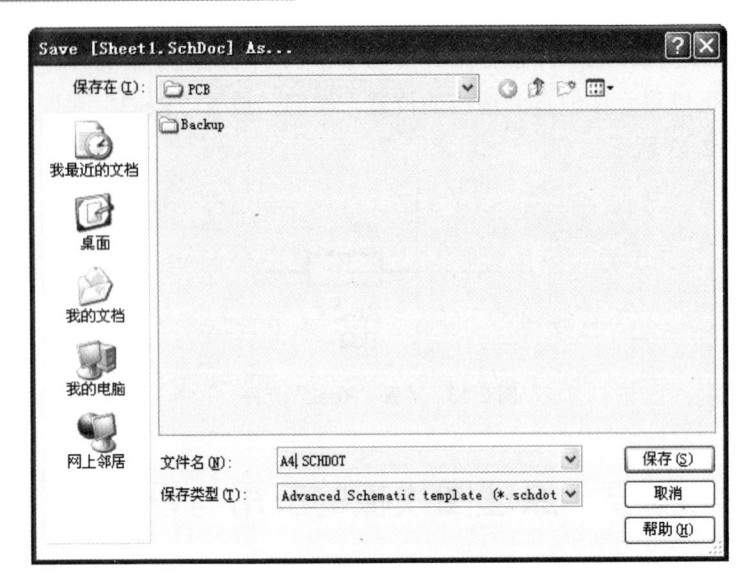

图 2.44 "保存文件"对话框

2. 设置设计环境

在"Document Options"对话框中设置"Standard Styles"为"A4",取消"Title Block"的选中状态。

3. 绘制标题栏

利用实体工具箱中绘图工具箱的"Place Line(放置直线)"工具绘制标题栏的边框,绘图工具箱如图 2.45 所示。笔者在此仅介绍绘制直线的方法。

图 2.45 绘图工具箱

单击放置直线工具,鼠标指针变为十字状,移动鼠标指针到所需位置,单击左键确定直线起点,再移动鼠标指针到直线的转折点或终点,单击左键确定。完成整条直线的绘制之后,右击结束当前的画线状态,但仍处于画线的状态,可以继续重复前面的画线步骤,若不需要画线则再右击结束画线状态。

第2章 原理图设计环境

4. 放置标题栏中的信息

利用实体工具箱中绘图工具箱的"Place Text String（放置字符串）"工具放置文字和特殊字符串。

单击" A "按钮后，鼠标指针变为十字状，且会有文字浮动在光标上，按"Tab"键弹出如图 2.46 所示文字属性对话框。输入固定文字时，直接在"Text"中输入文字即可。输入特殊字符串时，在"Text"下拉列表框中选择所需的特殊字符串。单击"Change"按钮可以对文字的字形字号进行设置，文字设置对话框如图 2.47 所示。

固定文字和特殊字符串的主要区别在于：在原理图中调用模板之后，固定文字是不可以更改的，但是特殊字符串的内容可以在"Document Options"的"Parameters"选项卡中的对应选项中进行更改。

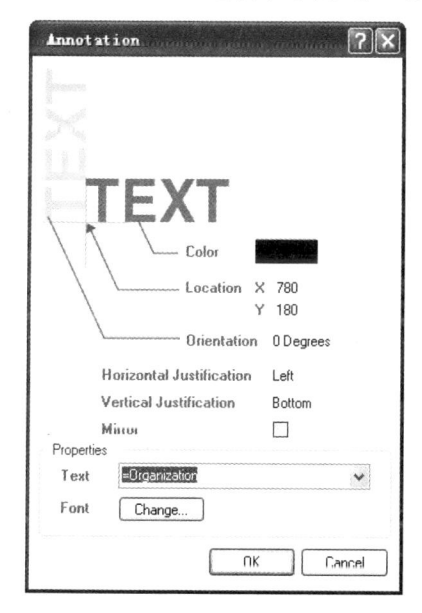

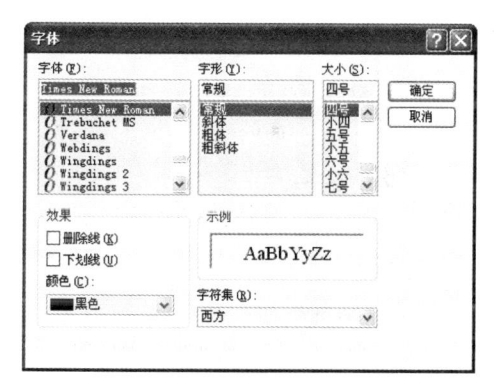

图 2.46 文字属性对话框　　　　图 2.47 文字设置对话框

完成上述设置之后，保存原理图模板文件。

5. 调用原理图模板

执行"Design\Template\Set Template File Name"命令，弹出"打开"对话框，如图 2.48 所示。在查找范围内找到刚刚绘制的原理图模板所在的路径，如图 2.49 所示。选择"A4.SCHDOT"，再单击"打开"按钮，即可打开调用原理图模板。

图 2.48 "打开"对话框

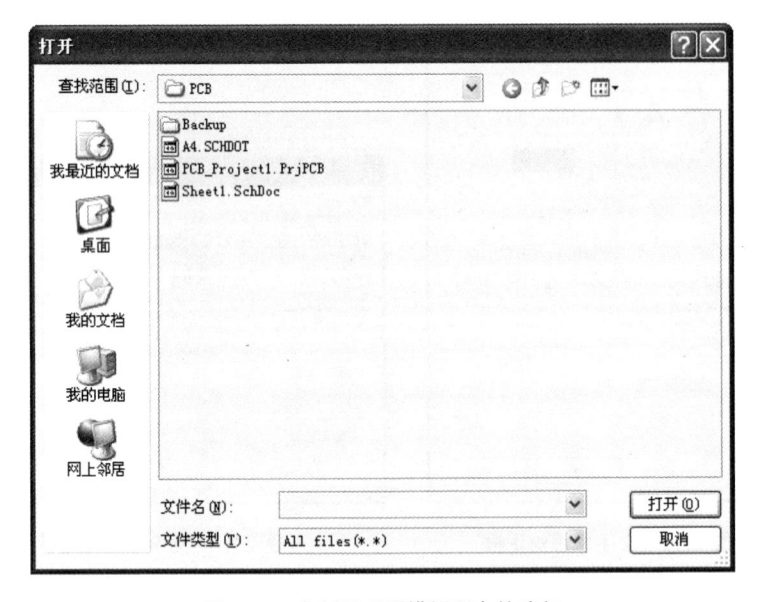

图 2.49 自制原理图模板所在的路径

Protel DXP 软件自带了一些原理图模板,这些模板主要设置的是原理图图纸的尺寸,所有模板的标题栏都是相同的。用户可以很方便地调用这些模板,其调用方法与调用自制原理图模板一样,只是路径有所不同,系统自带模板的路径为"C:\Program Files\ Altium2004 \Template",选择以".SchDot"为后缀的原理图模板文件,单击"打开"按钮即可调用模板。

注意：不可以直接在未保存的原理图模板中绘制原理图。若调用保存后的模板，则调用模板之后的原理图中，绘制的标题栏不属于原理图中的设计对象；若在模板保存前直接绘图，标题栏也会被认为是一部分设计对象，会给原理图的绘制带来不便。

原理图模板的绘制方法基本都与操作步骤中讲述的过程一致，因此本章不再专门对这部分知识点进行介绍。

第 3 章 原理图的绘制

学习过原理图的设计环境设置方法及加载元件库、查找元件的方法之后，就可以开始绘制原理图了。原理图的绘制，其主要工作包括放置元件、更改元件属性、连线、放置电源和地线符号等。

3.1 绘制原理图案例分析

3.1.1 案例介绍及知识要点

案例：绘制如图 3.1 所示的放大电路原理图，其元件列表如表 3.1 所示。

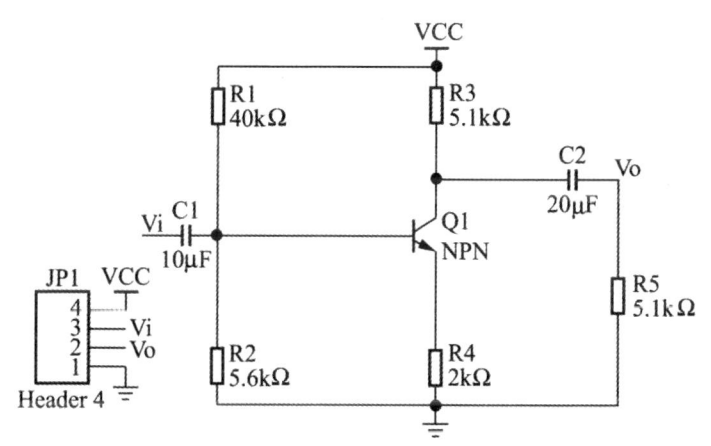

图 3.1 放大电路原理图

表 3.1 元件列表

元件序号	元件名称	元件所在元件库	元件参数	元件封装
R1	Res2	Miscellaneous Device.IntLib	40 kΩ	AXIAL-0.4
R2	Res2	Miscellaneous Device.IntLib	5.6 kΩ	AXIAL-0.4
R3	Res2	Miscellaneous Device.IntLib	5.1 kΩ	AXIAL-0.4
R4	Res2	Miscellaneous Device.IntLib	2 kΩ	AXIAL-0.4
R5	Res2	Miscellaneous Device.IntLib	5.1 kΩ	AXIAL-0.4

续表

元件序号	元件名称	元件所在元件库	元件参数	元件封装
C1	CAP	Miscellaneous Device.IntLib	10 μF	RAD-0.3
C2	CAP	Miscellaneous Device.IntLib	20 μF	RAD-0.3
Q1	NPN	Miscellaneous Device.IntLib	NPN	BCY-W3
JP1	Header 4	Miscellaneous Connectors.IntLib	Header 4	HDR1X4

知识点

①掌握元件属性的修改方法。

②掌握画图工具的使用方法。

③掌握原理图的编辑方法。

④掌握报表文件的生成方法。

3.1.2 操作步骤

1. 放置元件

本例由表 3.1 给出了所有元件所在的元件库及元件在元件库中的名称，因此，只需找到对应的元件并将其放置到图纸上即可，而大部分实际绘制原理图的过程中，具体哪个元件在哪个元件库中是需要多积累经验的，对于初学者来说，要多记一些常用元件的名称和元件封装。

元件放置完成之后的原理图如图 3.2 所示。

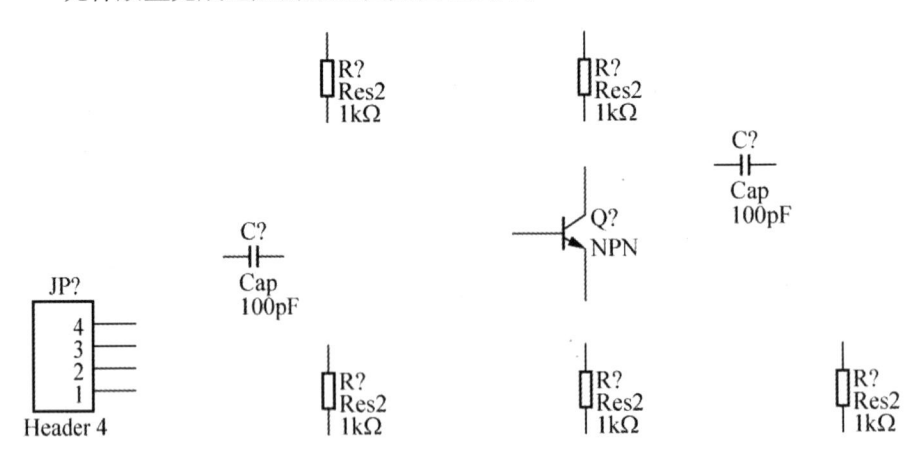

图 3.2 放置元件

2. 修改元件属性

元件属性的修改主要包括元件序号、元件参数和元件封装的修改。

（1）添加元件序号

图 3.3 为自动编号设置对话框。

对话框的左上方为元件序号的编号方式，Protel DXP 软件提供了 4 种编号方式。

①1 Up then across：先上再交叉。

②2 Down then across：先下再交叉。

③3 Across then up：横向再交叉向上。

④4 Across then down：横向再交叉向下。

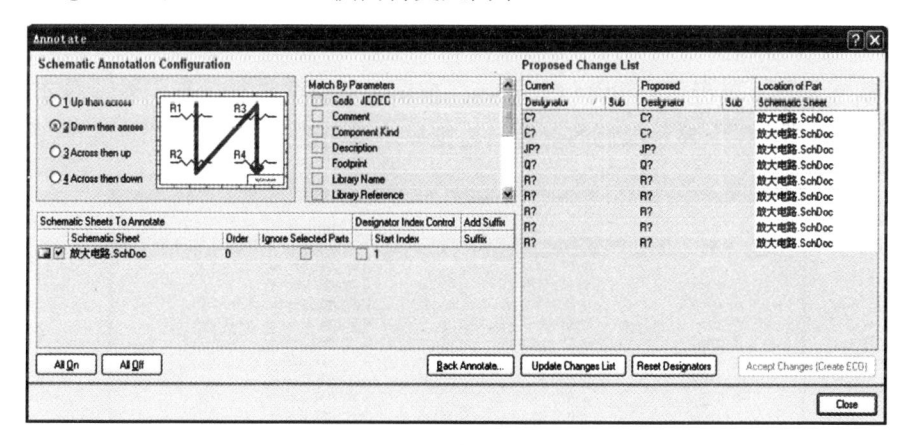

图 3.3　自动编号设置对话框

对话框的左下方为要进行编号的原理图，选中原理图可以对其中的元件进行编号。

对话框的右边为对元件进行编号的列表，其中列出了当前元件的序号、编号后的元件序号和该元件所在的原理图文件。单击下方的"Update Changes List"按钮，会弹出如图 3.4 所示提示编号信息的对话框，单击"OK"按钮，则在编号后的元件序号一列中显示编号后的元件序号，如图 3.5 所示。

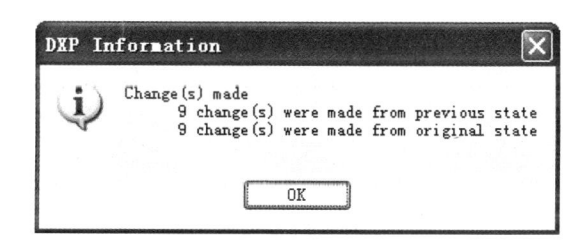

图 3.4　信息提示对话框

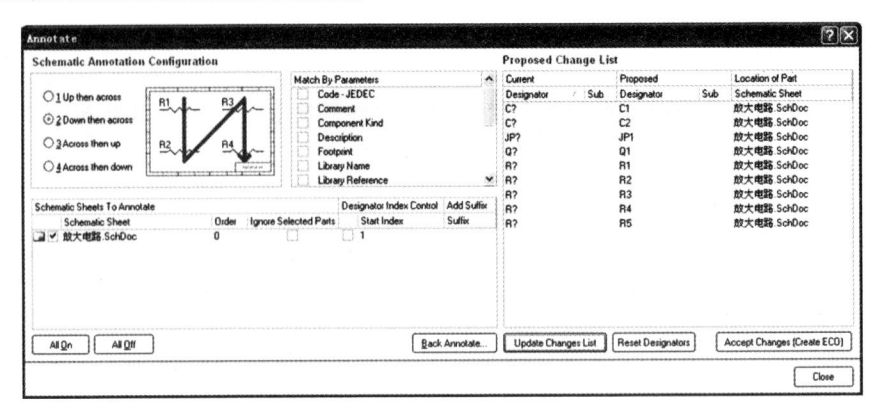

图 3.5　编号完成后的自动编号对话框

编号完成后，单击"Accept Changes（Create ECO）"按钮，会弹出如图 3.6 所示的更改编号的对话框，其中显示的信息与图 3.5 所示对话框右侧的信息基本一致。单击"Validate Changes"按钮，对改变进行检查，检查通过后在"Check"栏中显示绿色的对号，否则显示红色的叉号。

图 3.6　更改编号信息对话框

全部通过之后单击"Execute Changes"按钮，则如图 3.6 所示的对话框将变为如图 3.7 所示的情形，即在"Done"栏中显示已经完成的提示符号，即绿色的对号。

图 3.7　执行编号命令后的对话框

提示全部正确之后,单击"Close"按钮即可完成编号的全部工作,此时的原理图如图 3.8 所示。

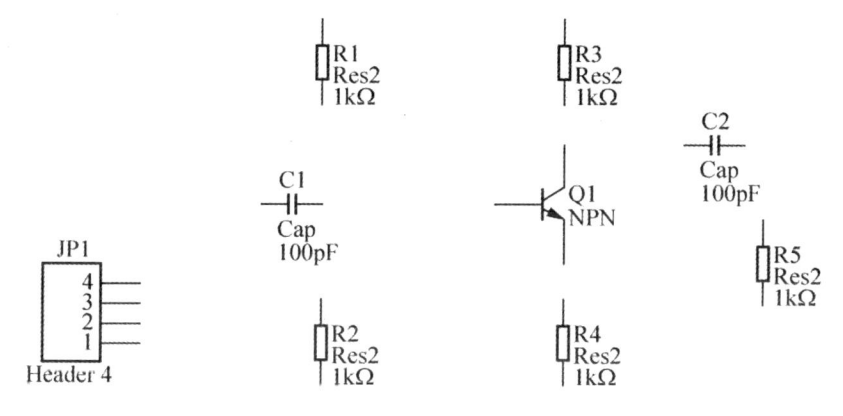

图 3.8 完成编号后的原理图

(2)修改参数与元件封装

打开元件属性对话框,输入各元件参数。本例中所有的元件封装与默认的元件封装相同,不用更改。不用仿真的情况下,所有的 Value 值可以不显示,因此完成参数修改后的原理图如图 3.9 所示。

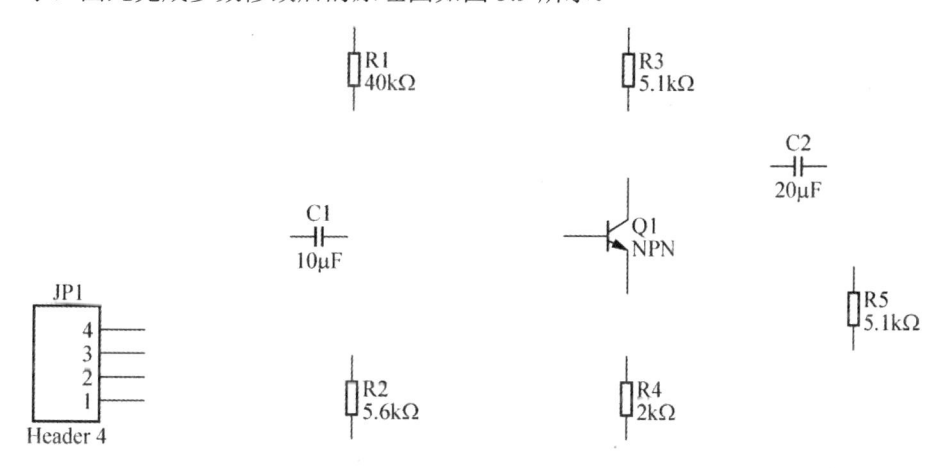

图 3.9 完成元件属性修改后的原理图

在实际的绘图过程中,一般把前面的两步同时操作。即在放置元件的过程中按"Tab"键更改元件的序号、参数和元件封装等。

3. 连接导线

使用画线工具,连接各元件引脚,连接导线后的原理图如图 3.10 所示。

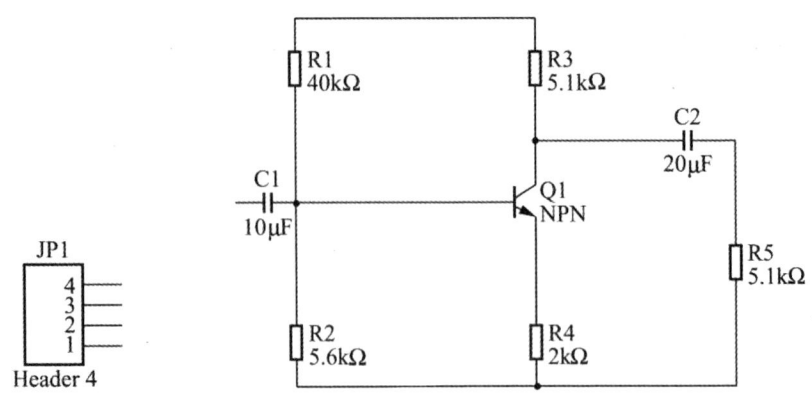

图 3.10 连接导线后的原理图

4. 放置电源、地线及网络标号

在工具箱中选择所需的电源、地线和网络标号，放置到所需位置。

在放置网络标号时要注意，必须在出现能够表明具有连接关系的红叉号时才能够放置，才能将元件连接起来。本例中为了绘图更清晰，将 C1 左端的引脚用导线延长一点，然后将网络标号放置在延长的导线上。完成的原理图如图 3.11 所示。

至此，原理图的画图工作已经全部完成，在画图的过程中不是一定要按照上述的顺序一点不错地进行操作，根据画图时遇到的情况不同，要将前面讲过的内容灵活运用，这些是需要大家多进行画图练习，积累经验才可以做到的。

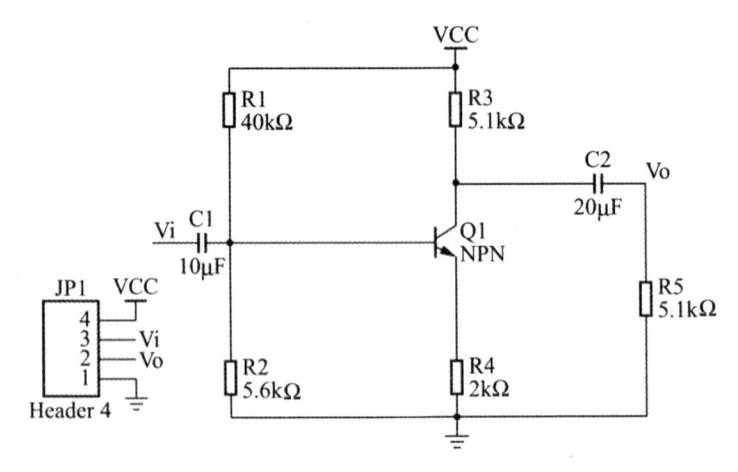

图 3.11 全部完成的原理图

3.2 知识点总结——画图工具箱

画图工具是用来进行元件连接的。进行原理图设计时，放置好元件之后，需要将各个元件的引脚进行连接，使它们之间具有电气特性关系，只有正确地进行了电气连接，才能从原理图产生网络表，才能将原理图中的连接信息传递到印制电路板中，因此，掌握画图工具的使用是非常重要的。

为了方便绘制原理图，Protel DXP 软件提供了"Wiring"工具箱，"Wiring"工具箱如图 3.12 所示。"Wiring"工具箱提供了常用的画图工具，其中所有的命令都可以在"Place"菜单（见图 3.13）中找到相应的命令执行，其对应关系及各命令的功能如表 3.2 所示。

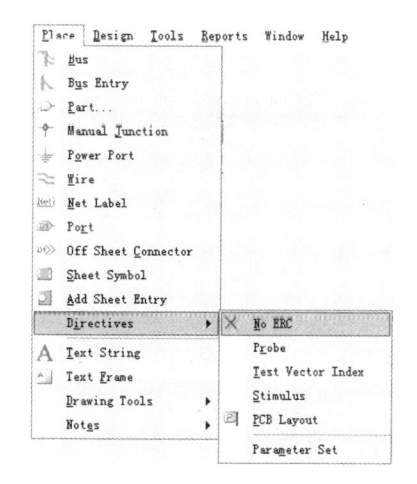

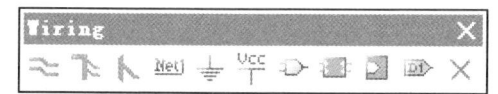

图 3.12 原理图"Wiring"工具箱

图 3.13 "Place"菜单

表 3.2 "Wiring"工具箱与"Place"菜单的对应关系及其功能

工具箱中的图标	Place 命令	功　能
	Wire	绘制导线
	Bus	绘制总线
	Bus Entry	放置总线分支
	Net Label	放置网络标号
	Power Port	放置电源及地线
	Part…	放置元件
	Sheet Symbol	放置图纸符号

续表

工具箱中的图标	Place 命令	功　能
	Add Sheet Entry	放置图纸符号中的端口
	Port	放置原理图中的端口
×	Directives \ No ERC	放置忽略电气规则检查符号

3.2.1　导线

导线连接是原理图电气连接中最重要的连接方式，它是具有电气连接意义的，与2.3节中绘制原理图模板标题栏时所选择的"Place Line"不同，使用时一定要加以区分，不可用错，否则，绘制完成的原理图无法形成正确的网络连接。

1. 绘制导线

执行绘制导线命令后，光标变成十字状，即处于绘制导线状态。此时，单击可确定导线的起点，移动鼠标到下一点单击，可确定导线的终点或转折点，若为终点则单击鼠标右键可结束当前这一条导线的绘制，若为转折点，则可继续绘制导线，直到完成当前导线的绘制。完成所有导线的绘制之后，单击鼠标右键结束绘制导线的状态。

绘制过程中，如果出现"丁"字形连接时，导线连接处会自动添加一个节点。若出现"十"字连接，可以先绘制"丁"字形连接，再继续绘制另外一个方向的导线，如图3.14所示。

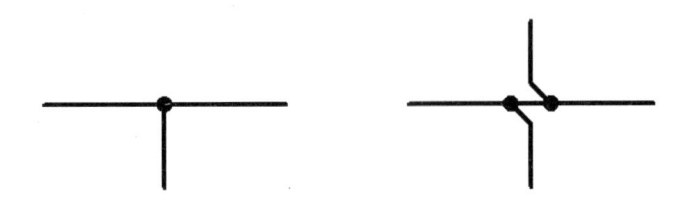

图3.14　"丁"字形连接和"十"字连接

2. 导线的走线模式

导线在绘制过程中有以下几种不同的走线模式：

①AnyAngle：任意角度走线；
②Auto Wire：自动选择走线模式；
③90 Degree Start：90°转角起始走线模式；
④45 Degree Start：45°转角起始走线模式。

可以通过"Shift+Space"组合键更改走线模式，对于 90°和 45°走线模式来说，按"Space（空格键）"可以在 90°或 45°起始走线方式和 90°或 45°结束走线方式中切换。

3. 设置导线属性

在绘制导线的状态按"Tab"键或在绘制好的导线上双击鼠标左键可以打开如图 3.15 所示的导线属性对话框，在此对话框中可以设置导线的宽度和颜色。

对话框中的各项参数说明如下：

①Color：设置导线颜色。单击色彩条，即可打开如图 3.16 所示的设置颜色对话框设置导线的颜色。默认的颜色为 223 号，建议不要随意更改颜色设置。

②Wire Width：设置导线宽度。单击下拉箭头，从下拉列表中选择导线的宽度。Protel DXP 软件提供了 4 种导线宽度：Smallest、Small、Medium 和 Large。默认宽度为 Small。

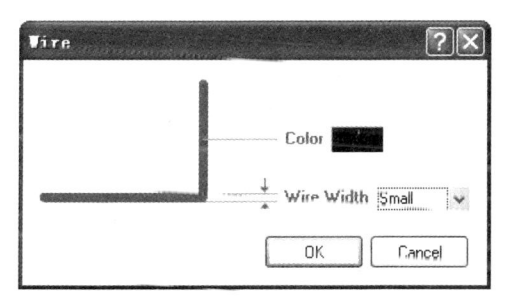

图 3.15 导线属性对话框　　　图 3.16 设置颜色对话框

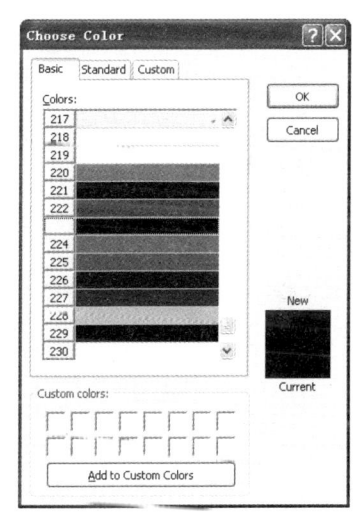

4. 与其他电气对象的连接

绘制导线主要用于电气对象之间的连接。接下来用一个例子来说明连接方法和连接过程中需要注意的事项。

举例：用导线连接电阻 R1、R2。

①执行绘制导线的命令，在 R1 引脚的端点单击确定起点，如图 3.17 所示。

②移动鼠标，到 R2 引脚的端点单击确定终点，如图 3.18 所示。

图 3.17　导线起点　　　　　图 3.18　导线终点

③单击鼠标右键结束导线的绘制状态，连接完成的电路如图 3.19 所示。连接电气对象时，Protel DXP 软件默认连接到终点的引脚上时自动结束当前导线的绘制状态，因此，直接单击鼠标右键即可结束导线的绘制状态。

图 3.19　完成的电路

注意：在连接元件时，只有元件引脚的端点才具有电气连接特性。Protel DXP 系统为设计者提供了引脚端点的提示，放置导线时，若光标在引脚端点处，光标中心有一个交叉符号，如图 3.17 和图 3.18 所示；若光标不在引脚端点处，光标中心的交叉符号比光标在引脚端点处的交叉符号要小，如图 3.20 所示。

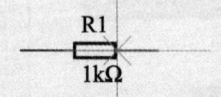

图 3.20　无电气连接的提示情况

3.2.2　总线、总线分支和网络标号

在绘制原理图的过程中经常会出现一组具有相关性的并行导线，为了绘制的方便，可以将这一组导线绘制在一起，用一根较粗的线来表示，这根线就是总线。在使用总线时，单纯的绘制总线是没有电气连接意义的，必须要添加总线分支和网络标号，才能使绘图时的总线具有电气意义。因此，总线必须和总线分支及网络标号一起，才能构成一个完整的电气连接。

3.2.2.1 总线

1. 绘制总线和总线的走线模式

总线的绘制方法与走线模式均与导线相同，在此不再赘述。

2. 设置总线属性

在绘制总线的状态按"Tab"键或在绘制好的总线上双击可以打开如图 3.21 所示的总线属性对话框，在此对话框中可以设置总线的宽度和颜色。

对话框中的各项参数说明如下。

①Bus Width：设置总线宽度。单击下拉箭头，从下拉菜单中选择总线的宽度。Protel DXP 软件提供了 4 种总线宽度：Smallest、Small、Medium 和 Large。默认宽度为 Small。

②Color：设置总线颜色。单击色彩条，即可打开如图 3.15 所示的设置颜色对话框。默认的颜色为 223 号，建议不要随意更改颜色设置。

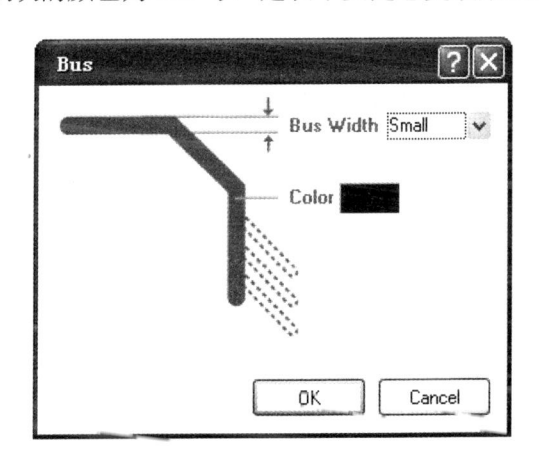

图 3.21　总线属性对话框

需要注意的是：虽然总线也提供了四种宽度类型，但是它实际的宽度与导线的宽度是不同的。同为 Small 类型的导线和总线的宽度对比如图 3.22 所示。因此在原理图设计过程中，同样建议用户不要更改默认的宽度设置，以方便今后看图。

图 3.22　导线与总线对比

3.2.2.2 总线分支

1. 绘制总线分支

执行绘制总线分支命令之后，鼠标指针变成十字光标，即处于画总线分支状态。总线分支的长度是不可改变的，在浮动状态，按下空格键可以改变总线分支的方向，但是总线分支的方向只有 45°和 135°两种，如图 3.23 所示。

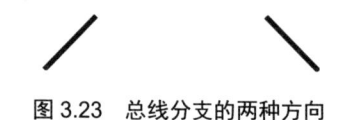

图 3.23 总线分支的两种方向

2. 设置总线分支属性

在绘制总线分支的浮动状态下按"Tab"键或在绘制好的总线分支上双击鼠标左键可以打开总线分支属性对话框，如图 3.24 所示，在此对话框中可以设置总线分支的首尾位置、宽度和颜色。

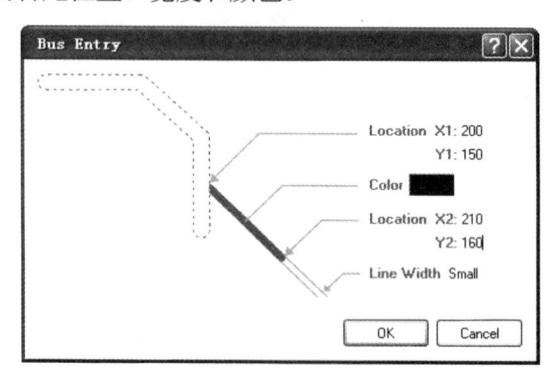

图 3.24 总线分支属性对话框

对话框中的各项参数说明如下。

①Color：设置总线分支颜色。单击色彩条，即可打开如图 3.16 所示的设置颜色对话框设置导线的颜色。默认的颜色为 223 号，建议不要随意更改颜色设置。

②Line Width：设置总线分支宽度。单击下拉箭头，从下拉列表中选择总线分支的宽度。Protel DXP 软件提供了 4 种总线分支宽度：Smallest、Small、Medium 和 Large。默认宽度为 Small，而且总线分支的线宽与导线的线宽相同。

③Location X1、Y1，Location X2、Y2：设置总线分支的位置。单击数字可以直接更改总线分支的坐标。需要注意的是：放置总线分支过程中，按"Tab"键弹出属性菜单修改坐标位置没有什么意义，因为关闭属性对话框后，移动鼠标时坐标位置又会更改；放置好总线分支后，在属性菜单中更改坐标位置后，总线分支又会按照输入的坐标位置放置。

3.2.2.3　网络标号

1. 放置网络标号

执行放置网络标号的命令后，光标变为十字状，并且网络标号浮动在十字光标上，直接单击需要放置网络标号的位置即可放置网络标号。

网络标号与元件类似，只有一个端点具有电气连接特性，网络标号的电气连接端点在其左下角位置，通过绘制导线中给大家讲过的有无电气连接特性的提示，可以很方便地找到这个点，并正确放置，如图 3.25 所示。

图 3.25　放置网络标号

放置网络标号时，默认的网络标号一般不符合设计者的需要，必须要修改其属性。为了使设计过程更简单，一般选择在放置过程中按 Tab 键弹出属性设置对话框来设置网络标号属性。

2. 设置网络标号属性

在放置网络标号的浮动状态下按"Tab"键或在绘制好的网络标号上双击鼠标左键可以打开如图 3.26 所示的网络标号属性对话框，在此对话框中可以设置网络标号的相关属性。

对话框中的各项参数说明如下。

①Color：设置网络标号颜色。单击色彩条，即可打开如图 3.16 所示的设置颜色对话框设置导线的颜色。默

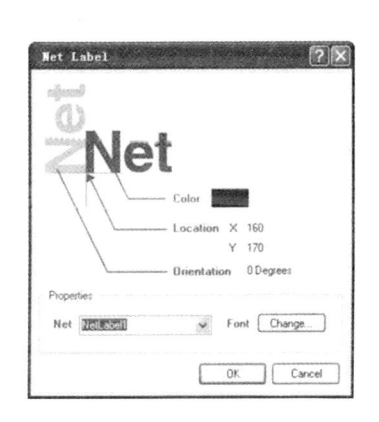

图 3.26　网络标号属性对话框

认的颜色为 221 号，建议不要随意更改颜色设置。

②Location X、Y：设置网络标号的位置。此位置，指的是网络标号的电气连接端点的位置，不管网络标号怎么旋转，都应以此点为电气连接的端点。

③Orientation：设置网络标号的旋转角度。Protel DXP 软件为原理图中的电气对象提供了 4 种角度：0 Degree、90 Degree、180 Degree 和 270 Degree。默认角度为 0 Degree。在放置过程中，或者在网络标号浮动的状态下，按空格键可以使网络标号逆时针旋转 90°。

④Net：网络标号的名称。网络标号字母输入时不分大小写。在原理图的设计中经常会用到表示"非"的情况，输入非号的方法是在网络标号的字母后面输入"\"。

⑤Font：网络标号的字体。单击"Change"按钮，会弹出如图 3.27 所示的对话框，可以设置网络标号的字体、字号等信息。

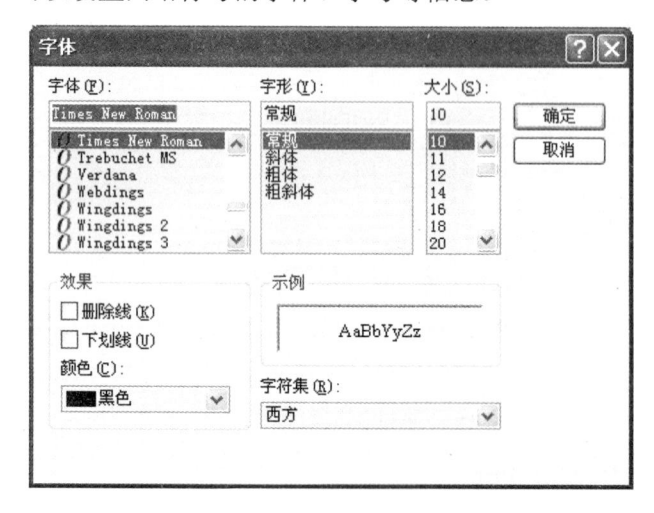

图 3.27　网络标号字体设置对话框

3. 与其他电气对象的连接

与总线和总线分支不同，网络标号是可以单独使用的。它是原理图电气连接的一种重要连接方法，而且用网络标号连接的网络，其网络名称即为网络标号。它的连接方式与导线的连接方式不同，导线必须有实际线的连接才能表明两元件相连接，但是网络标号只要名称相同，即表明它们属于同一网络。

举例：用网络标号连接电阻 R1、R2，假设此网络命名为 A。则完成的电路图如图 3.28 所示。

注意：连接时网络标号的电气连接端点必须在元件引脚的端点上，因此网络标号 A 在元件 R1 引脚的右端点上，在元件 R2 引脚左端点上。这是由元件引脚和网络标号电气连接端点的位置所确定的，放置时注意观察 Protel DXP 软件提供的提示符号。

图 3.28　用网络标号连接电阻 R1、R2

3.2.2.4　总线的实际连接

举例：利用总线连接 U1 的 Q0～Q7 引脚和 U2 的 D0～D7 引脚，网络标号为 D[0…7]。两元件如图 3.29 所示。

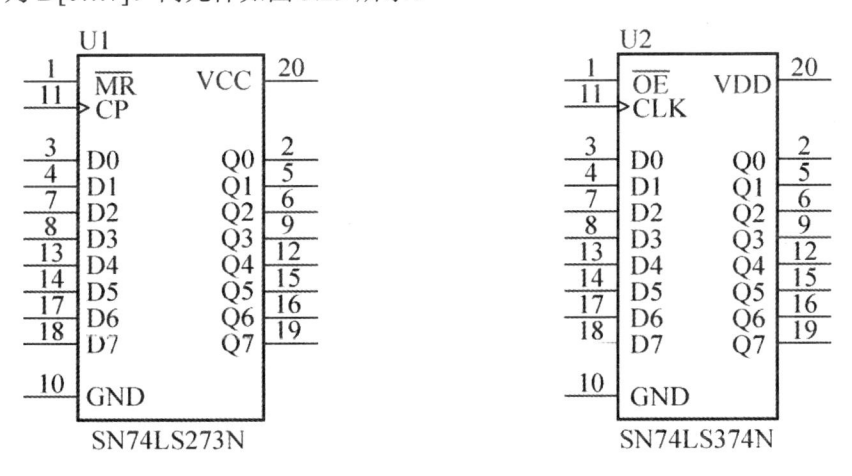

图 3.29　元件 U1 和 U2

1. 绘制总线

执行绘制总线的命令，即可绘制总线。

注意：绘制时要给总线分支和网络标号留出一定的空间，不能紧靠着元件引脚放置。

绘制完成总线后的电路图如图 3.30 所示。

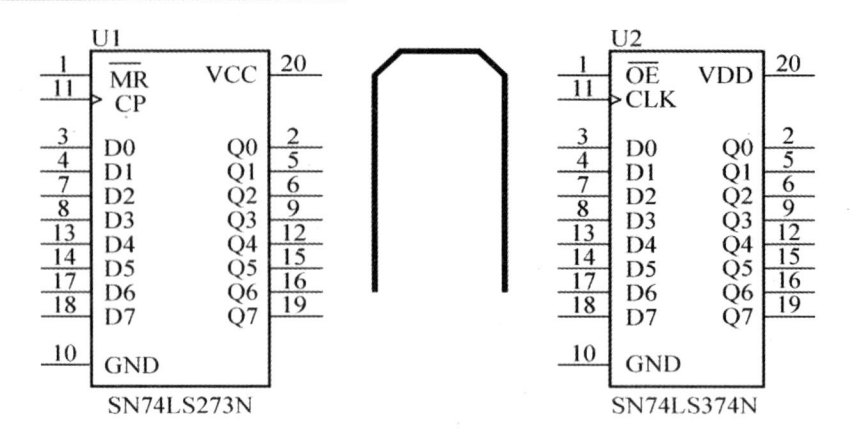

图 3.30 绘制总线后的电路图

2. 绘制总线分支

执行绘制总线分支的命令，找到合适的位置放置总线分支即可。绘制完成总线分支之后的电路图如图 3.31 所示。

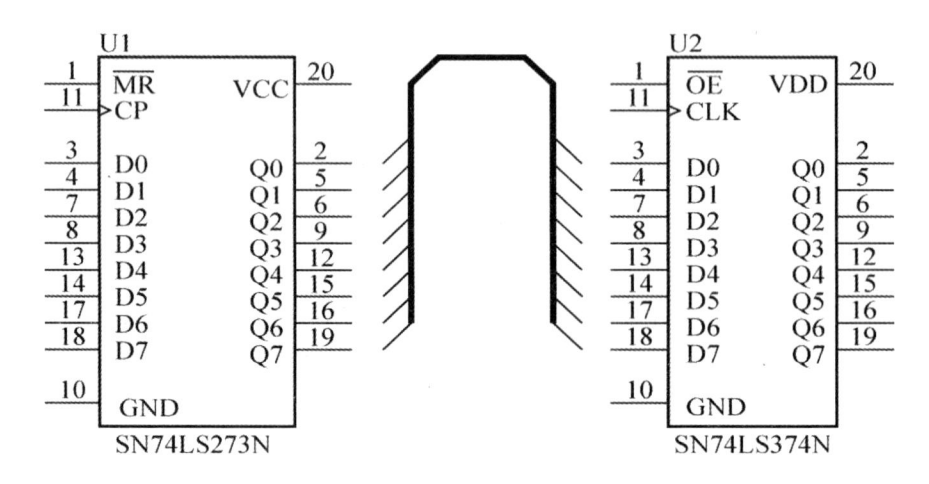

图 3.31 绘制总线分支后的电路图

3. 绘制导线

导线在这里起到的作用是给放置网络标号提供一定的空间，否则会由于总线分支和元件引脚的距离过小而看不清楚网络标号。绘制完成导线后的电路图如图 3.32 所示。

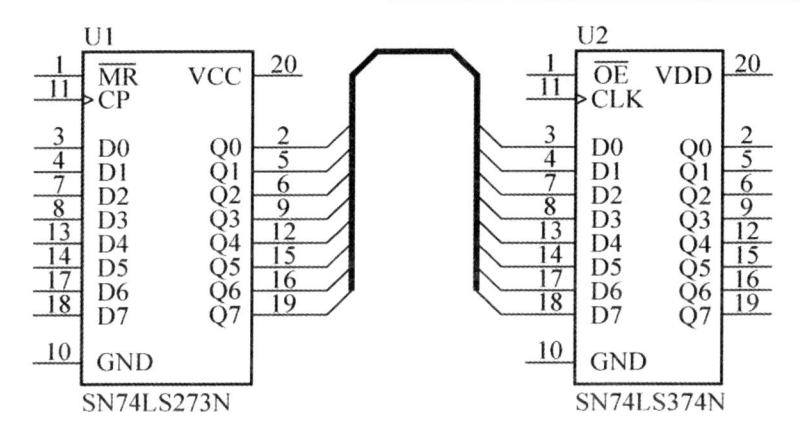

图 3.32 绘制导线后的电路图

4. 放置网络标号

现在从完成的电路图看上去这 16 个引脚均已连接,但是这并没有实际的电气连接意义,必须要放置网络标号之后才具有电气连接特性。

执行放置网络标号的命令,在网络标号浮动在光标上的时候,按"Tab"键,在弹出的网络标号属性对话框中输入"D0",单击"OK"按钮,即可将网络标号放置在 U1 元件"Q0"引脚的端点上。因为网络标号最后一位为数字,所以继续放置网络标号时,网络标号的数值会自动加一,不需要再重新设置属性,一直放置到"D7"。再按"Tab"键修改网络标号为"D0",此时设计者会发现,若放置网络标号到 U2 元件引脚端点上时,网络标号会与引脚序号重合而看不清楚,因此可以将其放置到 U2 元件"D0"引脚延长处的导线与总线分支的连接处,继续放置网络标号,直至"D7"。再按"Tab"键修改网络标号为"D[0...7]",将其放置到总线上,为总线网络标号。单击鼠标右键结束放置网络标号的状态。

放置网络标号之后的电路图如图 3.33 所示。至此,整个电路的连接完成。

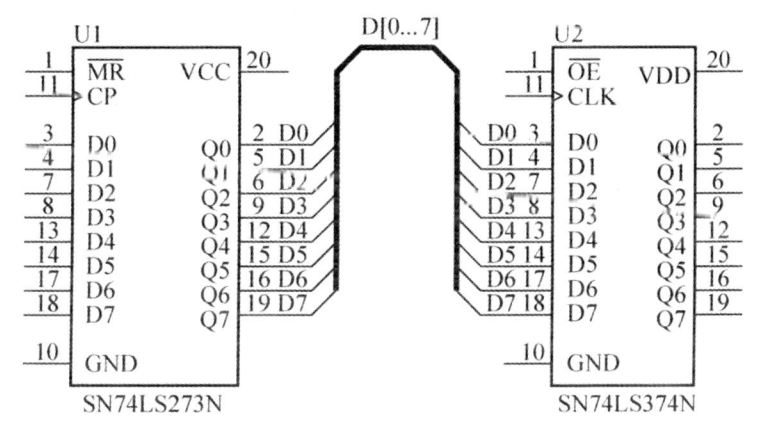

图 3.33 放置网络标号后的电路图

3.2.3 电源、地线符号

电源和地线是电路原理图中的重要部分，它们属于网络标号的一种特殊形式。因此，电源和地线也符合网络标号的特性，当网络标号名称相同时表明两者具有连接关系。

在元件库中，有些集成元件是看不到电源和地线的引脚的，但是这不表明电源和地线的引脚不存在，而只是为了画图简单，将其隐藏了起来。因此，利用电源和地线符号可以方便地将电源和地线网络连接起来，所以，电源和地线的网络标号名称就变得非常重要。

"Wiring"工具箱中分别提供了放置电源和放置地线的工具，但是放置电源和地线的属性设置是相同的。在放置电源或地线的状态按"Tab"键或在已放置的电源或地线上双击鼠标左键可以打开如图3.34所示的电源和地线属性对话框，在此对话框中可以设置电源和地线的相关参数。

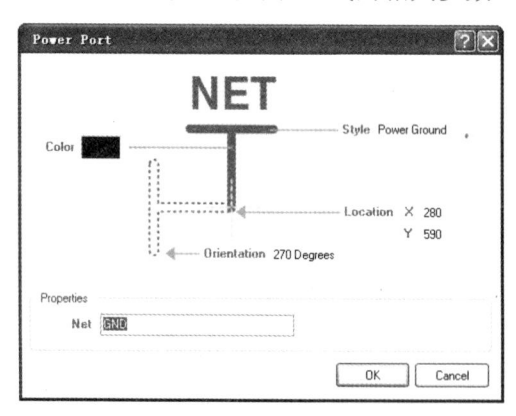

图 3.34　电源和地线属性设置对话框

对话框中的各项参数说明如下。

①Color：设置电源和地线的颜色。单击色彩条，即可打开如图 3.16 所示的设置颜色对话框设置导线的颜色。默认的颜色为 221 号，建议不要随意更改颜色设置。

②Location X、Y：设置电源和地线的位置。此位置，指的是电源或地线的电气连接端点的位置，不管电源和地线怎么旋转，都应以此点为电气连接的端点。

③Orientation：设置电源和地线的旋转角度。默认角度为270°。

④Net：电源和地线的名称。在原理图中基本都有固定的名称，尤其是地线，在系统的设计环境设置中已经设定了默认的地线名称，因此，要注意与电源和地线类型的配合使用。

⑤Style：电源和地线的类型。根据电源和地线的习惯用法，Protel DXP 软件提供了 7 种类型，各种类型和对应的符号如表 3.3 所示。

表 3.3　电源和地线类型

电源和地线类型	放置到原理图上的符号
Circle（圆形）	⌀
Arrow（箭形）	⇧
Bar（丁形）	⊥
Wave（波浪形）	⌇
Power Ground（电源地）	⏚
Signal Ground（信号地）	⏄
Earth（接大地）	⏊

从表中的符号可以看出，放置到原理图中之后，地线是不显示网络标号名称的，因此如果原理图中只存在一个地线时，要注意选择相同的地线，否则地线网络可能会同时存在两个，使 PCB 出错。

除了在"Wiring"工具箱和"Place"菜单这两个放置电源和地线的方法之外，在实体工具箱中有一个专门的电源和地线工具箱，如图 3.35 所示。它提供了 11 个常用的电源和地线工具按钮，设计者可以根据自己的设计习惯与要求进行选择。

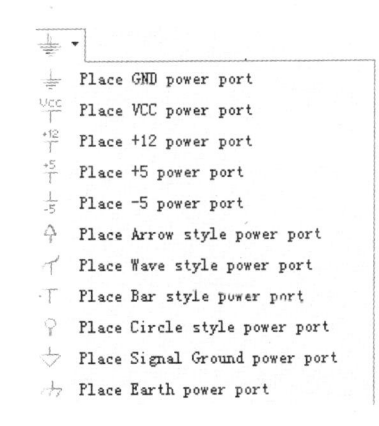

图 3.35　电源和地线工具箱

3.2.4　输入/输出端口

在前面的学习中，我们已经学习了两种电气连接的方式，用导线连接和用网络标号连接。下面学习另外一种方法，放置电路的输入/输出端口。

输入/输出端口的连接方式与网络标号的连接方式相同，即名称相同的表示有电气连接关系。输入/输出端口经常用于绘制层次电路图中，用于绘制层次电路图中子原理图的输入/输出端口的绘制，单独的原理图绘制时，一般不使用输入/输出端口。

1. 放置输入/输出端口

执行放置输入/输出端口的命令，鼠标指针变为十字光标，端口浮动在十字光标上。在需要的位置单击左键确定端口的一端，移动鼠标到端口另一端的位置，单击鼠标左键，完成输入/输出端口的放置。

输入/输出端口的两个端点都具有电气特性，连接时根据输入/输出特性可以选择不同的类型。

2. 设置输入/输出端口属性

在放置输入/输出端口的浮动状态下按"Tab"键或在绘制好的输入/输出端口上双击鼠标左键可以打开如图 3.36 所示的输入/输出端口属性对话框，在此对话框中可以设置输入/输出端口的相关属性。

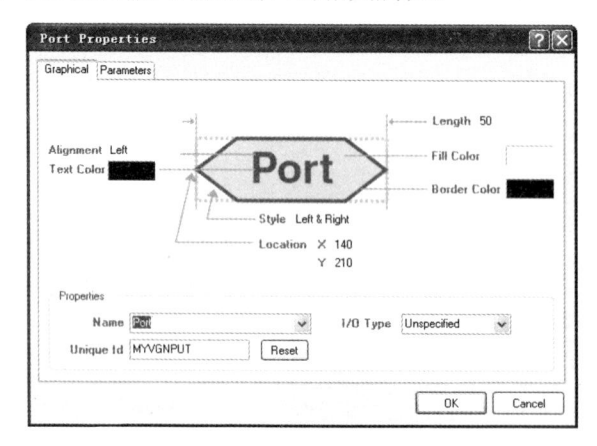

图 3.36　输入/输出端口属性对话框

图 3.36 所示对话框中的各项参数说明如下。

①Name：端口名称。可以直接输入，也可以在下拉列表框中选择之前用过的端口的名称。

②I/O Type：端口类型。Protel DXP 软件提供了四种端口类型：Unspecified（未定义）、Output（输出）、Input（输入）和 Bidirectional（双向）。这些类型将给系统的电气规则检测提供依据。

③Text Color：设置端口中文字的颜色。单击色彩条，即可打开如图 3.16 所示的设置颜色对话框设置文字的颜色。默认的颜色为 221 号。

④Fill Color：设置端口中填充的颜色。默认的颜色为 219 号。

⑤Border Color：设置端口边框的颜色。默认的颜色为 221 号。

⑥Location X、Y：设置端口的位置。指的是水平放置时端口左端的电气连接端点的位置。

⑦Length：端口的长度。

⑧Alignment：端口名称在端口中的位置。由于端口可以水平放置也可以垂直放置，因此，水平放置时有三种情况，即 Center（居中）、Left（靠左）、Right（靠右）；垂直放置时同样有三种情况，即 Center（居中）、Top（靠上）、Bottom（靠下）。

⑨Style：端口的外形。端口的外形指的是端口两端是否具有箭头，类型选择是哪端，就表示哪端的外形为箭头。同样因为端口分为水平和垂直两种放置方法，所以有 8 种类型。

  a. None（Horizontal）：两端都没有箭头，水平放置。

  b. Left：左端有箭头，水平放置。

  c. Right：右端有箭头，水平放置。

  d. Left & Right：左右端都有箭头，水平放置。

  e. None（Vertical）：两端都没有箭头，垂直放置。

  f. Top：顶端有箭头，垂直放置。

  g. Bottom：底端有箭头，垂直放置。

  h. Top & Bottom：两端都有箭头，垂直放置。

由 Style 和 I/O Type 相结合，在绘制好的原理图上可以很方便地看出原理图端口的输入/输出类型。

3.2.5 节点

Protel DXP 软件中为"丁"字连接设置了自动添加节点的功能，如果是"十"字连接的话，则自动变成两个相邻的"丁"字连接。若要生成"十"字连接就只能添加电气节点。

在"Wiring"工具箱中没有放置节点的按钮，只能从"Place"菜单中选择放置电气节点的命令。执行命令后，鼠标指针变为十字状，节点浮动在十字光标上，在需要的位置单击鼠标左键即可放置电气节点。

在放置节点的浮动状态下按"Tab"键或在绘制好的节点上双击鼠标左键可以打开节点属性对话框，如图 3.37 所示。

图 3.37 所示对话框中的各项参数说明如下。

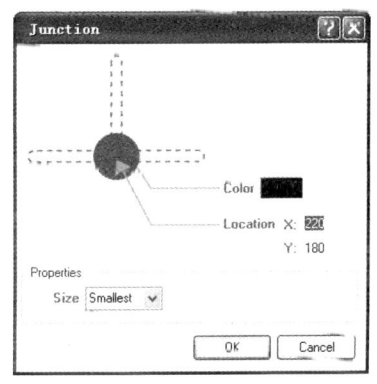

图 3.37 节点属性对话框

①Color：设置节点颜色。单击色彩条，即可打开如图 3.16 所示的设置颜色对话框设置导线的颜色。默认的颜色为 221 号。

②Location X、Y：设置节点的位置。

③Size：设置节点的尺寸。Protel DXP 为原理图中的节点提供了四种尺寸："Smallest""Small""Medium"和"Large"。默认宽度为"Smallest"。

3.2.6 其他画图工具

除了"Wiring"工具箱中的画图工具外，"Place"菜单中还提供了几个具有电气特性的画图工具，在此简单地介绍一下这几个菜单的功能。

①Off Sheet Connector：绘制多张相关联原理图时，原理图之间的接口。

②Directive \ PCB Layout：放置电路板设计规则。

3.3 知识点总结——设置元件属性

进行电路原理图的绘制时，首先要选择所需元件，放置到原理图图纸上。第 2 章中已经讲过元件的放置方法，在此简单回顾一下 Protel DXP 软件提供的三种选择元件的方法：

①执行命令"Place\Part…"；

②在画图工具栏中选择" "图标；

③利用元件库管理器放置元件。

比较这三种方法，能够发现利用元件库管理器放置元件，虽然不是最快捷的但却是最方便实用的方法。

由于元件默认的属性基本是不符合设计者需求的，因此，元件属性的设置是原理图绘图的重中之重。本节将详细介绍元件属性的设置。

3.3.1 元件属性对话框

在放置元件浮动的状态下按"Tab"键，或在放置好的元件上双击鼠标左键，均可以弹出元件属性对话框。本节以电阻 Res2 的属性设置为例，详细介绍元件属性对话框中的各项设置内容。Res2 的属性对话框如图 3.38 所示。

1. "Properties（属性）"选项组

①Designator：元件序号，选中"Visible"复选框，在图纸中显示元件序

号，否则不显示。

②Comment：元件参数，选中"Visible"复选框，在图纸中显示元件参数，否则不显示。元件参数可以直接输入，也可以在下拉列表框中选择。Protel DXP 软件提供了"=Published""=Revision""=Publisher"和"=Value"四种参数的选项，即对应于"Parameters for R？-Res2"中的 Published（发行日期）、Revision（版本）、Publisher（发行者）和 Value（价值）参数。选择其中一个参数，则在原理图上对应选择该参数的 Value 值，但必须与选择"Tools\Schematic Preference"命令打开的对话框中的"Graphical Editing"选项卡中的"Convert Special Strings"选项结合使用。

③Don't Annotate Component：选中此项，元件序号不可更改。

④Part 1/1：元件部件的选择（此处表示第 1 部件/共 1 部件）。本例中电阻为单部件元件，因此箭头按钮为灰色，不可用。

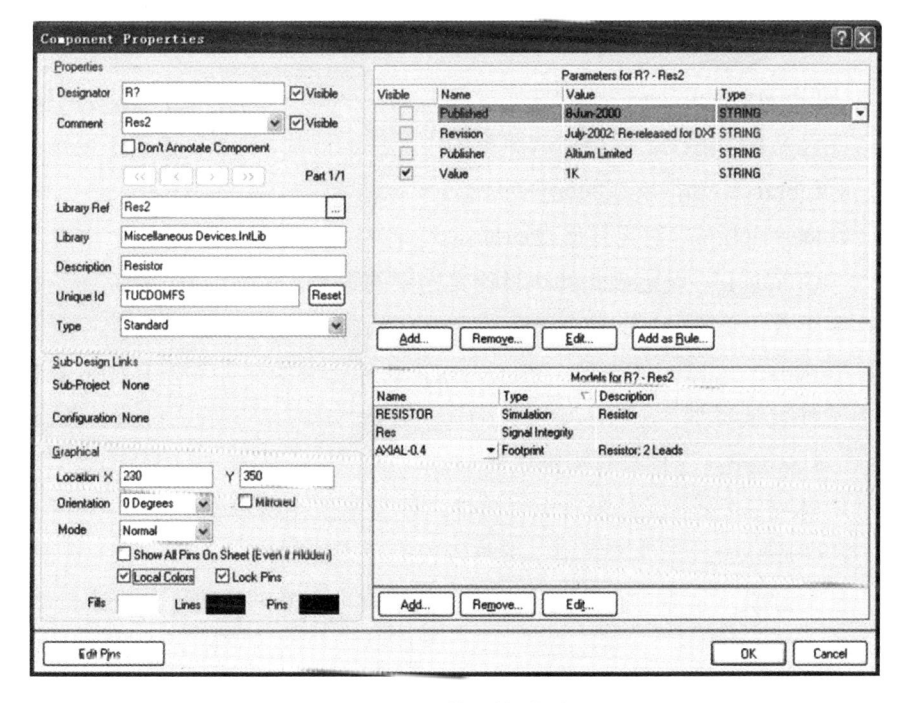

图 3.38 元件属性对话框

若为多部件元件，则各按钮说明如表 3.4 所示。元件的第几部件与元件序号最后一位字母相对应。例如 SN74LS00N，如图 3.39 所示，序号表示为 U1A、U1B 等，其中的 A、B 则对应于 Part 中的 1、2。

表 3.4 按钮功能说明

按　钮	功　能
<<	到第一部件
<	向前一部件
>	向后一部件
>>	到最后一部件

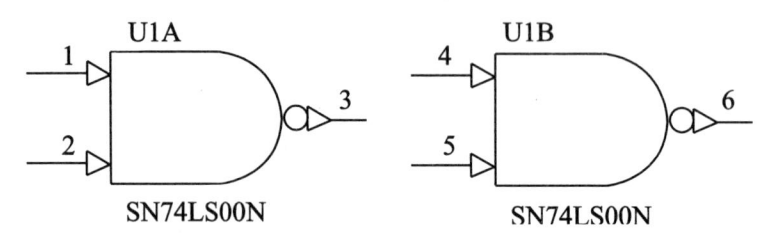

图 3.39 多部件元件序号

①Library Ref：元件在元件库中的名称。单击后面的"…"按钮，可以更改元件名称，更改之后会引起原理图中元件的混乱，因此，建议不要修改。

②Library：元件所在的元件库。

③Description：对元件属性的描述。

④Unique Id：设定该元件在设计文档中的编号，是唯一值，由系统给出，不需要更改。单击"Reset"按钮，可以自动重置此编号。

⑤Type：选择元件类型。Protel DXP 软件提供的元件类型有如下 6 种，一般选择默认类型。

a. Standard：元件具有标准电气特性。

b. Mechanical：元件没有电气特性，但会出现在材料表中。

c. Graphical：元件不会用于电气错误的检查或同步。

d. Net Tie（In BOM）：元件短接了两个或多个不同的网格，且该元件会出现在 BOM 表中。

e. Net Tie：元件短接了两个或多个不同的网格，但该元件不会出现在 BOM 表中。

f. Standard（No BOM）：该元件具有标准的电气特性，但不会包括在 BOM 表中。

2. "Graphical（绘图）"选项组

①Location X、Y：元件的位置坐标。一般不进行设置，可以根据自己放

置的位置来确定。

②Orientation：元件的旋转角度。Protel DXP 软件提供了 4 种旋转角度：0 Degrees、90 Degrees、180 Degrees、270 Degrees。默认为 0 Degrees。

③Mirrored：选中此项，元件镜像翻转，否则，不进行镜像。有些元件引脚的名称在镜像时与元件脱离，因此，一般不进行镜像操作。

④Mode：元件视图的模式，若该元件有替代视图，则在该下拉列表框中可以选择元件的替代视图，否则，此下拉列表框不可用。

⑤Show All Pins On Sheet（Even if Hidden）：选中此项，显示元件隐藏的引脚，否则不显示。

⑥Lock Pins：选中此项，元件引脚与元件为一个整体，元件引脚不可单独移动，否则元件引脚可以离开元件主体单独移动。建议设计者选中此项，否则会给绘制原理图带来很多麻烦。

⑦Local Colors：选中此项，采用元件本身的颜色设置选项，并可进行更改，否则使用默认值。

3．"Parameters for R？-Res2"选项组

此选项组中包含了元件的常用参数：
①Published：元件模型的发行日期；
②Revision：元件模型的版本；
③Publisher：元件模型的发行者；
④Value：元件参数。此处默认值为1kΩ（图中显示为 1K）。

使用"Add""Remove"等按钮可以添加新的元件参数或删去没必要的元件参数。每个参数都包括显示复选框、元件参数的名称、元件参数值和元件参数类型。在仿真时，必须设置原理图中仿真元件的 Value 值。

4．"Models for R？-Res2"选项组

设计者按照类型可以设置元件的元件封装类型、仿真模型和信号完整性分析模型等。

①Footprint：元件封装模型。一般的元件都有元件封装模型，因为这是制作电路板时必要的信息。

②Simulation：仿真模型。不是所有的元件都含有仿真模型，Protel DXP 软件不再单独提供仿真元件库，因此要进行仿真必须选择含有仿真模型的元件。

③Signal Integrity：信号完整性分析模型。

除了上述三种模型之外，还有一种 PCB 3D 模型。设计者可以根据

自己的需要对模型进行管理。但是，默认的模型不能更改，只能添加或者删除。

举例来说，若将 Res2 的元件封装模型改为"AXIAL-0.3"，则单击"Add"按钮，弹出如图 3.40 所示的添加新模型的对话框。

选择"Footprint"添加元件封装模型，单击"OK"按钮，弹出如图 3.41 所示的元件封装模型对话框。

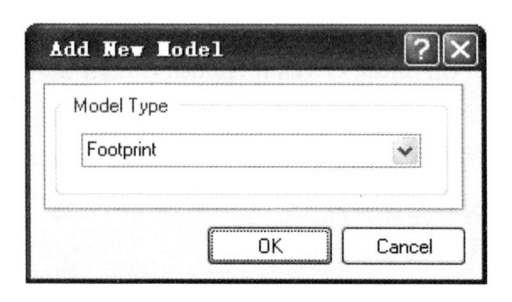

图 3.40　添加新模型对话框

图 3.41　元件封装模型对话框

单击"Browse"按钮，弹出如图 3.42 所示的查找元件封装模型对话框，找到所需元件封装"AXIAL-0.3"，单击"OK"按钮，回到如图 3.43 所示的元件封装模型对话框，但此时的元件封装名称已经变为"AXIAL-0.3"，且有元件封装的预显示图形及此元件封装模型所在的集成元件库。

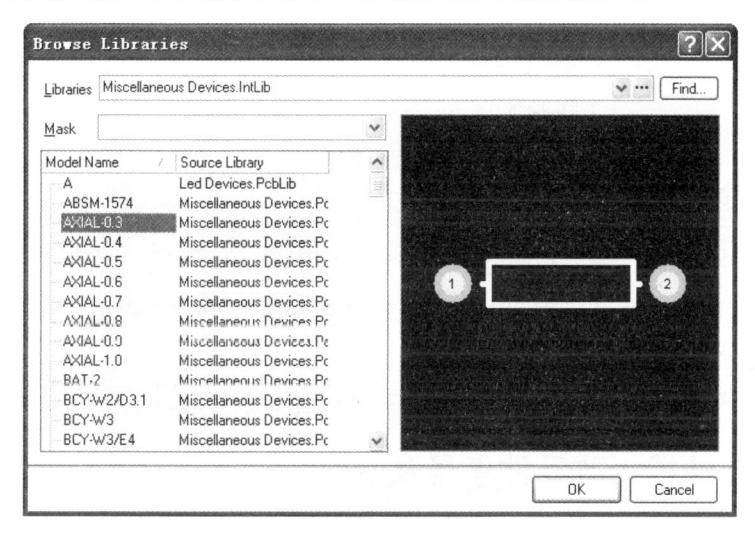

图 3.42 查找元件封装模型对话框

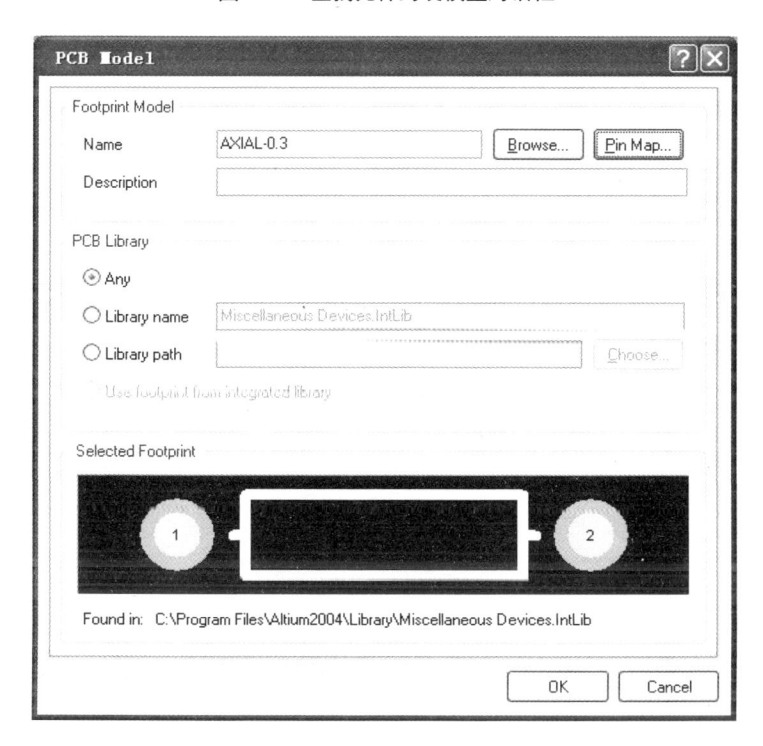

图 3.43 选定"AXIAL-0.3"的元件封装模型对话框

单击"OK"按钮，完成元件封装的添加，此时的元件属性对话框中元件封装模型区域如图 3.44 所示。此时，可以在新添加的元件封装模型和原来的元件封装模型之间进行选择，选择的方法是单击下拉菜单，从中选择所需的元件封装。

Name	Type	Description
RESISTOR	Simulation	Resistor
Res	Signal Integrity	
AXIAL-0.3	Footprint	

图 3.44　添加新元件封装模型后的模型区域

5. 按钮

①Edit Pins：编辑元件的引脚。单击此按钮，可以弹出元件引脚的编辑对话框，具体的元件引脚的编辑我们在讲解元件图的绘制时再详细介绍。

②OK：确定元件属性的设置。

③Cancel：取消元件属性的设置。

3.3.2　快捷修改元件序号及参数

在上面讲述的元件属性修改的过程中，大家会发现有很多元件属性是不需要进行修改和设置的。对元件来说，最主要的参数是元件序号和元件参数。在 Protel DXP 软件中提供了可以快捷修改元件序号和参数的方法。

修改元件序号和参数的方法是相同的，在此以修改元件序号的方法简单说明一下。其修改的方法有两种。

①单击元件序号，使元件序号处于选中状态，再单击元件序号即可更改元件序号。这种方法只能改变元件序号，其他都不可进行设置。

②双击元件序号，打开如图 3.45 所示的对话框，在"Value（值）"选项组的文本框中输入元件序号即可修改元件序号。

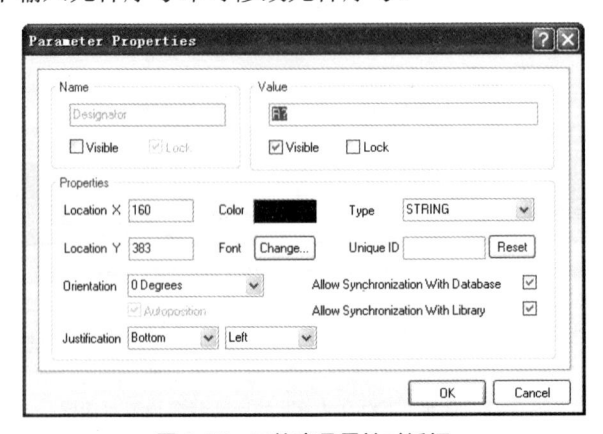

图 3.45　元件序号属性对话框

3.4 知识点总结——原理图的编辑

在设计原理图的过程中，放置元件不可能一次到位，这就需要后期的调整，而删除元件和复制元件可以帮助我们更好更快捷地完成原理图的绘制。本节主要介绍元件的移动、复制、剪切和删除等操作，原理图设计环境中的"Edit（编辑）"菜单，如图 3.46 所示。但实际操作时并不一定要在"Edit"菜单中选择，而可以应用一些常用的快捷方式。

3.4.1 选择元件

若要对元件进行复制、剪切和删除等操作，必须要先选择元件。选择元件的方法有很多种，除了用命令选择外，还可以利用鼠标直接选择，或利用主工具栏上的选择按钮来选择。

1. 用命令选择

执行"Edit\Select"子菜单中的命令即可选择元件。"Edit"菜单中的"Select（选择）"子菜单如图 3.47 所示，子菜单的各项命令如下。

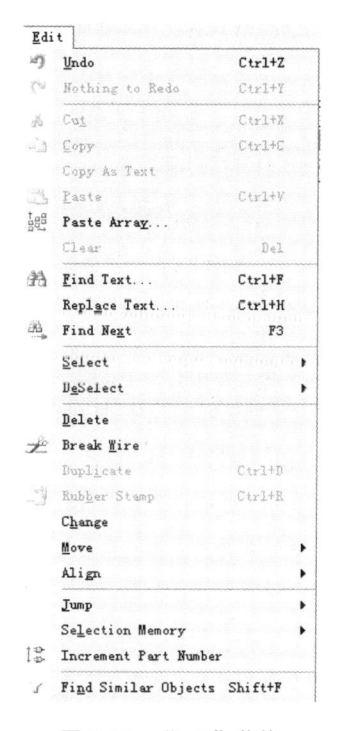

图 3.46 "Edit"菜单

①Inside Area：选择区域内的元件。选择方法为执行此命令，鼠标指针变为十字状，在欲选择区域的端点单击鼠标，移动鼠标指针到此区域对角线的另一个端点再单击鼠标，即可选中区域内所有元件。

②Outside Area：选择区域外的元件。选择方法与执行"Inside Area"命令相同，但选择的元件为确定的区域外的元件。

③All：选择全部元件。执行此命令，选择原理图上的所有设计对象。

④Connection：选择连线。执行此命令，鼠标指针变为十字状，单击某导线，则与该导线相连的所有导线都将被选中。

⑤Toggle Selection：切换元件选择状态。执行此命令，鼠标指针变为十字状，单击未被选择的元件则该元件被选中，单击已选择的元件则该元件取消选择的状态。

2. 用鼠标选择

用鼠标选择元件是最常用的选择方法。根据选择元件的不同，可以有以下几种方法。

①选择一个元件：用鼠标直接单击元件，则元件周围出现一个绿色的虚线框，表明该元件被选中，如图3.48所示。

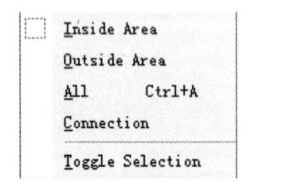

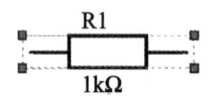

图3.47　"Select"子菜单　　　　图3.48　选择一个元件

②选择一个区域中的元件：在欲选择区域的一个端点按下鼠标，拖动到此区域对角线的另一个端点，则区域内所有的元件全部被选择，如图3.49所示。选择后各元件周围同样出现虚线框。

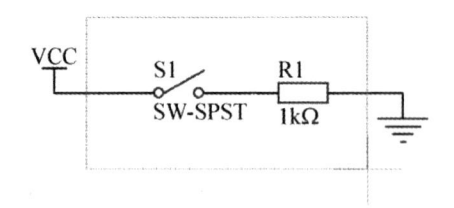

图3.49　选定一个区域中的元件

③选择不同区域内不相邻的元件：按住"Shift"键，用鼠标单击每个要选择的元件。

3. 用主工具栏上的按钮选择

工具栏上的选择按钮即为图3.50中椭圆圈中的按钮，也就是"Edit\Select\Inside Area"命令的快捷按钮。

图3.50　主工具栏

> **注意**：此方法看似与用鼠标选择一个区域内的元件类似，但在使用时有所不同：用鼠标直接选取时，按下鼠标左键拖动，鼠标左键不能松开；用主工具栏上的按钮选取时，单击确定一个端点后，可以松开鼠标，移动到另一个端点后，再单击鼠标左键确定选择区域。

4. 取消选择

取消选择命令其实为选择元件命令的相反操作，因此同样可以用鼠标、命令和主工具栏上的按钮取消元件的选择状态。

（1）用鼠标直接取消选择

①在图纸上没有元件的地方单击鼠标，即可取消所有元件的选中状态。

②在已选择的元件上单击鼠标，可取消当前元件的选中状态。

> **注意**：第一种方法必须在选择"Tools\Schematic Preference"命令打开的对话框中的"Click Clears Selection"选项处于选中的状态才可以执行，否则只能执行第二种方法。

（2）用命令取消选择

执行"Edit\DeSelect"子菜单中的命令即可取消元件的选择状态，执行命令后的操作方法与选择元件相似。"Edit"菜单中的"DeSelect（撤消）"子菜单如图 3.51 所示，子菜单的各项命令如下。

图 3.51 "DeSelect"子菜单

①Inside Area：取消选择区域内元件的选择状态。

②Outside Area：取消选择区域外元件的选择状态。

③All On Current Document：取消当前原理图中元件的选择状态。

④All Open Documents：取消所有打开的原理图中元件的选择状态。

⑤Toggle Selection：切换元件选择状态。

（3）用主工具栏上的按钮取消选择

工具栏上的取消选择按钮即为图 3.52 中椭圆圈中的按钮，也就是"Edit\DeSelect\All On Current Document"命令的快捷按钮。

图 3.52 主工具栏

3.4.2 调整元件的位置

将元件放置到原理图中时，元件的位置不会非常准确，在连接元件时可能会出现元件位置不合适的情况，这就需要调整元件的位置，使原理图画图更加方便，画出来的图更清晰。

1. 元件的旋转

元件欲执行旋转命令，必须要让元件处于浮动状态，方法是用鼠标左键按住欲旋转的元件，此时的元件状态与放置元件时类似，但不可放开鼠标。在浮动状态下，元件的旋转有如下三种形式：

①按空格键，元件逆时针旋转 90°；

②按 X 键，元件水平镜像；

③按 Y 键，元件垂直镜像。

在元件放置的过程中，按下以上三个键，也可以达到同样的目的，即只要元件处于浮动状态，就可以执行这些命令。

2. 元件的移动

移动元件的方法主要有两种。

①用鼠标直接移动元件：

a. 移动单个元件时，可以直接拖动要移动的元件；

b. 移动多个元件时，需要先选择元件，然后才能拖动要移动的元件。

②执行命令移动元件：

a. 移动单个元件时，执行"Edit\Move\Move"命令，单击要移动的元件，元件浮动在光标上，移动至所需位置，单击鼠标放下元件。

b. 移动多个元件时，执行"Edit\Move\Move Selection"命令，操作与移动单个元件相同，但前提仍然是要选择多个元件。

3. 元件的拖动

元件拖动与元件移动最主要的区别在于，元件移动时只移动单个元件或已经选择的设计对象，但是与之相连的导线是不会跟着变化的；而元件拖动时与之相连的导线不会断开，可以跟着元件移动。

①用鼠标直接拖动元件：

a. 拖动单个元件时，按下"Ctrl"键的同时按住鼠标左键，直接拖动元件；

b. 拖动多个元件时，需要先选择元件，然后才能再拖动元件，拖动方法与拖动单个元件相同。

②执行命令拖动元件：

a. 拖动单个元件时，执行"Edit\Move\Drag"命令，单击要拖动的元件，元件浮动在光标上，拖动至所需位置，单击鼠标放下元件。

b. 拖动多个元件时，执行"Edit\Move\Drag Selection"命令，操作与拖动单个元件相同，但前提仍然是要选择多个元件。

3.4.3 元件的复制、剪切、粘贴和删除

1. 元件的复制

执行复制命令，鼠标指针变成十字状，此时单击选中的元件，即可复制元件。

执行复制命令的方法有如下几种：
①选择"Edit\Copy"命令；
②单击主工具栏上的复制命令按钮"　"；
③按快捷键"Ctrl+C"或按下"E"键弹出快捷编辑菜单，再按"C"键。

2. 元件的剪切

剪切操作与复制操作基本相同，不同之处在于：被复制的元件仍然在原理图上，被剪切的元件在原理图上被删除了。执行剪切命令的方法有如下几种：
①选择"Edit \ Cut"命令；
②单击主工具栏上的剪切命令按钮"　"；
③按快捷键"Ctrl+X"或按下"E"键弹出快捷编辑菜单，再按"T"键，或按"Shift+Delete"组合键。

3. 元件的粘贴

复制或剪切元件之后，则可以执行元件的粘贴操作。执行粘贴命令后，鼠标指针变为十字状，欲粘贴的元件浮动在光标上，与放置元件时一样，此时在原理图图纸上所需位置单击鼠标左键即可放置此元件。

执行粘贴命令的方法有如下几种：
①选择"Edit\Paste"命令；
②单击主工具栏上的粘贴命令按钮"　"；
③按快捷键"Ctrl+V"或按下"E"键弹出快捷编辑菜单，再按"P"键。

4. 阵列式粘贴

执行阵列式粘贴命令的方法有如下几种：
①选择"Edit\Paste Array"命令；
②单击实体工具栏中"Drawing"工具栏内的阵列式粘贴命令按钮"　"。
③按下"E"键弹出快捷编辑菜单，再按"Y"键。

执行阵列式粘贴命令后将弹出如图 3.53 所示的对话框。该对话框主要包括两个区域。

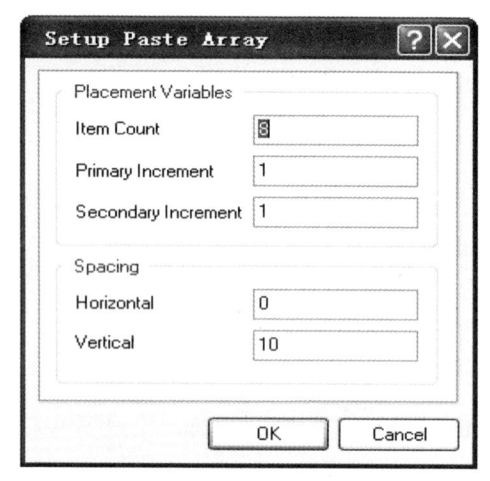

图 3.53　阵列式粘贴对话框

①"Placement Variables（放置变量）"选项组：

a. Item Count：元件粘贴的个数；

b. Primary Increment：元件序号增加的数值；

c. Secondary Increment：多部件元件部件增加的数值。

②"Spacing（间距设置）"选项组：

a. Horizontal：各元件间水平方向的距离，正数向右排列，负数向左排列；

b. Vertical：各元件间垂直方向的距离，正数向上排列，负数向下排列。

设置完上述的参数之后，单击"OK"按钮，然后在所要放置的位置单击鼠标左键，元件将按照所设置的方式放置到元件上。

5. 元件的删除

①选中元件的情况下，执行删除命令可以有如下方法：

a. 直接按"Delete"键，或按"Ctrl+Delete"键；

b. 选择"Edit\Clear"命令。

②不选中元件的情况下，同样可以删除元件，执行删除命令的方法为：执行"Edit\Delete"命令，鼠标指针变为十字状，直接单击要删除的元件即可删除。这种方法只能单独删除一个元件，若为多个元件，必须一个一个地删除。

3.5　层次原理图的设计

对于一个庞大的电路原理图，不可能一次将它完成，也不可能将这个原理图画在一张图纸上，更不可能由一个人单独完成。Protel DXP 软件提供了一个很好的项目组的设计工作环境。项目主管的主要工作是将整个原理图划分为几个功能模块,由各个工作组成员分开设计各个功能模块。整个项目可以多层次并行设计,大大提高了设计效率。

3.5.1 案例介绍及知识要点

案例:将图 3.54 所示的双管放大电路改画为层次电路图,其中第一级放大电路为子图 1,第二级放大电路为子图 2。

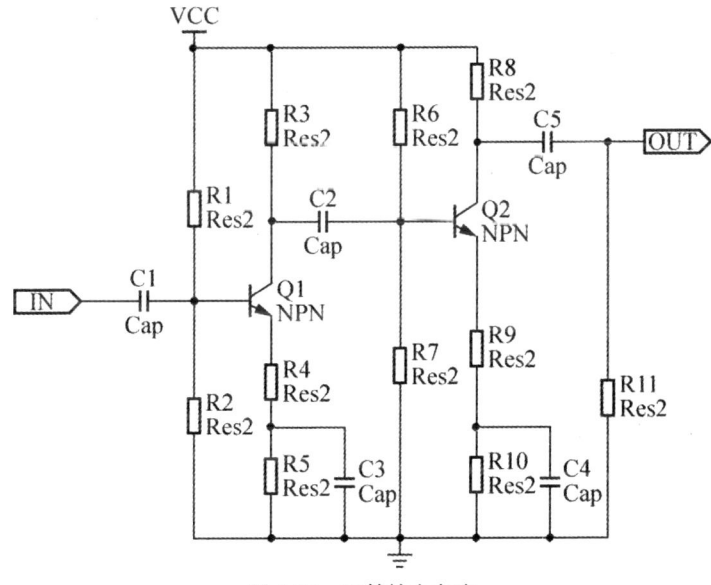

图 3.54 双管放大电路

知识点

①了解层次电路图的结构。

②掌握层次电路图的设计方法。

③掌握层次电路图的设计步骤。

3.5.2 操作步骤

1. 建立一个新文件

执行"File\New\PCB Project"命令,建立项目文件,并命名为"双管放大电路.PrjPCB",在该文件名上右击,在弹出的快捷菜单中选择"Add New to Project\Schematic"命令,即可新建一个原理图文件,命名为"主图.SchDoc",如图 3.55 所示,双击文件名进入原理图编辑状态。

图 3.55　建立原理图文件

2. 放置图纸符号

执行"Place\Sheet Symbol"命令或者单击工具栏上的放置图纸符号按钮"▦",绘制如图 3.56 所示的矩形图,双击该矩形图弹出属性设置对话框,在"Designator(标号)"文本框中输入子图符号名称"Part1",在"Filename"文本框中输入子图文件名"子图1",如图 3.57 所示。

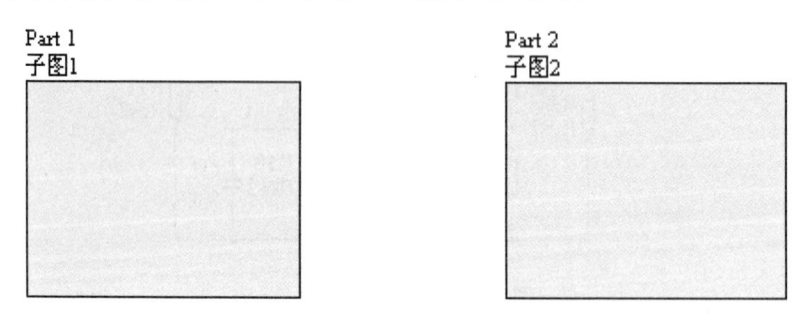

图 3.56　放置子图电路符号图

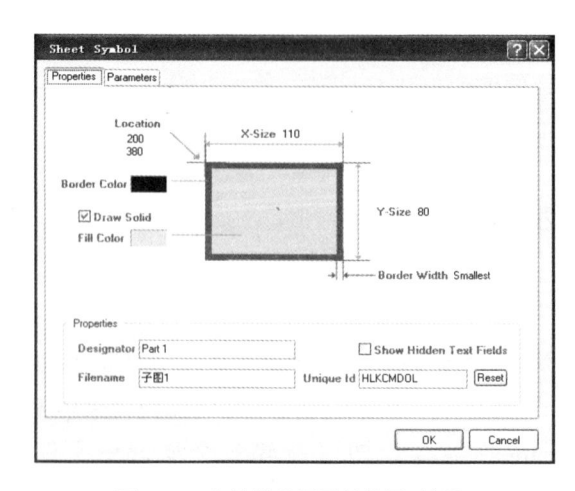

图 3.57　方块符号图属性设置对话框

用同样方法放置第 2 个子图符号，并在"Designator"文本框中输入"Part2"，"Filename"文本框中输入"子图 2"。

3．放置图纸符号中的端口

执行"Place\Add Sheet Entry"命令，或者单击工具栏上的放置图纸符号中的端口按钮" "，将鼠标指针移动至子图符号内部，在其左边界上单击鼠标左键，鼠标指针上出现一个悬浮的输入/输出端口，移动至合适位置后，再次单击鼠标左键，将端口放置好。然后继续移动鼠标，放置其他端口，如图 3.58 所示。

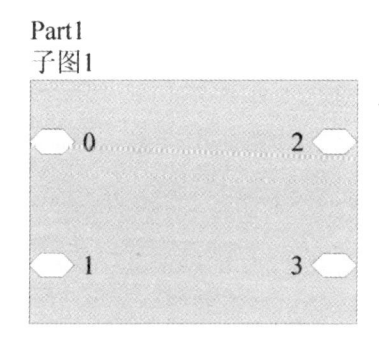

图 3.58　电路方块符号图

双击输入/输出端口，弹出图纸符号端口属性对话框，如图 3.59 所示，在"Name"下拉列表框中输入端口名"IN"，在"I/O Type"下拉列表框中选择端口电气特性设置"Input（输入）"；在"Style"下拉列表框中选择端口方向"Right（右）"；其他设置为默认值。

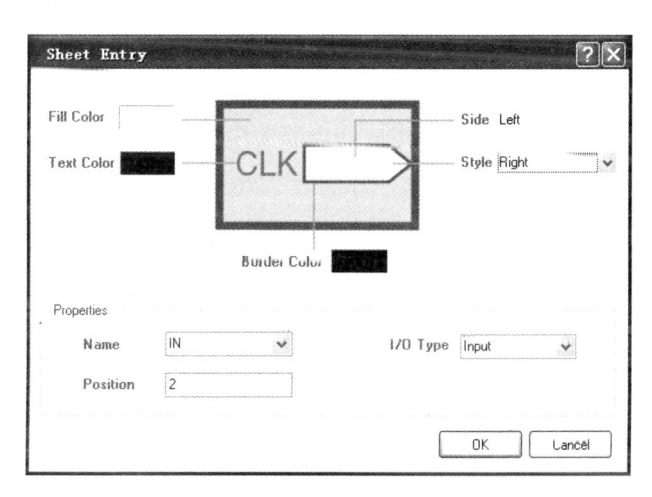

图 3.59　I/O 端口属性设置对话框

用同样的方法绘制子图 2 并放置端口和更改属性，如图 3.60 所示。

4．连接导线

执行"Place\Wire"命令，绘制主图中所需的导线，完成主图，如图 3.60 所示。

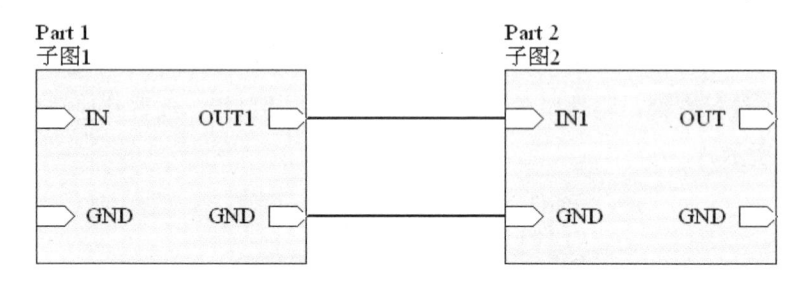

图 3.60　主图

5．绘制子图

执行"Design\Create Sheet From Symbol"命令，将鼠标指针移动到子图 1 符号上，单击鼠标左键，弹出是否颠倒输入/输出端口电气特性的对话框，如图 3.61 所示。

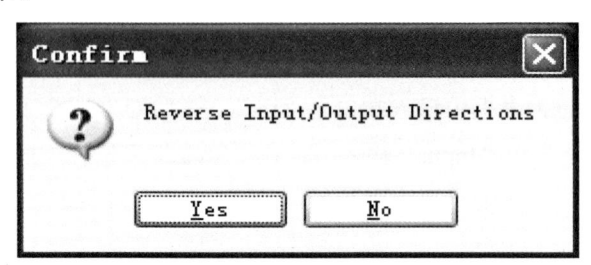

图 3.61　反转电气特性对话框

若单击"Yes"按钮，则生成的电路图中的输入/输出端口的输入/输出特性将与子图符号中的特性相反；若单击"No"按钮，则生成的电路图中的输入/输出端口的输入/输出特性将与子图符号中的特性相同。这样便自动生成一个新的电路图，该电路图上的输入/输出端口与子图符号上的输入/输出端口相对应。

电路图的文件名与子图符号中输入的文件名相同，为"子图 1.SchDoc"。这时在新电路图中，已生成了 4 个输入/输出端口，与子图符号中的 4 个输入/输出端口相对应，如图 3.62 所示。

第 3 章 原理图的绘制

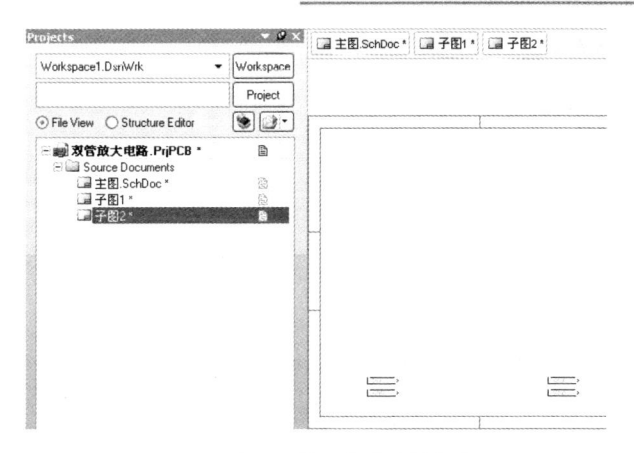

图 3.62 由子图符号生成的新电路图

在此电路图中绘制如图 3.63 所示的第一级放大电路，即子图 1。

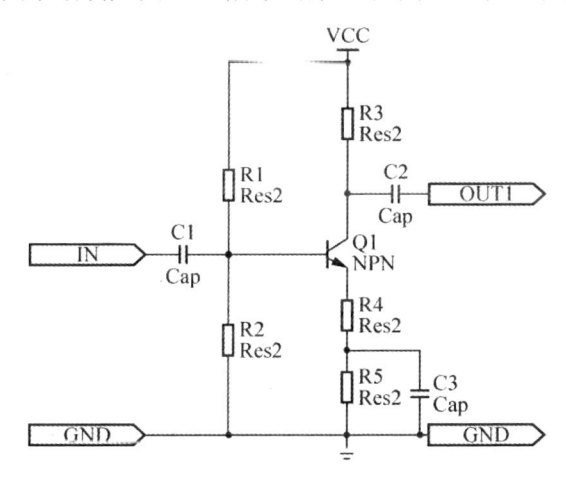

图 3.63 子图 1

用同样的方法完成子图 2 的绘制，如图 3.64 所示。

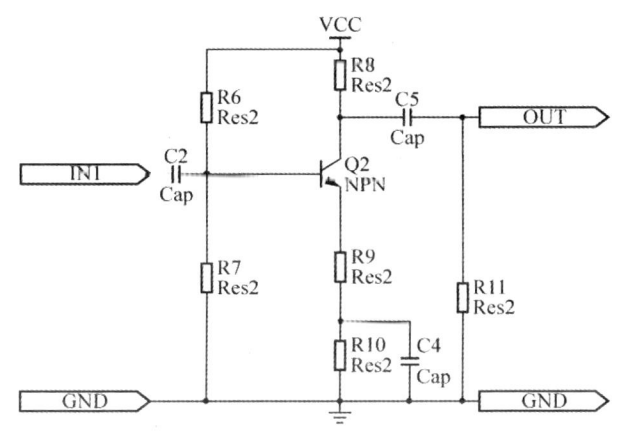

图 3.64 子图 2

6. 保存文件

执行"File\Save All"命令,保存所有文件。通过上述步骤就建立了一个层次原理图。

3.5.3 知识点总结——层次原理图的设计方法

层次原理图的设计实际上是一种模块化的设计方法。用户可以将待设计的系统划分为多个子系统,子系统下面又可划分为若干个功能模块,功能模块再细分为若干个基本模块。设计好基本模块,定义好模块之间的连接关系,即可完成整个设计过程。

设计时可以从系统开始,逐级向下进行,也可以从基本的模块开始,逐级向上进行,还可以调用相同的电路图重复使用。

1. 自上而下的层次图设计方法

所谓自上而下,就是由项目电路方块图产生原理图,因此采用自上而下的方法来设计层次图,首先得放置项目电路方块图。其流程如图 3.65 所示。

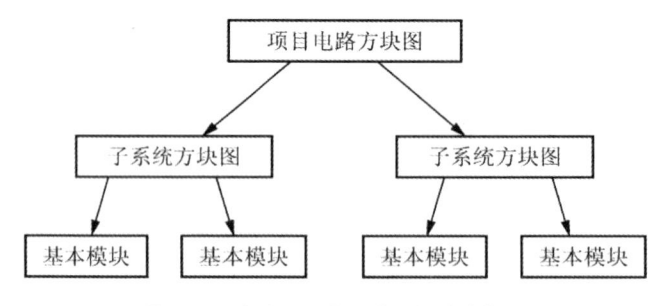

图 3.65 自上而下的层次图设计流程图

2. 自下而上的层次图设计方法

所谓自下而上,就是由原理图产生项目电路方块图,因此采用自下而上的方法来设计层次图,首先得绘制模块原理图。其流程如图 3.66 所示。

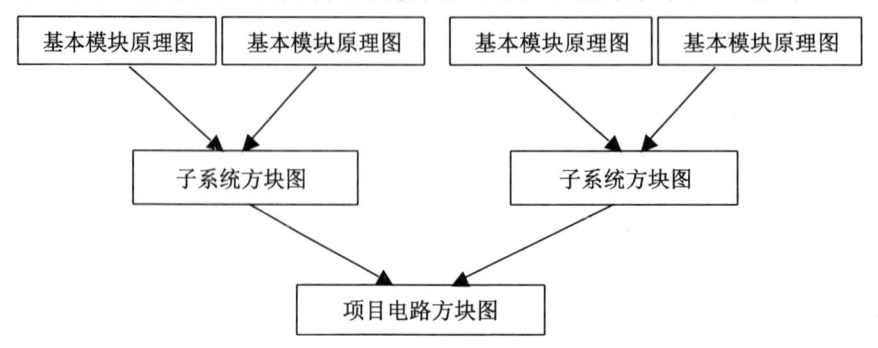

图 3.66 自下而上的层次图设计流程图

3. 重复性层次图的设计方法

所谓重复性层次图，就是在层次图中，有一个或多个电路图被重复调用。绘制电路图时，不必重复绘制相同的电路图。典型的重复性层次图的示意图如图 3.67 所示。

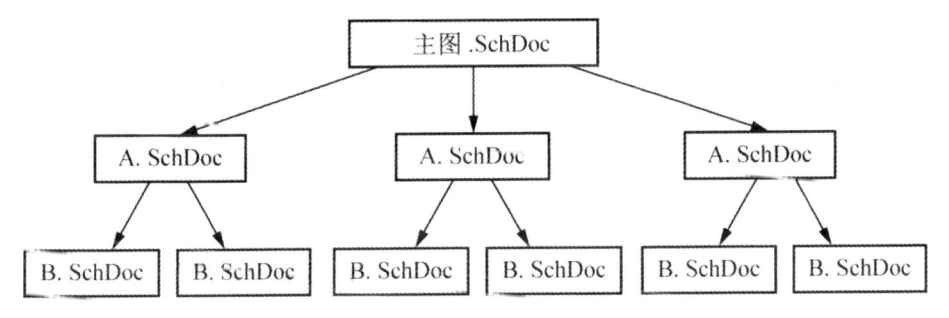

图 3.67 重复性层次图的示意图

3.5.4 由原理图文件产生方块电路符号

仍然以图 3.54 为例，若采用自下而上的设计方法，则先绘制两个子图电路图，再生成方块电路符号。其步骤如下：

①绘制子图 1 和子图 2 电路图，新建主图电路原理图，在主图电路编辑器中执行"Design\Create Sheet Symbol From Sheet"命令，弹出如图 3.68 所示的对话框。

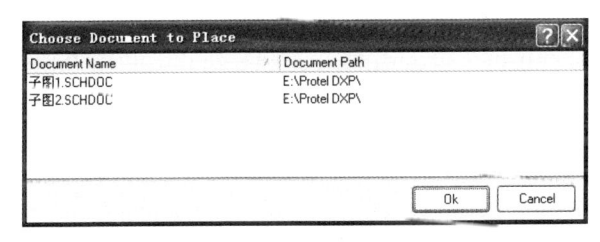

图 3.68 选择产生电路方块符号的电路

②选择"子图 1.SCHDOC"，单击"Ok"按钮，此时电路方块符号会出现在鼠标指针上，将其放置在主图电路中，如图 3.69 所示。

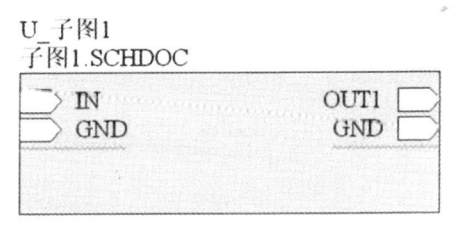

图 3.69 由子图 1 产生的电路符号

③采用同样的方法生成子图 2 电路符号，移动鼠标指针至合适的位置，将其定位并进行主图电路连接，根据层次电路图的需要，调整方块图的大小和端口的位置，完成层次电路图的绘制，如图 3.70 所示。

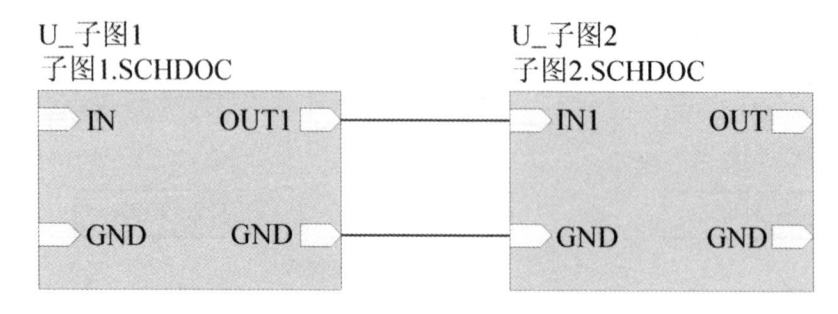

图 3.70　由子图生成的主图

3.6　知识点总结——编译工程

在前面的原理图绘图过程中，一再强调过，要生成电路板图，要使各元件之间有电气连接关系，电路原理图中的连线、元件引脚等都具有电气特性，在使用它们时必须遵守一定的规则，这个规则就是电气规则（Electrical Rules）。绘制完电路原理图后，必须要对电路原理图进行电气规则检查。

所谓电气规则检查，就是检查整个电路中那些不应该出现的短路、断路、多个输出引脚短路、输入引脚未连接等错误。利用 Protel DXP 软件可以对整个工程进行编译。在工程编译中，除了进行电气规则检查之外，还要建立整个项目工程的交叉引用信息，以方便在各原理图之间切换，查看相关内容。

3.6.1　设置编译工程选项

执行"Project"菜单中的"Project Options"命令，弹出如图 3.71 所示的对话框，然后在弹出的对话框中设置检查规则。

1. 设置"Error Reporting"选项卡

在"Error Reporting（错误报告）"选项卡中，可以设置所有可能出现错误的报告类型，共有 4 种报告类型：

①No Report：出现该错误时系统不报告；

②Warning：出现该错误时系统出现警告信息；

③Error：出现该错误时系统出现错误信息；

④Fatal Error：出现该错误时系统出现严重错误信息。

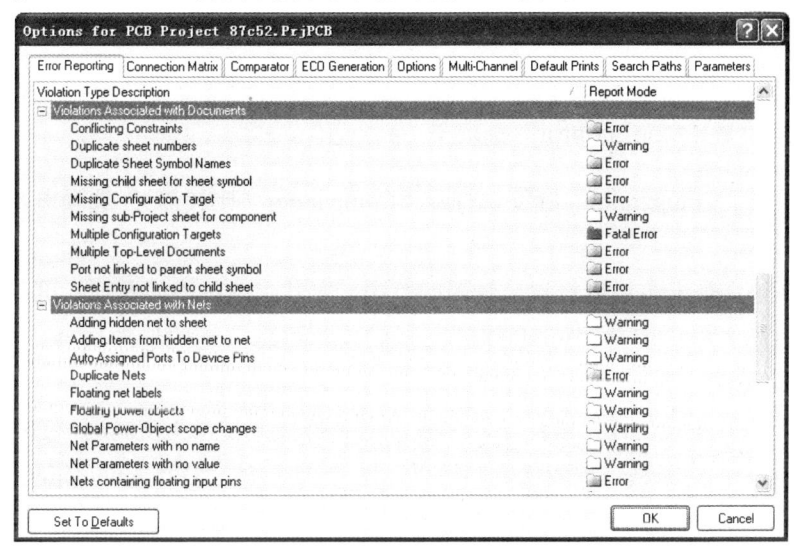

图 3.71 设置工程选项对话框

对于由 Protel DXP 软件列出的这些错误报告类型，建议使用者不做更改，但有时为了满足使用者的设计习惯，可以修改报告类型。

2. 设置"Connection Matrix"选项卡

单击"Connection Matrix"标签，打开"Connection Matrix（连接矩阵）"选项卡，如图 3.72 所示。

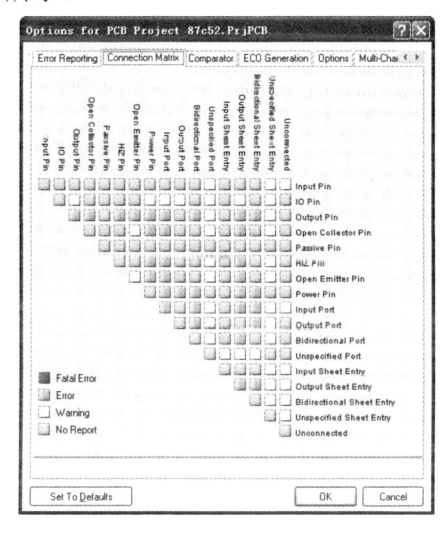

图 3.72 电气连接矩阵设置对话框

若使用者欲设置元器件的输入引脚未连接时系统产生严重错误信息提示，则可以在矩阵右边找到"Input Pin"这一行，然后在矩阵上方找到"Unconnected"这一列，单击这两者交叉处的小方块，改变该小方块的颜色为红色。其中，绿色表示"No Report"，黄色表示"Warning"，橙色表示"Error"，红色表示"Fatal Error"。在小方块上单击鼠标可以循环切换颜色。

3. 设置"Comparator"选项卡

单击"Comparator"标签，打开"Comparator（比较器）"选项卡，如图3.73所示。

在该选项卡中可以设置比较器的范围。对其中感兴趣的选项，可在右边的下拉列表框中选择"Find Differences"，对不感兴趣的选项选择"Ignore Differences"。

若使用者欲设置元器件差异比较，当元器件型号发生变化时（Different Comments）要忽略这种变化，则可以在图3.73中的"Different Comments"右边的下拉列表框中选择"Ignore Differences"；若要显示这种变化，则选择"Find Differences"。

最后，单击"OK"按钮，完成编译工程选项设置。

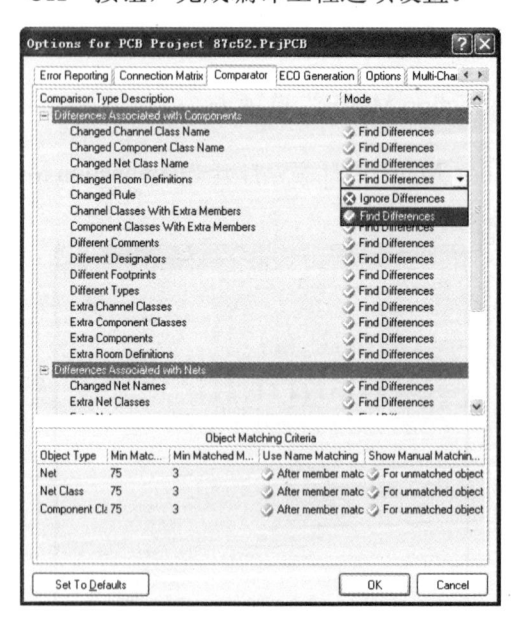

图3.73 比较器设置对话框

3.6.2 编译工程

设置完工程选项后，就可以对工程进行编译了。以放大电路为例，编译工程的具体步骤如下。

①执行"Project\Compile Document 放大电路.SchDoc"命令。系统开始编译工程，编译完成后，系统生成信息报告，如图 3.74 所示。本例中编译没有问题，因此信息框为空白的。如果系统没有弹出对话框，则可选择"System\Message"命令打开对话框。

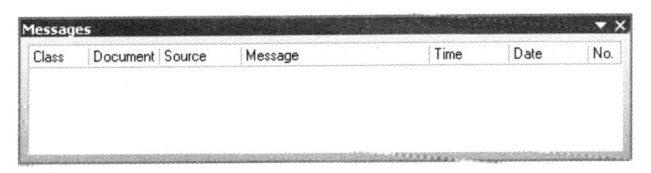

图 3.74 编译后的信息框

②若编译后原理图有错误或警告等，如图 3.75 所示，双击信息，可以弹出如图 3.76 所示的与此错误相关的信息，使用者可以根据该信息修改原理图。

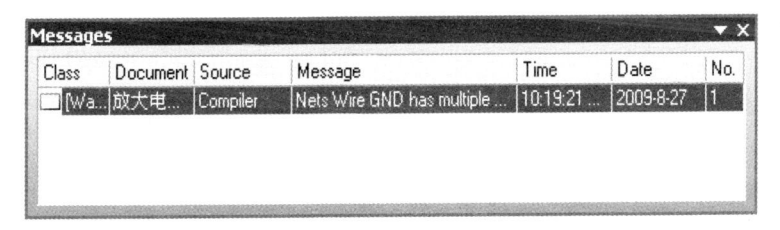

图 3.75 有错误信息的信息框

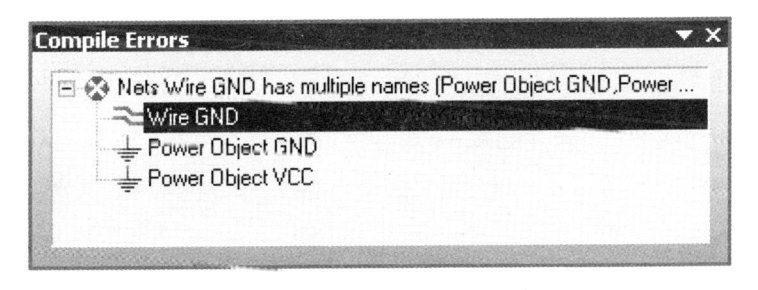

图 3.76 编译错误信息框

注意：本例中的错误是为了举例说明而制造的错误，将电源与地线连在了一起，改正时，将其改回即可。正常设计中遇到错误则需根据提示找寻错误的原因。

3.7 知识点总结——生成网络表

网络表是原理图与印制电路板之间的桥梁，它是电路的文本表达方式。网络表可以在原理图编辑器中直接由原理图文件生成，也可以在文本编辑器中手动输入，还可以在电路板编辑器中，由已经布线的印制电路板图导出。

在 Protel DXP 软件设计的过程中，设计者可以不生成网络表，而直接将原理图内的信息传送到印制电路板编辑器中，但是在 Protel DXP 软件内部依然生成了网络表。网络表由两部分构成，包括元件信息和连接网络信息。

依然沿用放大电路的例子，由于本例只有一个原理图文件，所以在原理图编辑环境中执行"Design\Netlist For Document\Protel"或"Design\Netlist For Project\Protel"命令，系统会自动生成当前工程的网络表文件"放大电路.NET"，并存放在当前工程的"Generated\Protel Netlist Files"目录下。

双击此网络表文件，其具体内容如图 3.77 所示。

[	20 μF	]	R1
C1		[	AXIAL-0.4
RAD-0.3		Q1	40kΩ
10 μF		BCY-W3	
	]	NPN	
	[		
	JP1		]
]	HDR1X4		[
[	Header 4	]	R2
C2		[	AXIAL-0.4
RAD-0.3		NetC1_2	5.6kΩ
		C1-2	VCC
	]	Q1-2	JP1-4
	[	R1-1	R1-2
]	R5	R2-2	R3-2
[	AXIAL-0.4	)	)
R3	2kΩ	(	(
AXIAL-0.4		NetC2_1	VI
5.1kΩ		C2-1	C1-1

		Q1-1	JP1-3
	]	R3-1	)
	(	)	(
]	GND	(	VO
[	JP1-1	NetQ1_3	C2-2
R4	R2-1	Q1-3	JP1-2
AXIAL-0.4	R4-1	R5-2	R4-2
5.1kΩ	R5-1	)	)
	)	(	
	(		

图 3.77 网络表清单

由上述网络表清单可以看出，网络表分为两部分，第一部分是关于元件的描述，用方括号表示；第二部分是关于网络的描述，用小括号表示。其中各行的具体意义如下。

[
C1 元件序号（Designator）
RAD-0.3 元件封装（Footprint）
10μF 元件参数（Comment）
系统自动产生的空行
]
(

VCC 网络名称
JP1-4 JP1 元件的第 4 引脚
R1-2 R1 元件的第 2 引脚
R3-2 R3 元件的第 2 引脚
)

虽然可以不用生成网络表，但是利用网络表可以检查原理图中的元件信息是否正确，比如：是否有未编号的元件？是否有重复的元件？是否元件封装有错？是否有未添加的元件封装？检查没有错误的情况下，可以继续进行PCB 的制作。否则，需要先改正错误。

3.8　知识点总结——有关元件的报表文件

3.8.1　元件报表

元件报表主要用于将一个原理图或一个项目文件中所用到的元件整理为列表形式，以方便购买。元件报表主要包括元件的名称、标注、元件封装等内容。产生原理图中元件报表文件的具体步骤如下。

①在原理图中执行命令"Report\Bill of Materials"。

②系统弹出如图 3.78 所示的项目元件报表对话框。此对话框中显示了原理图中用到的所有有关元件的相关信息。

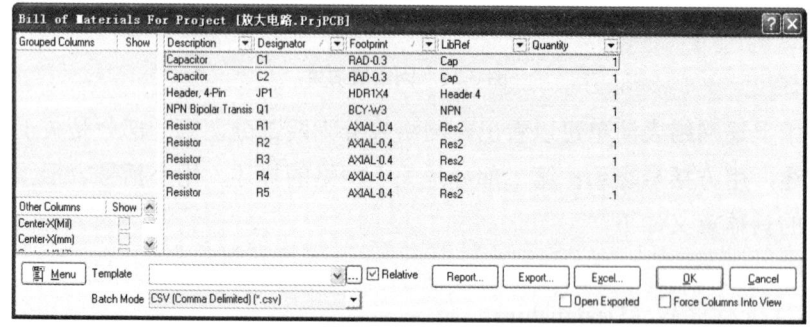

图 3.78　元件报表对话框

项目工程元件列表对话框中的几个按钮的意义如下。

①Menu 按钮：单击此按钮可以打开环境菜单。

②Report 按钮：单击此按钮，系统弹出元件列表的元件报表预览对话框，如图 3.79 所示。

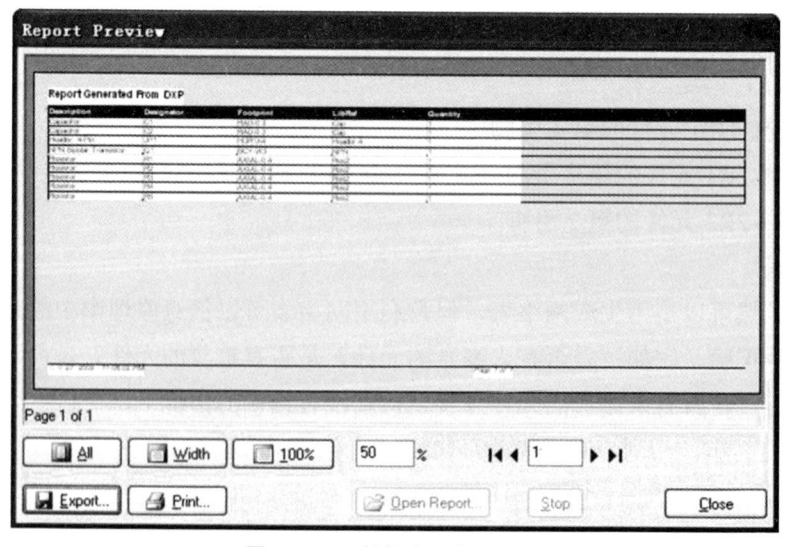

图 3.79　元件报表预览对话框

③ "Export" 按钮：单击此按钮，可以将元件列表导出到项目工程文件夹中，此时系统弹出项目工程的元件列表对话框，系统提供了几种文件格式：Microsoft Excel Worksheet、Web Page、XML Spreadsheet、CSV 和 Tab Delimited Text。使用者只需选择其中一种导出类型即可。

④ "Excel" 按钮：单击此按钮，系统会自动调用用户安装的 Microsoft Excel 应用程序，进入表格编辑器，同时生成后缀名为 ".xls" 的元件列表，存放在 "Project Outputs for 放大电路" 文件夹中。

3.8.2 元件交叉参考表

在 Protel DXP 软件中，还可以生成元件的引用报表。

生成元件引用报表的方法如下。

① 打开一个工程中的任意一张原理图，然后编译整个工程。

② 执行命令 "Report\Component Cross Reference"，弹出如图 3.80 所示的元件引用报表。它把整个工程中的元件按照所处的原理图不同进行分组显示。

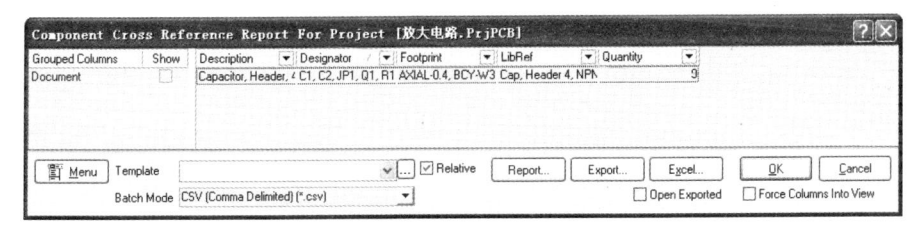

图 3.80　元件交叉参考表

其实，这就是一张元件清单报表。本例中，因为只有一个原理图，所以只显示一行，即一张原理图中的元件列表。

第 4 章 元件图的绘制

在设计电路原理图时，需要放置元件，Protel DXP 软件已经带有相当完整的元件库，但是在很多情况下，设计人员还是找不到自己所要的元件。在这种情况下，就需要自己建立新的元件库和元件。前面介绍绘制原理图时，已经说明需要先添加元件库，才能在元件库中找到所需元件，所以在绘制元件图时，必须先建立新元件库，然后在元件库中绘制新的元件图。

需要特别提醒设计者注意的是：一个元件库中可以包含多个元件，但每张元件图的图纸中只能绘制一个元件图，而且若要此元件图具有电气连接特性必须放置元件引脚，而不能因为引脚看上去像一条直线而直接用直线来代替。

4.1 绘制元件图案例分析

4.1.1 案例介绍及知识要点

绘制如图 4.1 所示的双 JK 触发器。

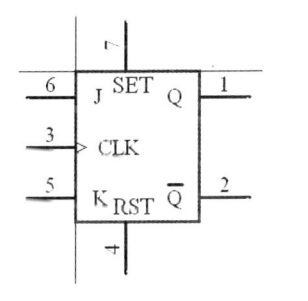

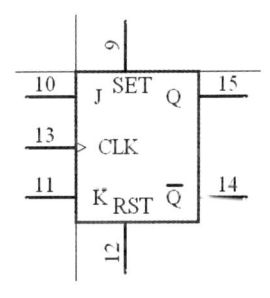

图 4.1 双 JK 触发器

知识点

①掌握新建元件库、元件的方法。
②掌握元件图绘制工具箱的使用。
③掌握元件图管理器的使用。

4.1.2 操作步骤

1. 建立元件库

执行"File\New\Schematic Library"命令，打开默认元件库名称为"Schlib1.lib"的元件编辑界面，同时建立一个默认名称为"Component_1"的元件。选择"File\Save"命令，弹出如图 4.2 所示的对话框，选择所需保存的路径，在文件名编辑框中输入"数字电路"，单击"保存"按钮。

图 4.2　"保存元件库"对话框

2. 更改元件名

执行"Tools\Rename Component"命令，弹出如图 4.3 所示的对话框，将"COMPONENT_1"改为"双 JK 触发器"，单击"OK"按钮，更名完成。

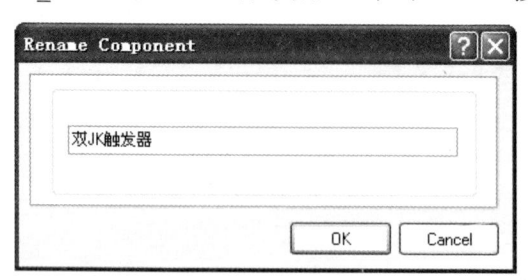

图 4.3　重命名元件

3. 绘制元件的第一个部件

（1）绘制元件主体部分

单击绘图工具箱中的"□"按钮或执行"Place\Rectangle"命令，绘制一个矩形，此时，鼠标指针会变成十字状，在坐标原点位置，即（0，0）点，单击鼠标确定矩形的左上角,移动鼠标到(50,-60)点,单击鼠标确定矩形的右下角,完成矩形的绘制,如图 4.4 所示。

注意:再次选择矩形绘图工具时,鼠标指针在浮动状态变为十字状,并且在指针上会呈现上次绘制的矩形。

(2)放置引脚

元件引脚的序号必须与元件封装相对应,因为元件引脚的序号是元件与元件之间连接的关键所在,只有元件序号与元件封装的焊盘序号相对应,才能使生成的电路板中的铜膜线与焊盘正确连接。因此在放置元件引脚时,要了解元件各引脚的作用。

选择绘图工具箱中的" "按钮或执行"Place\Pin"命令,开始放置引脚,引脚处于浮动状态时(见图 4.5),每按"Space"键一次,可以使元件引脚逆时针旋转 90°。按"Tab"键,可以弹出元件引脚属性对话框,默认的第一个元件引脚序号为 0,名称为 0,引脚长度为 30。

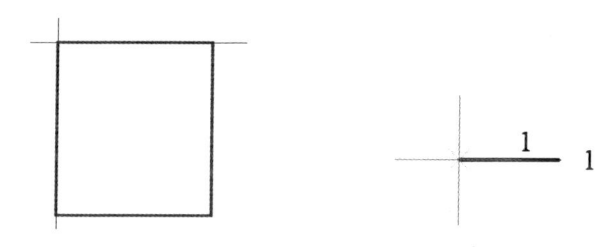

图 4.4 绘制完成的矩形　　图 4.5 放置引脚

设置好元件引脚属性后,单击左键可以将元件引脚放置在图纸上。元件名称所在的一端放置在元件矩形内部;另一端具有电气特性,由图 4.5 上可以看出此端有一个灰色 45°倾斜的十字符号,即在原理图中具有电气连接特性的一端,此端放置在元件矩形的外部,以便在原理图中进行电气连接。

对于集成元件来说,元件引脚的序号非常重要,因此,所有的引脚序号都不隐藏,即所有的"Visible(显示)"复选框均要选中,使其引脚序号显示。

按如下引脚的属性在元件引脚属性对话框中编辑各引脚。

①引脚 1:名称为"Q",选中"Visible"复选框,电气类型为"Output",引脚长度为"20",旋转角度为"0°"。

②引脚 2:名称为"$\overline{Q}$",选中"Visible"复选框,电气类型为"Output"。

③引脚 3:名称为"CLK",选中"Visible"复选框,电气类型为"Input",设置"Symbol"区域中的"Inside Edge"为"Clock"。

④引脚 4：名称为"RST"，不选中"Visible"复选框（因为此引脚为垂直放置，引脚的名称也随之旋转，名称亦不水平，需另加文字来放置元件引脚的名称），电气类型为"Input"。

⑤引脚 5：名称为"K"，选中"Visible"复选框，电气类型为"Input"。

⑥引脚 6：名称为"J"，选中"Visible"复选框，电气类型为"Input"。

⑦引脚 7：名称为"SET"，不选中"Visible"复选框，电气类型为"Input"。

完成引脚放置后的第一个部件如图 4.6 所示。

（3）放置元件引脚名称

在放置引脚 4 与引脚 7 时，将元件的名称隐藏，然后将元件引脚的名称利用放置文字的工具"A"放到元件中合适的位置，完成后的第一个部件如图 4.7 所示。

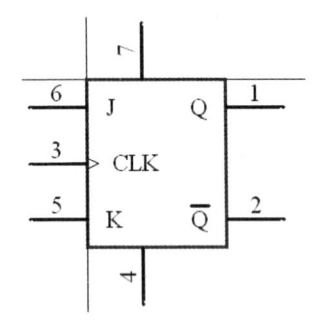

图 4.6　放置引脚后的第一个部件　　　图 4.7　完成的第一个部件

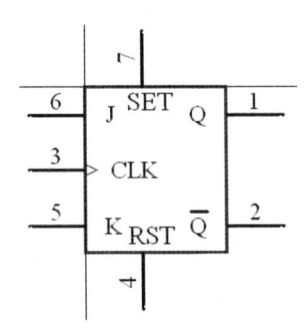

4. 绘制元件的第二个部件

单击绘图工具箱中的"　"按钮，打开绘制元件新部件的图纸。绘制元件的顺序和方法与绘制第一个部件一样，主要的区别在于元件引脚序号的设置。任意一个元件的引脚序号都不能重复，也不能有空的引脚序号。

第二个部件的引脚属性的设置如下。

①引脚 9：名称为"SET"，不选中"Visible"复选框，电气类型为"Input"。

②引脚 10：名称为"J"，选中"Visible"复选框，电气类型为"Input"。

③引脚 11：名称为"K"，选中"Visible"复选框，电气类型为"Input"。

④引脚 12：名称为"RST"，不选中"Visible"复选框，电气类型为"Input"。

⑤引脚 13：名称为"CLK"，选中"Visible"复选框，电气类型为"Input"，设置 Symbol 区域中的"Inside Edge"为"Clock"。

⑥引脚 14：名称为"$\overline{Q}$"，选中"Visible"复选框，电气类型为"Output"。

⑦引脚 15：名称为"Q"，选中"Visible"复选框，电气类型为"Output"。

同样利用放置文字的工具将元件引脚名称放置到元件中合适的位置。完成后的第二个部件如图 4.8 所示。

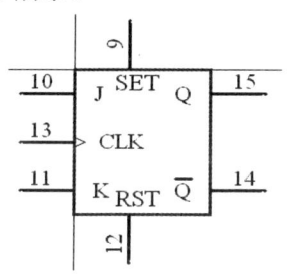

图 4.8 完成后的第二个部件

5. 绘制元件的电源地线引脚

上述 3、4 两个步骤的介绍过程中，并没有出现元件的电源和地线引脚，为了画图的方便，这两个元件引脚被放在 0 部件内。设置的方法是在元件引脚属性对话框中的"Part Number"微调框中输入"0"。这样电源和地线引脚就会同时显示在该元件的两个部件中。

两个元件引脚的属性可设置如下。

①引脚 8：名称为"GND"，选中"Visible"复选框和"Hide"复选框，电气类型为 Power。

②引脚 16：名称为"VDD"，选中"Visible"复选框和"Hide"复选框，电气类型为"Power"。

在绘制原理图时，有些情况下，电源和地线引脚是不需要连接的，但是在制作电路板时，电源和地线引脚是必须要连接的。

因为元件引脚被隐藏，所以在完成的元件图中是看不到元件这两个引脚的。在原理图中可以利用显示隐藏引脚的命令将它们显示出来以便连接。若要再次编辑这两个引脚，可以双击"SCH Library"面板中的引脚列表中对应的引脚进行编辑，如图 4.9 所示。

图 4.9 引脚列表

6. 设置元件的描述特性和其他属性参数

在元件编辑管理器中选中该元件，然后单击"Edit"按钮，系统会弹出如图 4.10 所示的对话框，可以设置元件的默认序号及元件的描述。

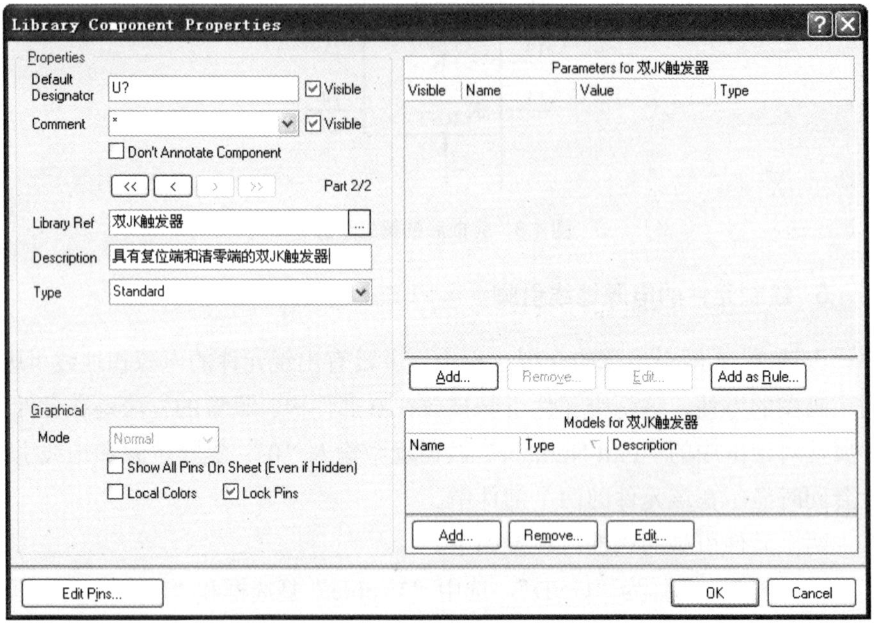

图 4.10　元件属性设置

Default Designator：元件默认序号，设置为"U？"。

Description：对元件的描述，设置为"具有复位端和清零端的双 JK 触发器"。

至此元件图就全部绘制完成了，单击"■（保存）"按钮保存绘制好的元件。

4.2　知识点总结——元件图设计环境及管理器

4.2.1　集成元件库概述

Protel DXP 软件提供的元件库为集成元件库，在文件夹下的后缀为"*.IntLib"，但在集成元件库创建时的"Project"面板中的后缀为"*.LIBPKG"。与以往版本单独的元件库和元件封装库不同，集成元件库包含了元件的原理图符号、元件封装形式、信号完整性分析模型和仿真模型等信息，在调用某个元件时，可以同时把元件的这些信息显示出来，更方便实用。Protel DXP 软件中默认的集成元件库分类很明确，第一级按照元件生产厂商分类，第二级以元件的功能分类。

集成元件库在 Protel DXP 软件中单独存放，不能在任何项目文件中打开，即集成元件库本身类似于一个项目文件。在集成元件库中，元件的原理图符号仍然存放在原理图元件库中，元件库的后缀为"*.SchLib"。除了在集成元件库中可以建立元件库之外，也可以在项目文件中直接建立元件库。图 4.11 所示为元件库在集成元件库和项目文件中的隶属关系，其创建方法是相同的，本章主要介绍元件的绘制方法。

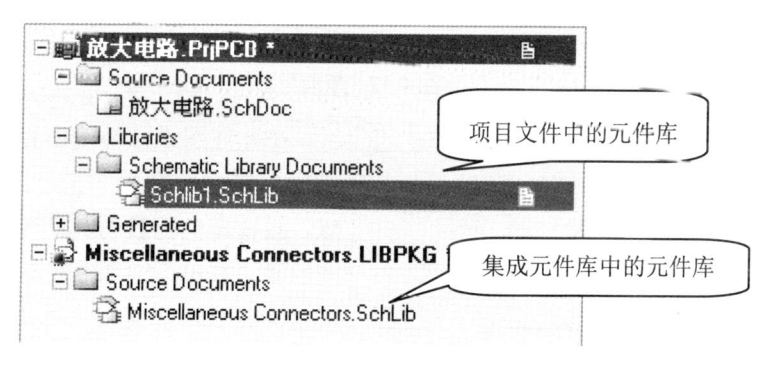

图 4.11 "Project"面板中的元件库

除此之外，Protel DXP 软件还提供了单独的元件封装库，其后缀为"*.PCBLib"。Protel DXP 软件自带的元件封装库在安装目录的"Library\PCB"文件夹里，同样也可以自己创建元件封装库，创建元件封装库和绘制元件封装将在第 8 章进行介绍。

4.2.2 进入元件图设计环境

在 Protel DXP 软件中任何文件都可以单独存放，元件库也不例外，但是设计者一般是为了某个项目文件才制作元件库的，因此为了使用方便会在项目文件中建立元件库。建立元件库的方法为：在 Protel DXP 软件中选择"File\New\Schematic Library"命令，在项目文件中建立一个名为"Schlib1.SchLib"的元件库文件，即可进入原理图元件库编辑环境，如图 4.12 所示，同时建立一个新的默认元件名为"Component"的元件。元件图的图纸分为四个象限，在绘制元件图时，图形的绘制应在坐标原点附近，且大部分应在第四象限之中。

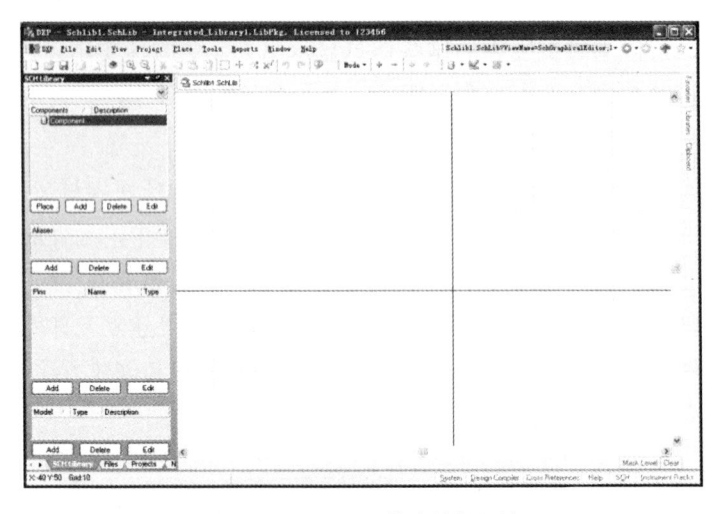

图4.12 原理图元件库编辑环境

在元件图设计环境中有很多菜单，大部分在前面章节已经出现过，并且内容相似，较常用的而且与其他设计环境不太相同的是"Tools（工具）"菜单，如图4.13所示，因此特别说明一下"Tools"菜单的用法。

"Tools"菜单中的各项命令作用如下。

①New Component：在元件库中添加新元件。

②Remove Component：在元件库中删除当前元件。

③Remove Duplicates：删除元件库中元件名重复的元件。

④Renamed Component：重命名当前元件。

图4.13 "Tools"菜单

⑤Copy Component：复制当前元件到指定的元件库中。

⑥Move Component：移动当前元件到指定的元件库中。

⑦New Part：添加多部件元件的新部件。

⑧Remove Part：删除多部件元件中的当前部件。

⑨"Mode"菜单：创建元件可替代的其他模式，例如IEEE符号等。放置在原理图中时，可以从元件属性的图形操作框的"Mode"下拉列表中选择。

单击"Mode"工具栏上的"＋"按钮或选择"Mode"菜单中的"Add"命令可以添加一个新的替代视图。单击"Mode"工具栏上的"－"按钮或选择"Mode"菜单中的"Remove"命令可以删除一个替代视图。单击"Mode"工具栏上的"←"按钮和"→"按钮或者选择"Mode"菜单中的"Previous"和"Next"可以查看前一个或后一个替代视图。

⑩Goto：其中包含以下几个命令。

a. Next Part：切换到多部件元件的下一个部件。

b. Prev Part：切换到多部件元件的前一个部件。

c. Next Component：切换到元件库中的下一个元件。

d. Prev Component：切换到元件库中的前一个元件。

e. First Component：切换到元件库中的第一个元件。

f. Last Component：切换到元件库中的最后一个元件。

⑪Find Component：搜索元件，与绘制原理图时搜索元件的操作相同。

⑫Component Properties：打开元件属性对话框，对元件的属性进行设置。

⑬Parameter Manager：对元件属性参数进行管理。

⑭Update Schematics：更新原理图中对应元件库中已经更改的内容，包括已经放置到原理图中的元件和原理图中元件库的元件。

⑮Document Options：对元件库编辑器工作空间进行设置。执行此命令后，可以打开如图4.14所示的对话框。

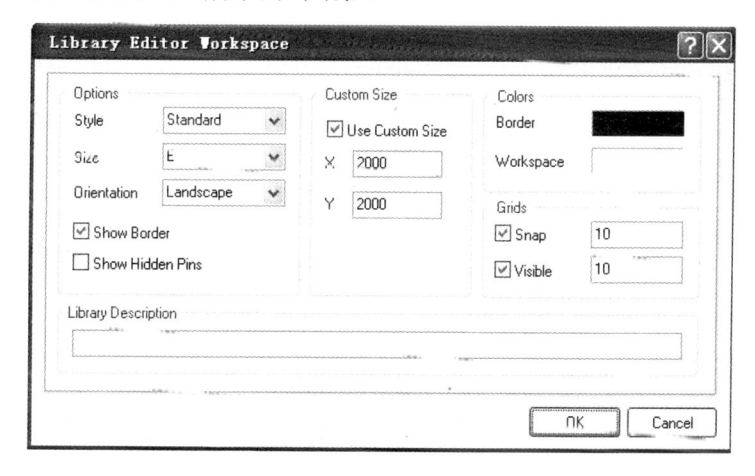

图4.14 元件库编辑器工作空间设置对话框

图4.14中各项的设置如下。

a."Options"选项组：

i. Style：在下拉列表框中选择图纸的样式，其中"Standard"和"ANSI"

并无区别；

ⅱ. Size：在下拉列表框中选择图纸的尺寸，若选中"Use Custom Size"复选框，则此下拉列表框不起作用，图纸大小由"Custom Size"选项组确定；

ⅲ. Orientation：在下拉列表框中选择图纸的方向，"Landscape"复选框为水平方向，"Portrait"为垂直方向，与"Size"选项一样，选中"Use Custom Size"复选框时此下拉列表框不起作用。

ⅳ. Show Border：选中此复选框可以显示图纸边框，即图纸中间的十字坐标。

ⅴ. Show Hidden Pins：选中此复选框可以显示被隐藏的引脚，选中此复选框时，隐藏的引脚有时会显示不出来，需要将此复选框取消选中，然后再选中，才能将引脚显示出来。

b. "Custom Size"选项组：选中"Use Custom Size"复选框，可以在"X"和"Y"文本框中自定义图纸尺寸。

c. "Colors"选项组：设置工作区域和边框的颜色。工作区域的默认颜色为233号，边框的默认颜色为3号。

d. Grids 选项组：设置捕捉栅格和可视栅格的大小。默认的"Snap"为10mil，"Visible"为10mil。

e. Library Description：在此文本框中设置当前元件库的描述。

4.2.3 元件图设计管理器

单击设计环境左侧面板下的"SCH Library"标签，即可打开元件库编辑管理器，如图4.15所示。元件库编辑管理器包含四个区域："Component（元件列表）"区域、"Aliases（别名）"区域、"Pins（引脚）"区域和"Model（模式）"区域。

1. "Component"区域

"Component"区域用于对当前元件库中的元件进行管理，可以在"Component"区域对元件进行放置、添加、删除和编辑等工作。元件库打开的时候，元件库中所有的元件名称都会显示在"Component"区域，可以对这些元件进行以下操作。

①查找元件：区域最上方的空白框与原理图中的元件库管理器中的筛选框作用相同。

②选择和取用元件：有两种方法可以选择元件并将其放到原理图图纸中。

a. 单击需要选择的元件，然后单击"Place"按钮；

b. 直接双击要选择的元件。

使用任何一种方法，系统都会自动切换到原理图设计界面，且鼠标处于放置元件的状态，所选择的元件浮动在鼠标指针上，单击鼠标即可放置元件。

③建立新元件：单击"Add"按钮，添加一个新的元件。执行此操作后，会弹出一个对话框，要求输入元件名称，即新建元件的名称。单击"OK"按钮后，此元件名称添加到元件列表中，并且会打开一个新的元件绘制图纸。

④删除元件：单击选中要删除的元件名称，单击"Delete"按钮，删除元件。

⑤编辑元件：单击选中要编辑的元件名称，单击"Edit"按钮，弹出元件属性对话框，则可对元件进行编辑设置。其设置方法与第3章中设置元件属性的方法相同。

在此区域中右击会弹出如图4.16所示的快捷菜单。各命令的作用如下。

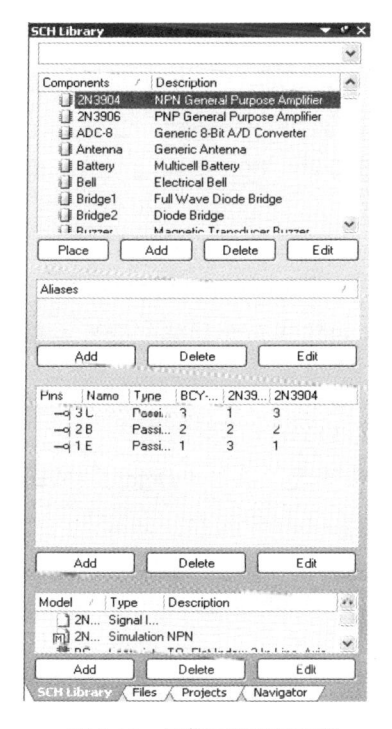

图4.15 元件库编辑管理器　　　　图4.16 右键快捷菜单

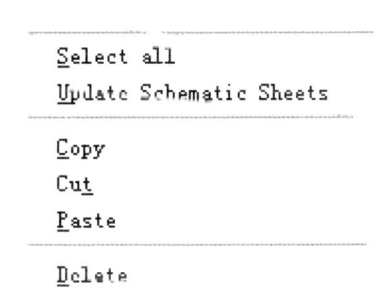

a. Select all：选择所有元件。

b. Update Schematic Sheets：更新原理图中此元件库内的元件。

c. Copy：复制元件。

d. Cut：剪切元件。

e. Paste：粘贴元件。

f. Delete：删除元件。

2. "Aliases" 区域

设计者可在"Aliases"区域设置所选中元件的别名。

3. "Pins" 区域

设计者可在"Pins"区域设置元件引脚的相关信息。在"Component"区域单击选中一个元件，则此元件对应包含的元件引脚及其属性将在"Pins"区域中以列表的形式显示出来。

①列表区域：列表中显示元件引脚的属性，包括引脚名称、序号、类型等。

②添加引脚：单击"Add"按钮添加新元件引脚，与绘图工具箱中的放置引脚按钮作用相同。

③删除引脚：选中要删除的引脚，单击"Delete"按钮删除引脚。

④编辑引脚：选中要编辑的引脚，单击"Edit"按钮，会弹出元件引脚属性对话框，可以对元件引脚的属性进行设置，这一点在 4.3 节中再进行详细的介绍。

4. "Model" 区域

设计者可在"Model"区域设置元件的默认元件封装、信号完整性或仿真模式等。

①添加元件模式：单击"Add"按钮为元件添加新的模式。

②删除元件模式：选中要删除的元件模式，单击"Delete"按钮删除选中的元件模式。

③编辑元件模式：选中要编辑的元件模式，单击"Edit"按钮编辑选中的元件模式。

4.3 知识点总结——元件图绘制工具的使用

元件图的绘制工具包括三个工具箱：绘图工具箱、"IEEE"工具箱和对齐栅格菜单。它们集成在实体工具箱中。常用的工具箱为绘图工具箱，而"IEEE"工具箱和对齐栅格菜单比较少用。打开元件库编辑器时，实体工具箱默认为显示，如图 4.17 所示，若关闭之后，可以在"View"菜单中的"Toolbars"子菜单中选择"Utilities"命令将其显示出来。拖动主工具栏上的实体工具箱，可以将此工具箱浮动显示，如图4.18所示。

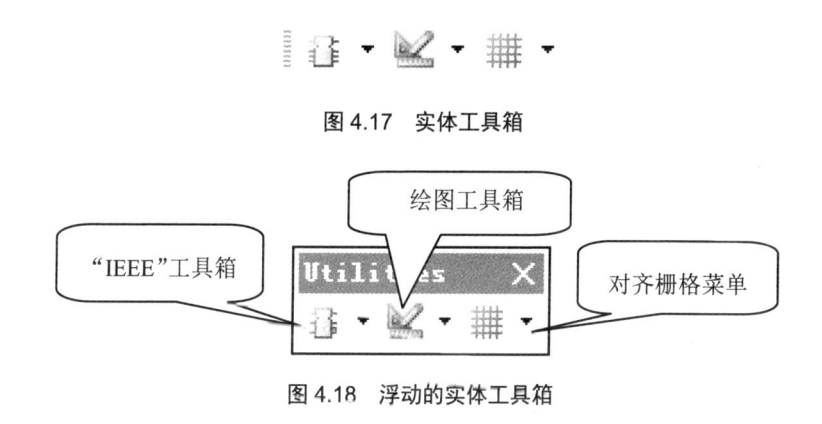

图 4.17　实体工具箱

图 4.18　浮动的实体工具箱

4.3.1　绘图工具箱

单击"　"图标右侧的下拉箭头，会出现如图 4.19 所示的绘图工具箱。绘图工具箱中的按钮执行的功能都可以在"Place""Tools"和"Edit"等菜单中找到。

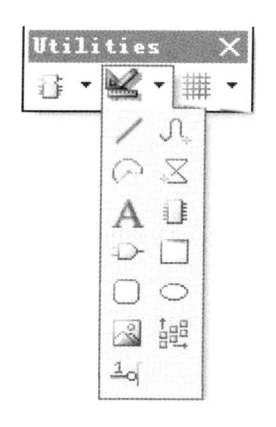

图 4.19　绘图工具箱

绘图工具箱中各按钮的功能及其对应的命令如表 4.1 所示。

表 4.1　绘图工具箱中各工具按钮的功能及对应命令

图 标	命 令	功 能
/	Place\Line	绘制直线
∩	Place\Bezier	绘制贝塞尔曲线
⌒	Place\Elliptical Arc	绘制椭圆、圆、弧线
⌘	Place\Polygon	绘制多边形
A	Place\Text String	放置文字
▯	Tools\New Component	添加新元件
▷	Tools\New Part	添加多部件元件的新部件
□	Place\Rectangle	绘制直角矩形
▢	Place\Round Rectangle	绘制圆角矩形
○	Place\Ellipse	绘制带有填充的椭圆、圆
🖼	Place\Graphic	插入图片
⊞	Edit\Paste Array	阵列式粘贴
1₀	Place\Pin	放置引脚

在绘图工具箱中，大部分的绘图工具都与原理图中的绘图工具相同，其绘制方法与画图工具箱类似，在这里只详细介绍三个工具：添加新元件、添加多部件元件的新部件和放置引脚。

1. 添加新元件

单击添加新元件的按钮，弹出如图 4.20 所示的"New Component Name"对话框，输入新建元件的名称，默认为"Component_*"。单击"OK"按钮弹出新的元件编辑图纸，建立一个新元件；单击"Cancel"按钮回到当前元件编辑图纸的中心位置。

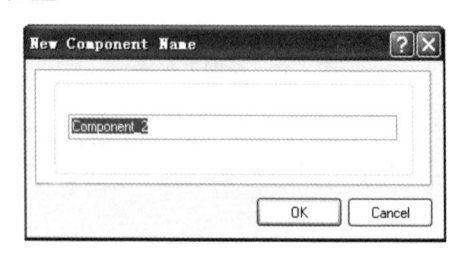

图 4.20　添加新元件

2. 添加多部件元件的新部件

单击添加多部件元件的新部件按钮，进入新部件的编辑图纸。同时，在元件库管理器中，此元件的名称表示由图 4.21 变为图 4.22，单击元件名称前面的加号，可以将元件名称展开，如图 4.23 所示，各部件的顺序以 Part A、Part B 等显示，依次类推。

图 4.21　单一部件元件　　图 4.22　多部件元件　　图 4.23　展开后的多部件元件

注意：①在元件库中可以建立多个元件，即添加新元件并不是添加新的元件库，两者概念不同。
②多部件元件实物是一个元件，只是为了在画原理图时方便，所以按照各引脚功能的不同分为多个部件绘制，以达到简化原理图，使原理图清晰的目的，因此在绘制多部件元件时，要在一个元件中绘制各个部件，而不能分开作为多个元件进行绘制。

3. 放置引脚

绘制元件时，必须有元件引脚，因为只有元件引脚的端点才具有电气特性，才能使绘制完成的元件具有电气特性，继而才能使元件在绘制原理图时可以与其他电气元件进行电气特性的连接，最终能够生成网络表，并制作电路板图。

单击放置引脚的按钮，此时鼠标指针上将浮动一个元件引脚，如图 4.24 所示，默认初始的元件引脚序号和引脚名称为"0"。按"Tab"键，弹出元件引脚属性对话框，即"Pin Properties（引脚属性）"对话框，如图 4.25 所示。

（1）基本属性区域

①Display Name：引脚名称，位置在引脚一端。选中"Visible"复选框则显示，否则，在原理图中的元件上，引脚名称隐藏。

②Designator：引脚序号，位置在引脚上方。"Visible"与引脚名称中的用法相同。

③Electrical Type：元件引脚的电气特性。通过下拉列表可以对元件引脚的电气特性进行选择，电气特性有以下几种选项：Input、IO、Output、OpenCollector、Passive、Hiz、Emitter、Power。

④Description：元件引脚的描述。

⑤Hide：隐藏整个引脚。选中此复选框，则整个引脚全部隐藏。

⑥Part Number：选择引脚所在的单元。

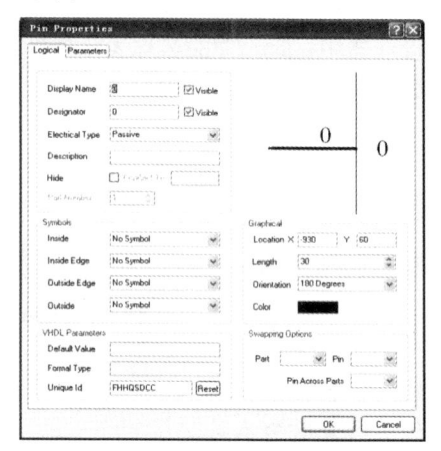

图 4.24　放置元件引脚　　　图 4.25　元件引脚属性

（2）"Symbols（符号）"选项组

①Inside：引脚在元件内部的表示符号，包括 Postponed Output，Open Collector，Hiz，High Current，Pulse，Schmitt，Open Collector Pull Up，Open Emitter，Open Emitter Pull Up，Shift Left，Open Output。

②Inside Edge：引脚在元件内部的边框上的表示符号，包括 Clock。

③Outside Edge：引脚在元件外部的边框上的表示符号，包括 Dot，Active Low Input，Active Low Output。

④Outside：引脚在元件外部的表示符号，包括 Right Left Signal Flow，Analog Signal In，Not Logic Connection，Digital Signal In，Left Right Signal Flow，Bidirectional Signal Flow。

各个表示符号均可以在右边的下拉列表中进行选择，而且这些符号与"IEEE"工具箱中的符号是相对应的，其功能请参考表 4.2。

（3）"Graphical（绘画）"选项组

①Location X 和 Y：引脚 X 方向和 Y 方向的位置。

②Length：引脚长度，默认为 30mil。为了元件在原理图中使用方便，引脚的长度一般设置为 10mil 或 20mil，且要放置在栅格的交叉点上。

③Orientation：引脚方向，默认为 0°。引脚方向可以在下拉列表框中选择，有 0°、90°、180°和 270°四种选项。除了在这里进行设置之外，在引脚浮动的时候每按一次"Tab"键可以使元件引脚逆时针旋转 90°。

④Color：引脚颜色。默认为黑色，一般使用默认颜色，不需修改。

单击"OK"按钮完成设置，将鼠标移动到放置引脚的位置，单击放置。

表4.2 "IEEE"工具箱中各电气符号的功能

图 标	引脚属性中的选项	功 能
○	Dot	低态触发符号
←	Right Left Signal Flow	左向信号
⊵	Clock	上升沿触发时钟脉冲
⊣	Active Low Input	低态触发输入符号
⌂	Analog Signal In	模拟信号输入
✳	Not Logic Connection	无逻辑性连接符号
⌐	Postponed Output	具有暂缓性输出的符号
◇	Open Collector	具有开集性输出的符号
▽	Hiz	高阻抗状态符号
▷	High Current	高输出电流符号
⊓	Pulse	脉冲符号
⊢⊣	Delay	延时符号
]	Group Line	多条 I/O 线组合符号
}	Group Binary	二进制组合的符号
⊢	Active Low Output	低态触发输出符号
π	Pi Symbol	Π 符号
≥	Great Equal	大于等于号
⊻	Open Collector Pull Up	具有上拉电阻的开集性输出符号
◇	Open Emitter	开射极输出符号
⊽	Open Emitter Pull Up	具有电阻接地的开射极输出符号
#	Digital Signal In	数字输入信号
▷	Inverter	反相器符号
◁▷	Input Output	双向信号
←	Shift Left	数据左移符号
≤	Less Equal	小于等于号
Σ	Sigma	Σ 符号
⊓	Schmitt	施密特触发输入特性的符号
→	Shift Right	数据右移符号

注意：按"Tab"键和双击已经放置的元件引脚均可弹出引脚属性对话框，两者的区别在于：按"Tab"键时，接下来放置的元件引脚属性设置与此次设置的相同；双击已放置的引脚弹出引脚属性对话框时，只设置当前元件引脚的属性，其他引脚的设置不变。

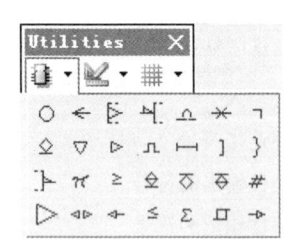

4.3.2 "IEEE"工具箱

单击"IEEE"工具箱图标" "右边的下拉箭头，出现如图 4.26 所示可供选择的"IEEE"工具箱，可以从中选择所需的 IEEE 符号。IEEE 符号对元件来说是非常重要的，它代表了元件的电气特性。

IEEE 工具箱中的每个符号都可以在"Place\IEEE Symbols"子菜单中选择，也可以在刚刚讲过的元件引脚设置属性对话框的"Symbols"选项组中进行选择。这几个方法中，在元件引脚属性中是设置最方便、调整最少的。

"IEEE"工具箱中各电气符号表示的功能及其在引脚属性中设置时的选项如表 4.2 所示。

图 4.26 "IEEE"工具箱

4.3.3 对齐栅格工具菜单

单击实用工具箱中的" "图标右边的下拉箭头会弹出如图 4.27 所示的菜单，其中各命令的功能如下。

①Toggle Visible Grid：显示或隐藏可视栅格。
②Toggle Snap Grid：捕捉栅格是否可用。
③Set Snap Grid：设置捕捉栅格的大小。单击此命令后，会弹出如图 4.28 所示的"Choose a snap grid size"对话框，输入捕捉栅格的大小，单击"OK"按钮，设置完毕。

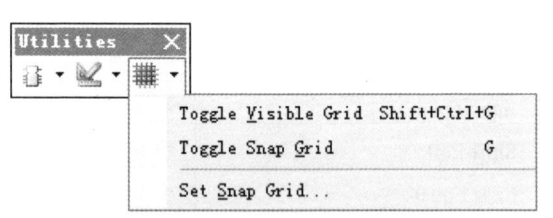

图 4.27 对齐栅格工具菜单

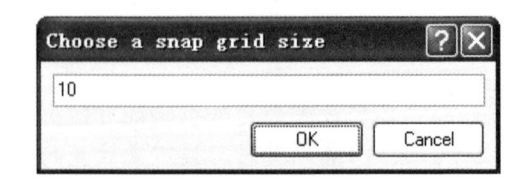

图 4.28 设置捕捉栅格

注意：为了方便绘制元件，可选择将捕捉栅格设置为"1"，而可视栅格仍设置为默认的"10"不变，使元件引脚在原理图中也能处于可视栅格的交叉点上。

4.4 知识点总结——元件库的调用及更新

完成了上述元件的绘制之后，即可调用这些元件。元件库的调用即在原理图中添加元件库"数字电路.Schlib"。元件库添加到原理图设计环境中后，可以在元件编辑环境中对元件进行任意修改，执行右键快捷菜单中的"Update Schematic Sheets"命令即可更新元件。

上述完成的双 JK 触发器元件图，在原理图中调用之后如图 4.29 所示。

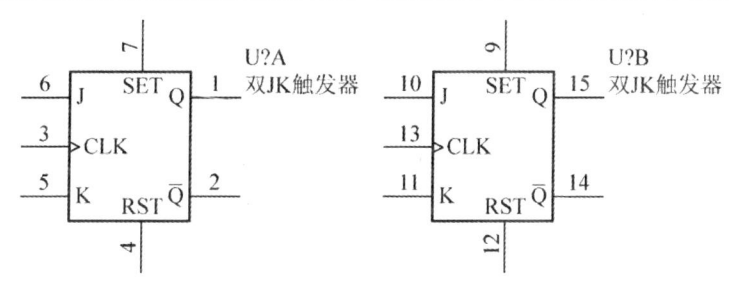

图 4.29　调用后的双 JK 触发器

将所有隐藏的元件引脚名称和引脚全部显示出来后的元件如图 4.30 所示。

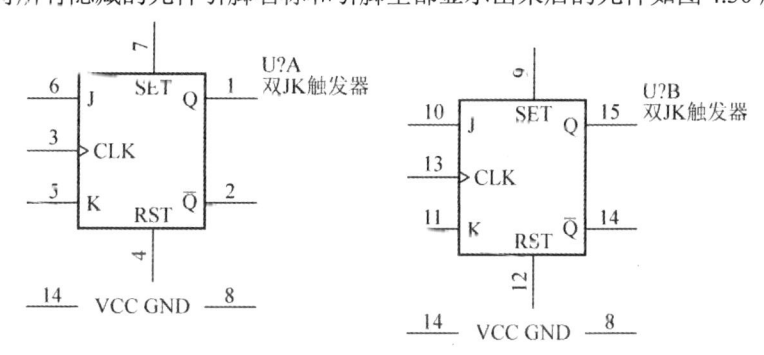

图 4.30　引脚完全显示的双 JK 触发器

在使用元件时，也可以利用元件属性设置中的"Edit Pins"按钮来设置元件引脚及名称等各自显示的状态。

4.5 知识点总结——有关元件库的报表文件

在元件库编辑器里，可以产生三种报表：元件报表、元件库报表和元件规则检查报表。

4.5.1 元件报表

执行"Reports\Component"命令可对元件库编辑器当前窗口中的元件生成元件报表，并在新窗口中打开报表文件，此报表文件的扩展名为".cmp"。元件报表中列出了该元件的所有相关信息，如子元件个数、元件组名称以及各子元件的引脚细节等。

以双 JK 触发器为例，其报表如图 4.31 所示。

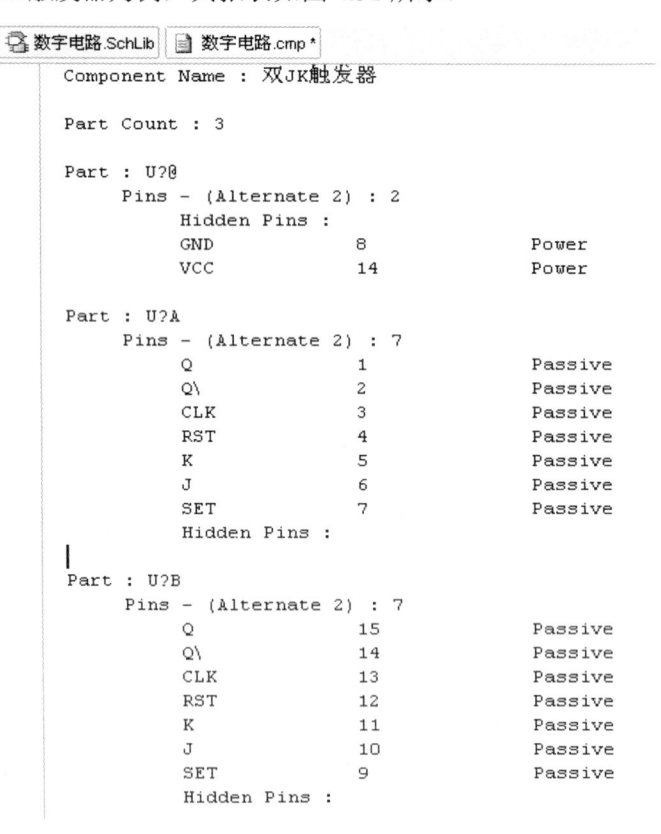

```
Component Name : 双JK触发器

Part Count : 3

Part : U?0
    Pins - (Alternate 2) : 2
        Hidden Pins :
        GND             8           Power
        VCC             14          Power

Part : U?A
    Pins - (Alternate 2) : 7
        Q               1           Passive
        Q\              2           Passive
        CLK             3           Passive
        RST             4           Passive
        K               5           Passive
        J               6           Passive
        SET             7           Passive
        Hidden Pins :

Part : U?B
    Pins - (Alternate 2) : 7
        Q               15          Passive
        Q\              14          Passive
        CLK             13          Passive
        RST             12          Passive
        K               11          Passive
        J               10          Passive
        SET             9           Passive
        Hidden Pins :
```

图 4.31 元件报表

4.5.2 元件库报表

执行"Reports\Library"命令可列出当前元件库中所有元件的名称及其描述,其后缀为"*.rep"。以"Miscellaneous Devices.SchLib"为例,其报表的一部分如图 4.32 所示。

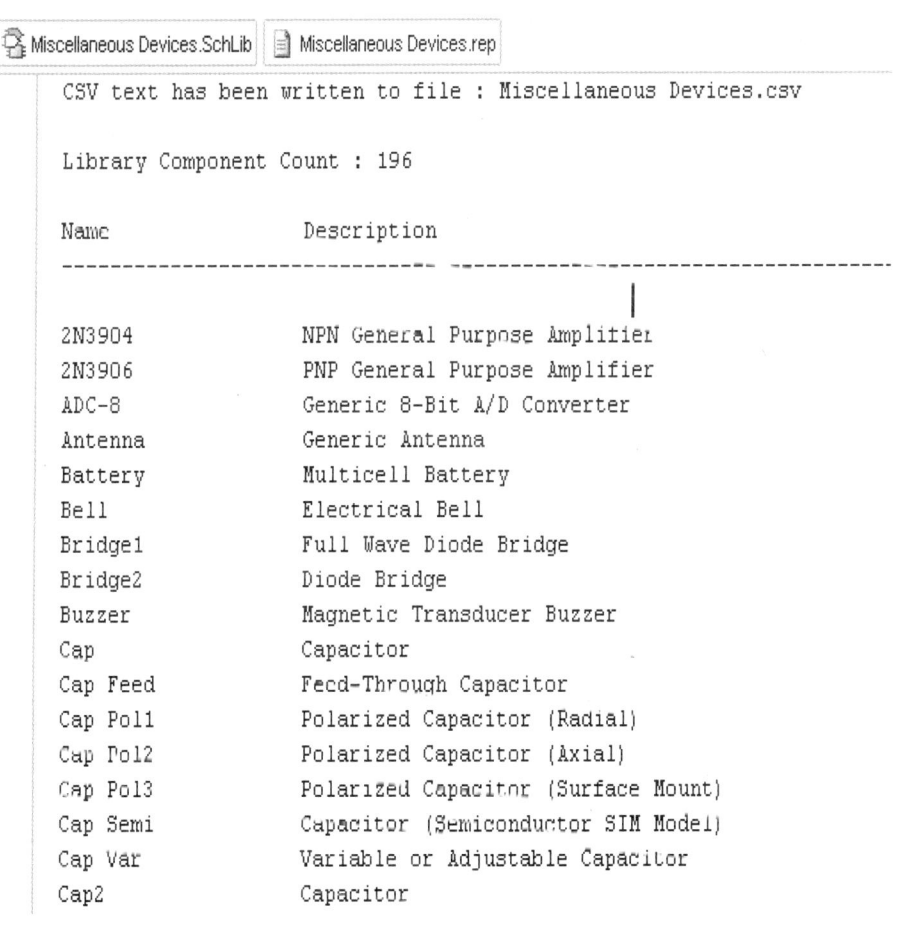

```
Miscellaneous Devices.SchLib    Miscellaneous Devices.rep

CSV text has been written to file : Miscellaneous Devices.csv

Library Component Count : 196

Name                    Description
--------------------    ----------------------------------

2N3904                  NPN General Purpose Amplifier
2N3906                  PNP General Purpose Amplifier
ADC-8                   Generic 8-Bit A/D Converter
Antenna                 Generic Antenna
Battery                 Multicell Battery
Bell                    Electrical Bell
Bridge1                 Full Wave Diode Bridge
Bridge2                 Diode Bridge
Buzzer                  Magnetic Transducer Buzzer
Cap                     Capacitor
Cap Feed                Feed-Through Capacitor
Cap Pol1                Polarized Capacitor (Radial)
Cap Pol2                Polarized Capacitor (Axial)
Cap Pol3                Polarized Capacitor (Surface Mount)
Cap Semi                Capacitor (Semiconductor SIM Model)
Cap Var                 Variable or Adjustable Capacitor
Cap2                    Capacitor
```

图 4.32 元件库报表

第5章　印刷电路板设计基础

5.1　印刷电路板基础知识

5.1.1　案例介绍及知识要点

在已建立的项目文件中创建一个双层电路板文件。

知识点

①了解电路板设计的基本常识和概念。
②熟悉电路板设计环境中各面板的内容。

5.1.2　操作步骤

1. 新建电路板图文件

①在"第五章.PrjPCB"文件名上右击，在弹出的快捷菜单中选择"Add New to Project\PCB"命令，即可新建一个电路板图文件，如图5.1所示。

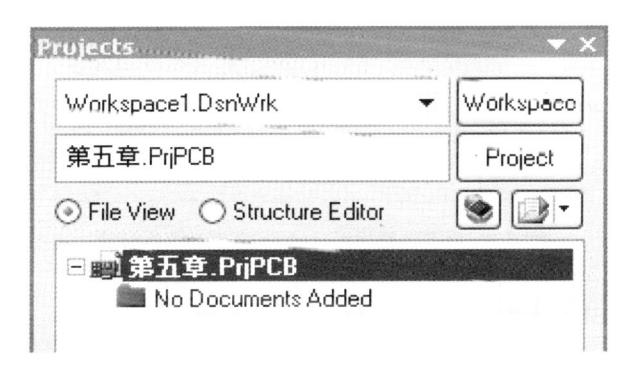

图 5.1　新建电路板图文件后的"Projects"面板

②执行"File\Save"命令，弹出如图 5.2 所示的保存电路板图文件对话框。此时，默认路径为"E：\Protel DXP\第五章"，在"文件名"中输入"电路板图"。完成此操作后的印制电路板设计工作环境如图 5.3 所示。

图 5.2　保存电路板图文件对话框

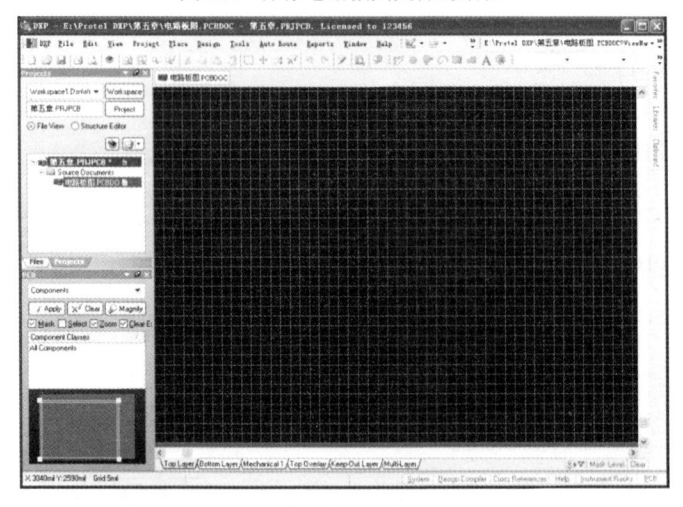

图 5.3　保存电路板图后的 PCB 设计工作环境

2. 设置双层电路板

①执行"Design\Layer Stack Manager"命令，弹出如图 5.4 所示的对话框。

②单击"Menu"按钮，选择"Example Layer Stacks\Two Layer（Plated）"命令，操作如图 5.5 所示。单击"OK"按钮，完成操作后双层电路板的效果如图 5.6 所示。

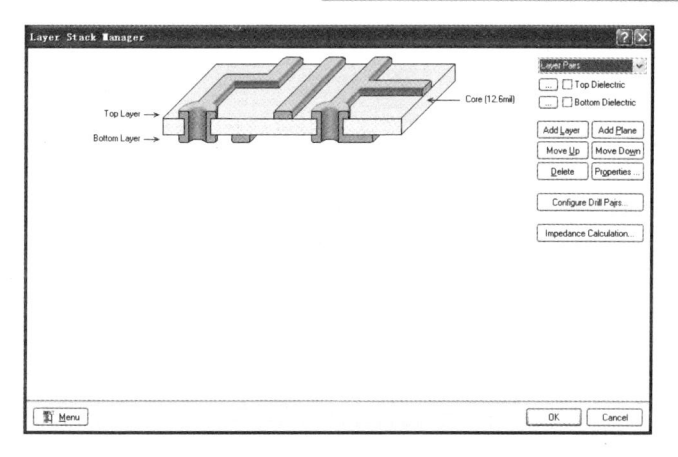

图 5.4　电路板板层的设置

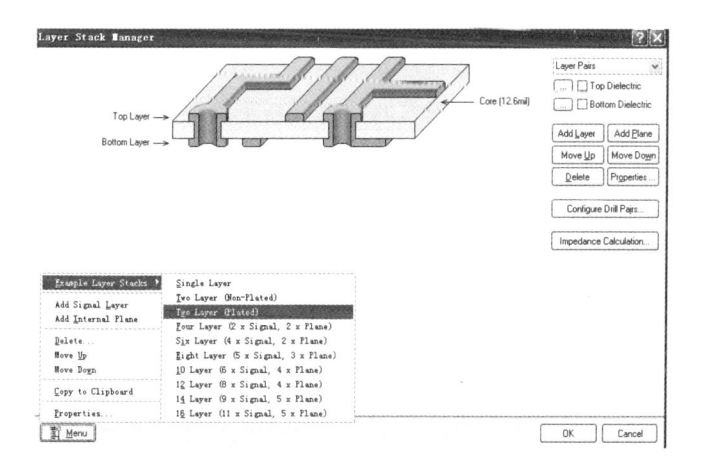

图 5.5　双层板选择操作过程

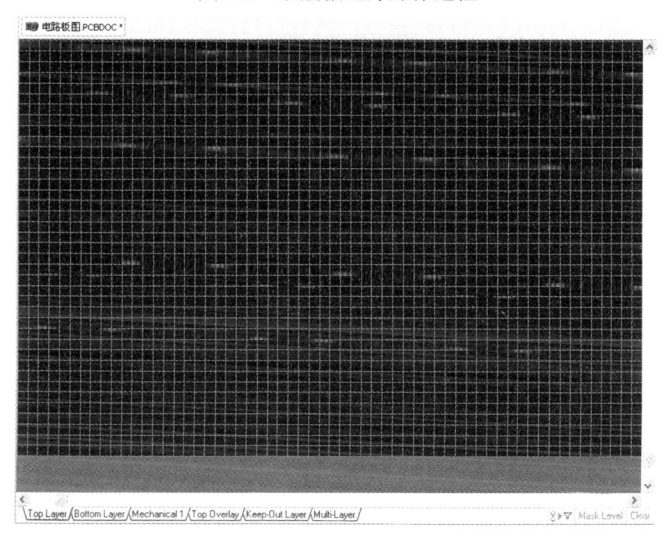

图 5.6　双层电路板效果图

5.1.3　知识点总结——印刷电路板结构

一般来说，印刷电路板的结构可分为单层板、双层板和多层板等。

1. 单层板

单层板是只有一面覆铜的覆铜板。使用时，没有覆铜的一面放置元件称为顶层（Top Layer）或元件面（Component Side），覆铜的一面用来布线称为底层（Bottom Layer）或焊接面（Solder Side）。单层板的成本低，应用广泛；但对比较复杂的电路，由于只有一面可以用来布线，所以在布线的设计上要比双层板困难得多。

2. 双层板

双层板是两面都覆铜的覆铜板。使用时，仍然在顶层放置元件，但是两面均可以进行布线。双层板在设置时比单层板要复杂一些，但布线要容易得多，虽然成本比单层板要高，但是从布线等因素的影响考虑，双层板是进行电路板设计时比较理想的选择。

3. 多层板

多层板又可以分为四层板、六层板等。除了原来的顶层和底层之外还可以添加中间层（Mid Layer）和电源地线层（Internal Plane）。多层板在设计时更加复杂，但是随着电子技术的日益发展，电子产品越来越精密，多层板的应用也越来越广泛。

5.1.4　知识点总结——元件封装

元件封装是实际元件焊接到电路板时所指示的外观和焊盘位置。

在原理图中注重元件引脚之间的连接，引脚的序号是网络表中各网络的重要组成部分，对应到电路板图中即为元件封装焊盘之间的连接，焊盘除了起到连接元件的作用之外，还要起到固定元件的作用，因此需要注意焊盘的位置和间距。

除此之外，电路板制作完成之后进行元件焊接也需要找到元器件的具体位置，元件的位置标注就需要靠元件封装来完成。不同的元件可以使用同一个元件封装，同种元件也可以有不同的封装形式，并不是一一对应的关系。

元件的封装形式有两类：插针式元件和表面贴装式元件。

1. 插针式元件

插针式元件封装形式如图 5.7 所示。将插针式元件放置在电路板上的时候，其引脚需要穿过电路板以便进行焊接固定，因此插针式元件的焊盘需要有用来焊接的钻孔。

图 5.7　插针式元件封装形式

2. 表面贴装式元件

表面贴装式元件封装形式如图 5.8 所示。表面贴装式元件是基于表面贴装技术（SMT）的。其体积要比插针式元件小，集成元件各引脚的间距小，焊接时对技术要求比较高。

图 5.8　表面贴装式元件封装形式

5.2　电路板板层的管理

要设计电路板，首先要了解 Protel DXP 软件提供的电路板板层，熟悉各电路板板层的作用。电路板板层的管理分为两个部分：①设置电路板物理板层的层数；②对于已经存在的物理板层的显示与否和颜色进行管理设置。

5.2.1 案例介绍及知识要点

①建立一个四层电路板文件，为其添加电源地线层。
②设置显示底层丝网层。

知识点

①了解电路板图"Design\Layer Stack Manager"选项的设置。
②了解电路板图"Design\Board Layer&Colors"选项的设置。
③熟悉电路板各板层的作用及颜色。

5.2.2 操作步骤

（1）新建电路板图文件，操作如同 5.1.2 节中的步骤 1
（2）设置四层电路板

①执行"Design\Layer Stack Manager"命令，弹出如图 5.4 所示的对话框。

②选中已经存在的信号层"Bottom Layer"，单击"Add Plane"按钮，可添加一个电源层，再次单击"Add Plane"按钮，可添加一个地线层。或者直接单击"Menu"按钮，选择"Example Layer Stacks\Four Layer"命令，完成此操作后四层电路板图如图 5.9 所示。

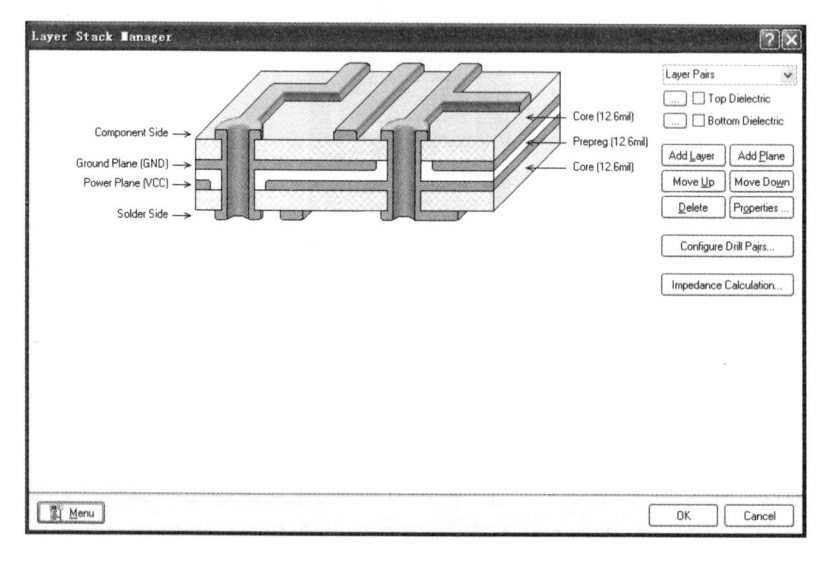

图 5.9　四层电路板的形状

（3）设置显示底层丝网层

①执行"Design\Board Layer&Colors"命令，弹出如图 5.10 所示的对话框。

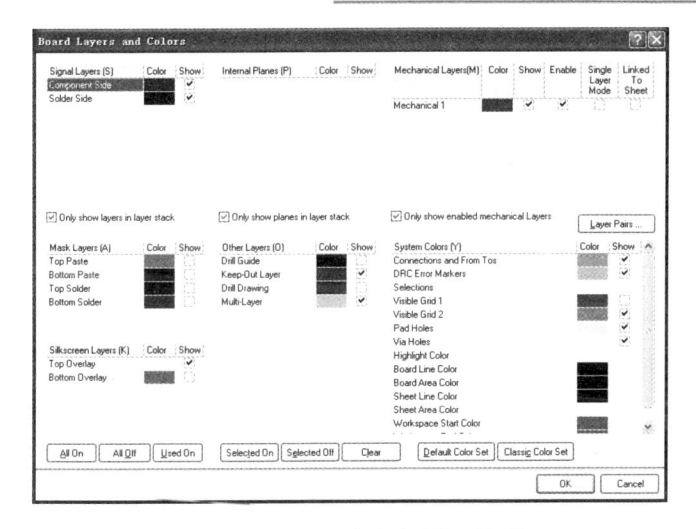

图 5.10 板层显示与颜色管理对话框

②在"Silkscreen Layers"区域，选中"Bottom Overlay"后的"Show"复选框，即设置为显示底层丝网层，设置后如图 5.11 所示。

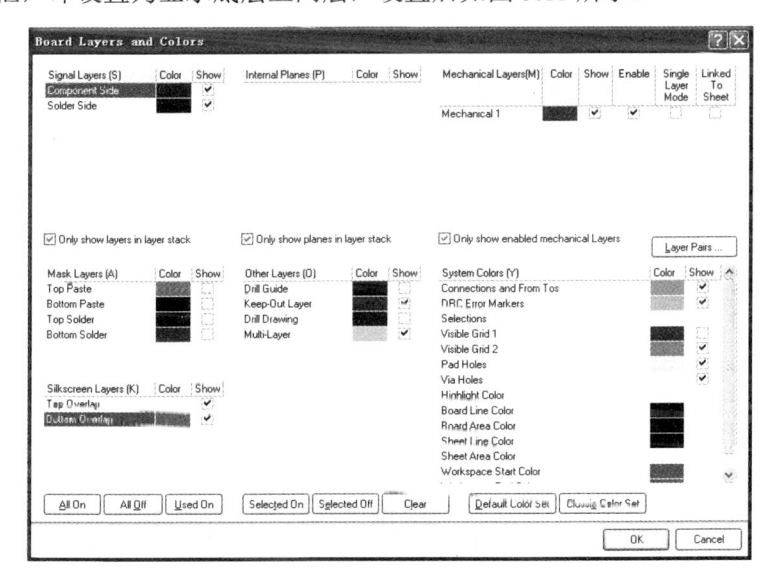

图 5.11 设置显示底层丝网层后的对话框

5.2.3 知识点总结——电路板板层的设置

执行"Design\Layer Stack Manager"命令，或在电路板环境下选择右键快捷菜单中的"Options\Layer Stack Manager"命令，均可以弹出如图 5.4 所示的对话框。

1. 添加信号层

选中已经存在的信号层——顶层或底层，单击"Add Layer"按钮，可添加一个信号层"MidLayer1"，如需更多信号层，可依次添加。

2. 添加电源地线层

选中已经存在的信号层——顶层或底层，单击"Add Plane"按钮，可添加一个电源地线层。

3. 删除信号层或电源地线层

选中要删除的信号层或电源地线层，单击"Delete"按钮即可删除已选的板层。

4. 移动板层

在电路板已存在的板层中，除顶层和底层外，单击"Move Up"按钮和"Move Down"按钮，可以调整板层的位置。

> **注意**：默认的单层板和双层板均有"Top Layer"和"Bottom Layer"，在设置时也不需要再添加其他板层，因此一般不需要进行此项设置。在制作四层板、六层板等多层板时，根据需求对板层进行添加和调整。

5.2.4 知识点总结——板层显示与颜色管理

执行"Design\Board Layer&Colors"命令，或在电路板环境下选择右键快捷菜单中的"Options\Board Layer&Colors"命令，均可以弹出如图 5.10 所示的对话框。其中每一类都包括板层名称、颜色和是否显示。

1. 信号层

信号层（Signal Layers）用来放置铜膜线。Protel DXP 软件最多可提供 32 个信号层，包括 Top Layer（顶层）、Bottom Layer（底层）和 Mid Layer1~Mid Layer30（30 个中间层）。有时顶层也被称为元件面，底层也被称为焊接面。选中"Only show layers in layer stack"复选框，则只显示当前在用的信号层。

默认颜色顶层为红色，底层为蓝色。

2. 电源地线层

电源地线层（Internal Planes）又称内层平面，用来放置电源和地线。Protel DXP 软件最多可提供 16 个电源地线层。选中"Only show planes in layer stack"复选框，则只显示当前在用的电源地线层。

在单层板和双层板中仅有信号层，没有电源地线层，只有四层板以上才会真正用到电源地线层。

3. 机械层

机械层（Mechanical Layers）用来放置关于电路板的尺寸方面的各种指示文字和标注。Protel DXP 软件最多可提供 16 个机械层。选中 Only show enabled mechanical layers 复选框，则只显示当前可用的机械层。

4. 掩膜层

掩膜层（Mask Layers）主要包括两个部分：

Top/Bottom Solder：顶层/底层阻焊层，用来防止焊锡随意流动；

Top/Bottom Paste：顶层/底层锡膏层，用来把表面贴装式元件粘贴到电路板上。

掩膜层一般不需要显示。

5. 丝网层

顶层/底层丝网层（Top/Bottom Overlay）用来印刷元件的名称、参数和形状等。

元件一般都放在顶层，所以默认显示顶层丝网层，其默认颜色为黄色。

6. 其他层

其他层（Other Layers）主要包括以下几部分：

Drill Guide：钻孔指示图；

Drill Drawing：钻孔图；

Keep-Out Layer：禁止布线层，用来设置电路板的布线范围和电路板尺寸；

Multi-Layer：穿透层，用来放置所有穿透式焊盘和过孔。

禁止布线层和穿透层在设计电路板时都是必须要显示的，禁止布线层的默认颜色为紫色，与机械层 1 的颜色相同，穿透层的默认颜色为灰色。

7. 系统颜色设置

系统颜色设置（System Colors）包括 Connections and From Tos、DRC

Error Markers（DRC 错误标记）、Selections（选中的对象）、Visible Grid 1（可视栅格 1）、Visible Grid 2（可视栅格 2）、Pad Holes（焊盘钻孔）、Via Hole（过孔钻孔）、Highlight Color、Board Line Color（边框颜色）、Board Area Color、Sheet Line Color、Sheet Area Color、Workspace Start Color、Workspace End Color。

其中有些是必须显示的，所以没有"Show"复选框，其他的一般情况下要全部选中。

8. 按钮

①All On：所有此电路板中已存在的板层全部显示。
②All Off：所有此电路板中已存在的板层全部关闭。
③Used On：显示在此电路板中已经使用过的板层。
④Selected On：显示选中的板层。
⑤Selected Off：关闭选中的板层。
⑥Clear：清除选中的板层。
⑦Default Color Set：设置为默认颜色设置。
⑧Classic Color Set：设置为经典颜色设置。一般常用的颜色设置为经典颜色。

5.3 电路板设计环境的设置

电路板设计环境的设置与电路原理图设计环境的设置方法类似，但电路板的板层比较多，所以还需要设置电路板板层等参数。

5.3.1 案例介绍及知识要点

①在上节建立的四层电路板文件上，设置可视栅格类型为点状栅格，可视栅格 1 为 10mil，可视栅格 2 为 200mil。
②设置电路板参数交互式布线模式为避开障碍，光标类型为大十字光标。

知识点

①了解电路板图"Design\Board Options"选项的设置。
②了解电路板图"Tools\Preferences"选项的设置。
③熟悉电路板设计环境中的各项参数的设置方法。

5.3.2 操作步骤

1. 设置可视栅格

①执行"Design\Board Options"命令，可弹出如图 5.12 所示的电路板选项对话框。

②单击"Visible Grid"区域（可视栅格的设置）的"Markers（设置可视栅格类型）"的下拉列表框，选择"Dots（点状栅格）"。分别在"Grid 1（可视栅格 1）"和"Grid 2（可视栅格 2）"中输入可视栅格值为"10mil"和"200mil"。输入完成后如图 5.13 所示。

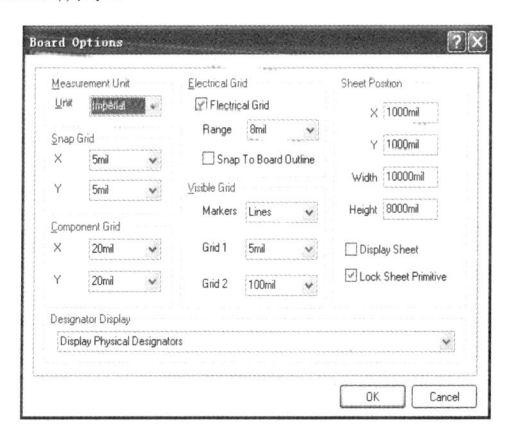

图 5.12　电路板选项对话框

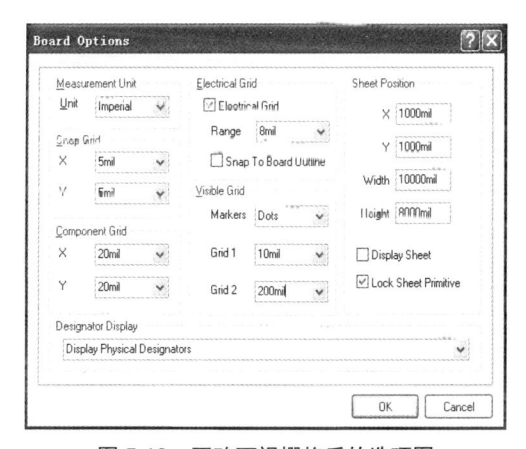

图 5.13　更改可视栅格后的选项图

2. 设置电路板参数

①执行"Tools\Preferences"命令，弹出如图 5.14 所示的电路板参数对话框。

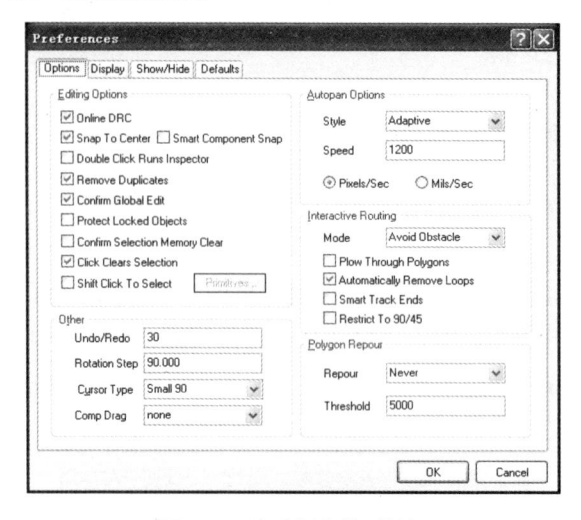

图 5.14　电路板参数对话框

②在"Options"选项卡中的"Interactive Routing"区域，单击"Mode（布线模式）"下拉列表框，选择"Avoid Obstacle（避开障碍）"。在"Other"区域中的"Cursor Type（光标类型）"下拉列表框中选择"Large 90（大十字光标）"。设置完成后如图 5.15 所示。

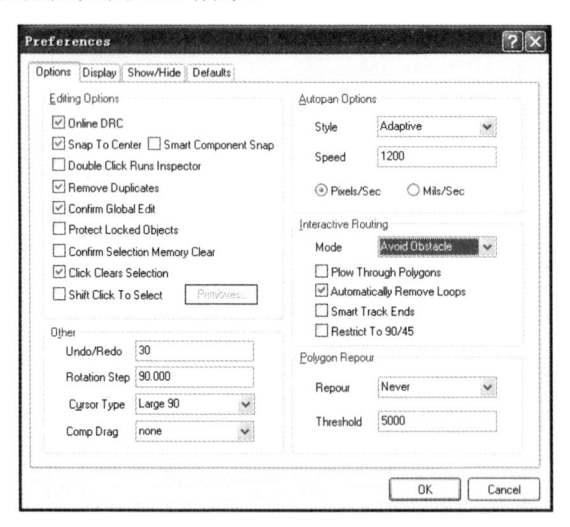

图 5.15　设置电路板参数后的"Options"页面

5.3.3　知识点总结——电路板选项设置

执行"Design\Board Options"命令，或者在电路板上右击并在弹出的快捷菜单中选择"Options\Board Options"命令，均可弹出如图 5.16 所示的对话框，其各选项的功能如下。

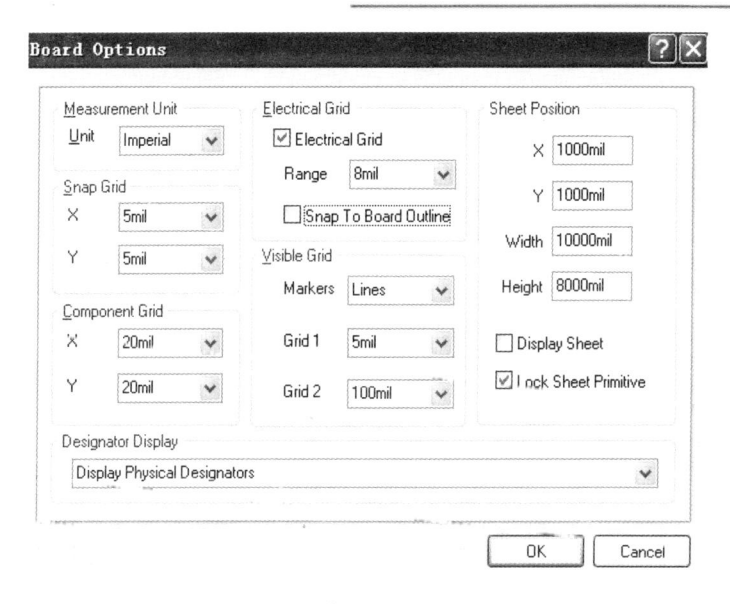

图 5.16 电路板选项对话框

①"Measurement Unit"区域:选择电路板单位类型。Protel DXP 软件提供了两种度量单位:Imperial,英制,单位为 mil;Metric,公制,单位为 mm。

②"Snap Grid"区域:捕捉栅格的大小。X:水平方向鼠标移动的步进大小;Y:垂直方向鼠标移动的步进大小。

③"Component Grid"区域:放置或移动元件时,元件的步进大小。X:水平方向元件的步进大小;Y:垂直方向元件的步进大小。

④"Electrical Grid"区域:电气栅格的大小。在一个电气连接点的附近自动搜索此节点的最大半径。一般选择默认值即可。

⑤"Visible Grid"区域:可视栅格的设置。

a Markers:设置可视栅格类型。Lines,线状栅格;Dots,点状栅格。一般选择线状栅格。

b. Grid 1:可视栅格 1。默认值为 5mil。

c. Grid 2:可视栅格 2。默认值为 100mil。

⑥"Sheet Position"区域:图纸位置设置。

a. X、Y:设置图纸所在的坐标。

b. Width:图纸水平宽度。

c. Height:图纸垂直高度。

d. Display Sheet 复选框:选中该复选框显示图纸,否则不显示图纸。

5.3.4 知识点总结——电路板参数设置

执行"Tools\Preferences"命令，或在电路板上右击并在弹出的快捷菜单中选择"Options\Preferences"命令，弹出如图 5.17 所示对话框。

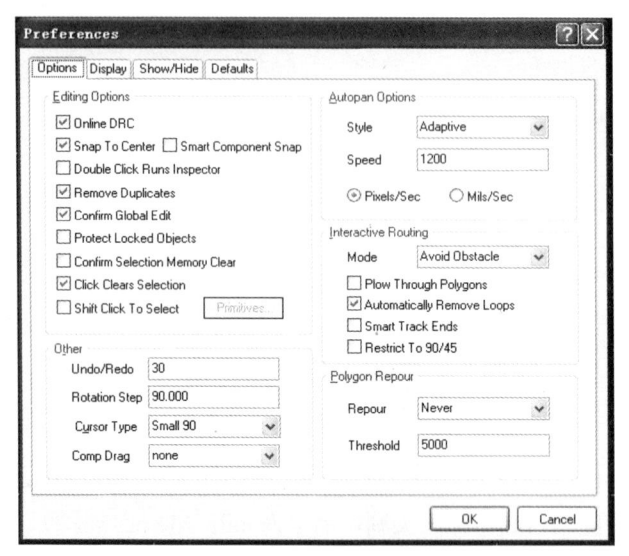

图 5.17 电路板环境参数设置的"Options"页面

1. "Options"选项卡

（1）"Editing Options"选项组

此选项组用于设置编辑操作时的一些特性。

①Online DRC：在线设计规则检查。选中此复选框，则在手工布线和调整过程中实时进行 DRC 检查，并对违反设计规则的错误给出报警。

②Snap To Center：对准中心。选中此复选框，选择某个元件时，光标会自动跳到该元件封装的基准点，通常为该元件封装的第一个焊盘。

③Smart Component Snap：双击选择元件封装。选中此复选框，则双击选择元件封装时，光标跳到双击时元件封装最近的焊盘上。

④Double Click Runs Inspector：双击启动检查面板。选中此复选框，用鼠标双击某元件封装时，即可启动该元件的检查器（Inspector）工作面板。

⑤Remove Duplicates：删除标号重复的元件。选中此复选框，自动删除标号重复的元件封装。

⑥Confirm Global Edit：修改提示信息。选中此复选框，在全局修改操作对象前给出提示信息，以确认是否选择了所有需要修改的对象。

⑦Protect Locked Objects：保护锁定对象。选中此复选框，锁定的对象在编辑前给出提示，以确认是否进行编辑。

⑧Confirm Selection Memory Clear：确认存储选取对象的空间被释放。当执行消除存储器（Selection Memory）中存储的对象时，系统会给出一个警告信息，以确定不是误操作。

⑨Click Clears Selection：取消原选择状态。选中此复选框，在选择电路板上的对象时，不会取消原来选取的对象的选择状态，与新选择的对象一起处于选择状态。

⑩Shift Click To Select：按"Shift"键选择元件。选中此复选框，只有在按下"Shift"键时才能选择对象。

（2）"Autopan Options"选项组

此选项组用于设置电路板的摇景功能，即鼠标指针移动到边缘时电路板的移动方式。

①Style：摇景类型。在其下拉列表框中有如下几种选项。

a. Adaptive：自适应模式。根据当前图形的位置自适应选择移动方式。默认选择此项。

b. Disable：无摇景模式。

c. Re-Center：回到中心位置。选择此项，鼠标指针移动到边缘时，此位置重新设置为新的编辑区域中心位置。

d. Fixed Size Jump：按设置项移动电路板编辑区域。选择此项，鼠标指针移动到边缘时，系统以 Step Size 的设定值为移动量向未显示的部分移动。只有在选择此项时，才会出现"Step Size"选项。

e. Shift Accelerate：按设置项移动电路板编辑区域。选择此项，鼠标指针移动到边缘时，若 Shift Step 的设定值比"Step Size"的设定值大，系统将以 Step Size 的设定值为移动量向未显示部分移动，按"Shift"键后，系统以 Shift Step 的设定值为移动量移动；若 Shift Step 的设定值比 Step Size 的设定值小，不管是否按"Shift"键，均以 Shift Step 的设定值为移动量向未显示的部分移动。只有在选择此项时，才会出现"Step Size"选项和"Shift Step"选项。

f. Shift Decelerate：按设置项移动电路板编辑区域。选择此项，鼠标指针移动到边缘时，若 Shift Step 的设定值比 Step Size 的设定值小，系统将以 Shift Step 的设定值为移动量向未显示部分移动，按"Shift"键后，系统以 Step Size 的设定值为移动量移动；若 Shift Step 的设定值比 Step Size 的设定值大，不管是否按"Shift"键，均以 Shift Step 的设定值为移动量向未显示的部分移动。只有在选择此项时，才会出现"Step Size"选项和"Shift Step"选项。

g. Ballistic：当光标移动到边缘时，越往编辑区域边缘移动，移动速度越快。

②Speed：摇景速度的设置。移动速度单位有两个：Pixels/Sec（像素每秒）和 Mils/Sec（英寸每秒）。

（3）"Interactive Routing"选项组

此选项组用于设置交互式布线模式。

①Mode：布线模式的选择。Protel DXP 软件提供了三种布线模式：Ignore Obstacle（忽略障碍）、Avoid Obstacle（避免障碍）和 Push Obstacle（推挤障碍）。

②Plow Through Polygons：不显示使用多边形检测布线障碍。

③Automatically Remove Loops：回路自动删除。绘制一条导线后，如果发现存在另一个回路，则系统自动删除原来的回路。

④Smart Track Ends：快速跟踪导线的端部。

⑤Restrict To 90/45：限制布线的方向只能为 90°和 45°。

（4）"Polygon Repour"选项组

设置交互布线中的避免障碍和推挤布线方式。当一个多边形被移动时，它可以自动或者根据设置调整以避免障碍。

①"Repour"选项：选择"Always"，则可以在已覆铜的印制电路板中修改走线，会自动重新覆铜；选择"Never"，则不采用任何推挤布线方式；选择"Threshold"，要设置一个避免障碍的门槛值，仅仅当超过此值时，多边形才被推挤。

②"Threshold"编辑框：用来设置门槛值。

（5）"Other"选项组

①"Undo/Redo"选项：设置撤销操作/重复操作的次数。

②"Rotation Step"选项：设置旋转角度。放置设计对象的过程中，当设计对象处于浮动状态时，每按一下空格键，设计对象会旋转一个角度，电路原理图中这个值是不可以进行设置的，在印制电路板的设计中可以在此进行设置。系统默认值为 90°。

③"Cursor Type"选项：设置光标类型。Protel DXP 软件提供了三种光标类型：Small 90（小十字光标）、Large 90（大十字光标）和 Small 45（与坐标轴成 45°的十字光标）。默认选择小十字光标。

④"Comp Drag"选项：设置移动铜膜线时的选项。选择"Connected Track"，在使用"Edit\Move\Drag"命令移动设计对象时，与此对象连接的铜膜线会随着设计对象一起伸缩，而不会和设计对象断开·选择"None"，

在使用"Edit\Move\Drag"命令与使用"Edit\Move\Move"命令移动设计对象时没有区别,即与设计对象连接的铜膜线都会与该设计对象断开。

2. "Display"选项卡

"Display"选项卡如图 5.18 所示。

(1)"Display Options"选项组

①Convert Special Strings:转换特殊字符串。选中此复选框显示特殊字符串所代表的文字,否则仅显示特殊字符串。

②Highlight in Full:元件高亮显示。选中此复选框,当选择一个设计对象时,整个设计对象均高亮显示,否则,仅将设计对象的外形高亮显示。

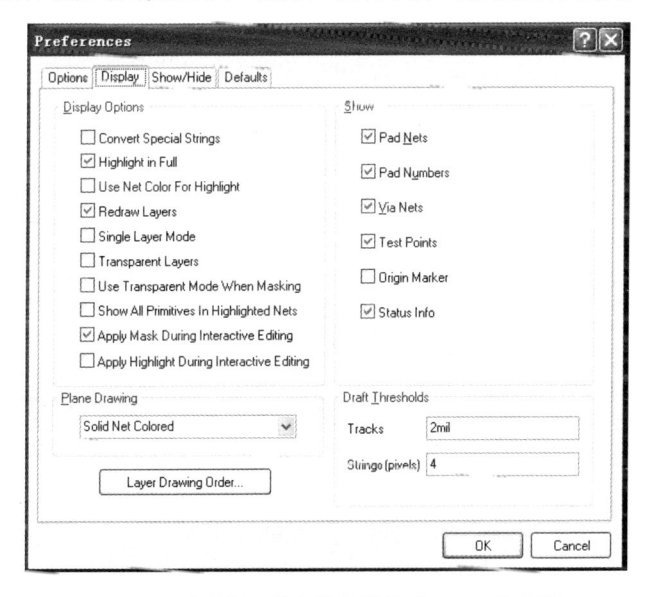

图 5.18　电路板环境参数设置的"Display"页面

③Use Net Color For Highlight:设定是否用所选中的网络的颜色作为高亮色。

④Redraw Layers:重画电路板的设置。选中此复选框,在重画电路板时,系统将一层一层地重画,当前层最后才重画,因此当前层也最清楚。

⑤Single Layer Mode:单层显示模式。选中此复选框,设计电路板时只显示当前编辑的板层,其他板层均不显示。

⑥Transparent Layers:设置透明显示模式。

(2)"Show"选项组

①Pad Nets:选中此复选框后显示焊盘的网络名称。

②Pad Numbers:选中此复选框后显示焊盘的序号。

③Via Nets：选中此复选框后显示过孔的网络名称。

④Test Points：选中此复选框后显示测试点。

⑤Origin Marker：选中此复选框后显示绝对坐标的标记，即黑色带叉圆圈。

⑥Status Info：选中此复选框后在设计管理器的状态栏上显示设计对象的状态信息，这些状态信息包括印制电路板文档中的对象位置、所在的层和它连接的网络。

（3）"Draft Thresholds"区域

设置图形显示极限。

①Tracks：设置导线显示极限，大于该值的导线，以实际轮廓显示，否则仅以单直线显示。

②Strings（pixels）：设置字符显示极限，像素大于该值的字符，以文本显示，否则仅以文字框显示。

文本的显示与设计环境的显示程度也有关系，在设计环境的显示放大到一定程度时文本才能显示出来。

3. "Show/Hide"选项卡

单击"Show/Hide"标签即可进入如图 5.19 所示的"Show/Hide"选项卡，此页面对印制电路板的各设计对象进行显示模式的设置。

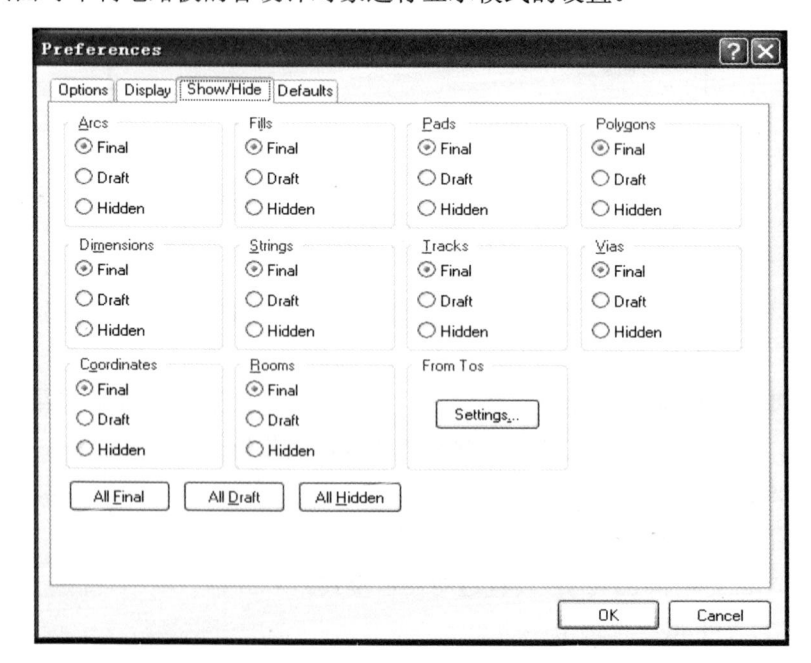

图 5.19　电路板环境参数设置的"Show/Hide"选项卡

每一项都有相同的三种显示模式。

①Final：设计对象的精细显示模式。

②Draft：设计对象的简易显示模式。

③Hidden：设计对象的隐藏模式。

默认均为精细显示模式。

该选项卡下有三个按钮。

①All Final：设置所有设计对象都是精细显示模式。

②All Draft：设置所有设计对象都是简易显示模式。

③All Hidden：设置所有设计对象都是隐藏模式。

4. "Defaults"选项卡

单击"Defaults"标签即可进入如图 5.20 所示的"Defaults"选项卡，此选项卡包括 PCB 设计对象的系统默认设置，其中包括 Arc（圆弧）、Component（元件）、Coordinate（坐标）、Dimension（尺寸）、Fill（填充）、Pad（焊盘）、Polygon（覆铜）、Strings（字符串）、Track（铜膜线）和 Via（过孔）等。

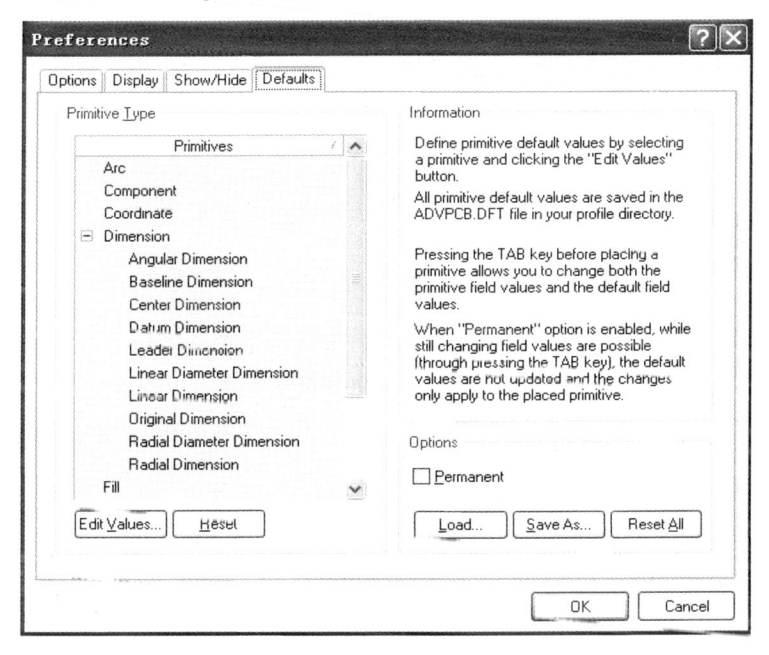

图 5.20　电路板环境参数设置的"Default"选项卡

要更改系统的默认设置，可以在"Primitive Type"中选中要设置的对象，再单击"Edit Values"按钮进入对象属性设置的对话框进行设置。例如，设置圆弧的默认参数，选中"Arc"，单击"Edit Values"按钮，则弹出如图 5.21 所示的设置圆弧属性对话框，具体内容将在第 6 章中进行介绍。

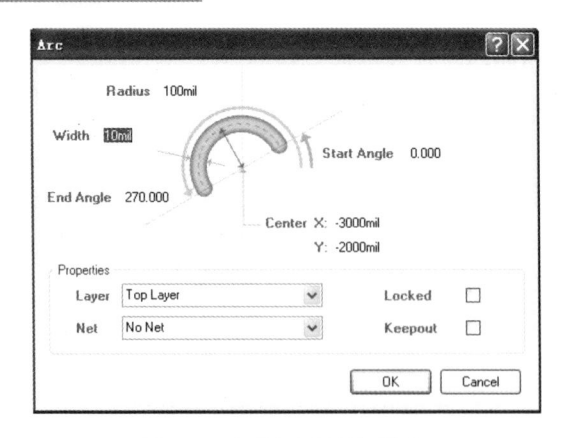

图 5.21　设置圆弧属性对话框

5.4　电路板管理器

单击电路板设计环境中"Project"面板下面的"PCB"标签，即可打开电路板管理器，如图 5.22 所示。电路板管理器中包括 Nets、Components、Rules、From-To Editor 和 Split Plane Editor 几种类型。本节介绍经常会用到的 Nets 管理器。

1. 管理器

单击管理器下拉列表，从中选择所需的管理器类型。

2. 网络类列表

在网络管理器中，网络类列表中包括所有网络类的名称。默认的网络类为 All Nets，其中包含了所有的网络，此网络类是不允许编辑的。在实际应用中如果没有要求对网络进行分类，可以不用再去添加新的网络类。

3. 网络列表

网络列表列出了网络的名称和网络中包含的焊盘数量和铜膜线长度。单击网络的名称，则该网络会高亮显示，并且以最适合此网络的大小显示电路板内容，同时，其他网络和元件都随之变暗。单击电路板设计环境右下角的"Clear"按钮可恢复原有状态。

4. 焊盘和铜膜线列表

网络中焊盘和铜膜线的列表列出了焊盘的名称和所在板层，铜膜线的宽度、长度和所在板层。单击焊盘或铜膜线的列表，焊盘或铜膜线将在电路板设计环境中以最合适的大小高亮显示，与选中某网络相同，其他设计对象也随之变暗，单击右下角的"Clear"按钮可恢复选中前的状态。

5. 电路板预显示图形

电路板预显示图形区域显示整个电路板的缩略图，白色的方框表示电路板设计环境中显示出来的电路板的范围。拖动白色的矩形框可以移动电路板，拖动矩形框的边缘可以更改矩形框的大小，可以改变电路板设计环境中显示电路板的大小。

单击管理器上面的"Magnify"按钮，鼠标变为一个放大镜，将鼠标移动到电路板上，会将电路板这一部分放大，放大的结果显示在电路板预显示图形中。

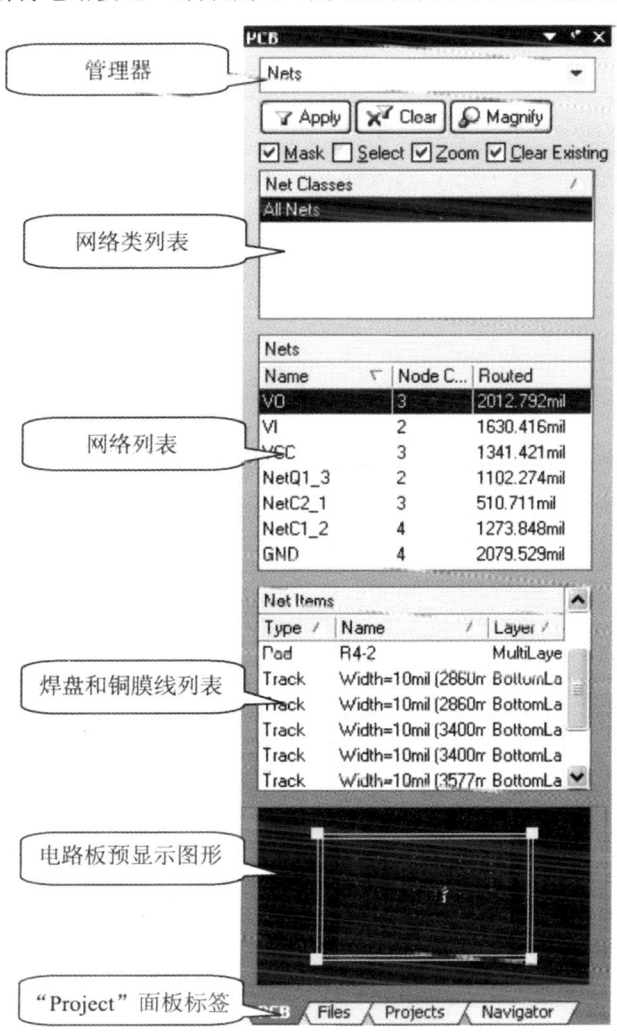

图 5.22 电路板 Nets 管理器

第6章 人工制作电路板

虽然 Protel DXP 软件提供了自动布局、自动布线绘制电路板的工具，但在做比较简单的印制电路板时，有经验的设计者利用人工布局、人工布线设计出的印制电路板，会比利用自动布局、自动布线设计出的印制电路板更加合理。因此，掌握人工布线画电路板图是非常有必要的。本章主要介绍定义电路板即设置电路板尺寸的方法，以及电路板设计环境中设计对象的放置及其属性设置。学习过本章之后，设计者可以利用本章的知识进行简单的电路板的设计制作。

6.1 定义电路板

电路板的定义与原理图的定义最大的不同之处在于，电路板的形状及大小可以任意设定，因此定义电路板比较灵活，根据自己的需要可以自行设定。定义电路板的方法有两种：人工定义电路板和利用向导新建印制电路板文件。

6.1.1 案例分析及知识要点

定义一块尺寸长为 1000mil，宽为 800mil 的单层电路板，要求在禁止布线层画出电路板边框，在机械层标注尺寸。

知识点

①掌握人工定义电路板的方法。
②掌握利用向导新建印制电路板的方法。
③熟悉印制电路板电路板的设计环境。

6.1.2 人工定义电路板的操作步骤

1. 建立电路板文件

执行"File\New"命令，在弹出的窗口中选择印制电路板图标，建立一个电路板图的自由文件。

2. 建立单层电路板

执行"Design\Layer Stack Manager"命令，在弹出窗口（见图5.4）的左下角单击"Menu"按钮，在弹出的菜单中选择"Example Layer Stack\Single Layer"命令。这时电路板顶层变成元件面（Component Side），而底层变为焊接面（Solder Side）。完成操作后如图6.1所示。

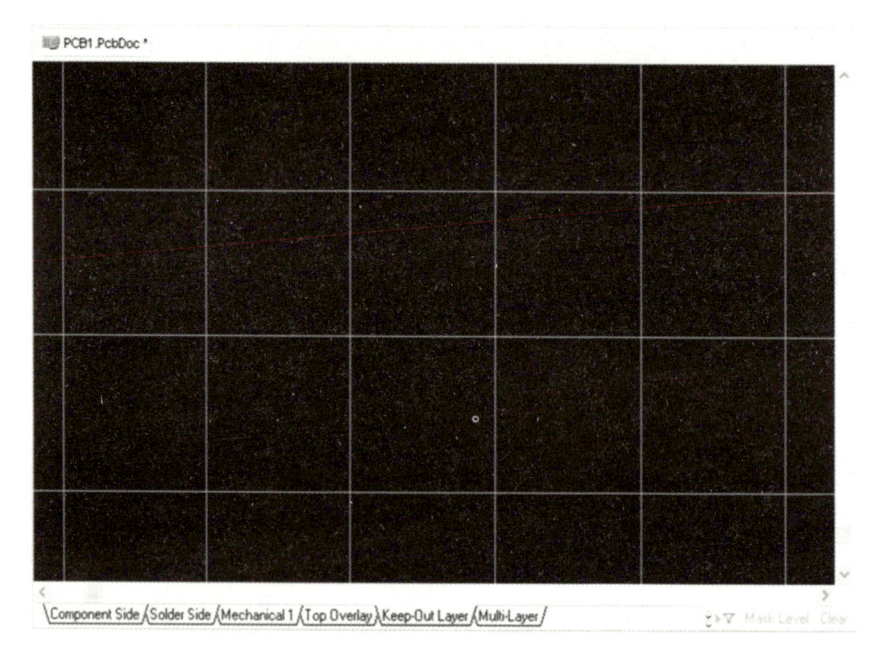

图6.1 单层板示意图

3. 设置坐标原点

选择如图6.2所示的实体工具栏中设置原点的工具"⊗"或执行"Edit\Origin\Set"命令，在要设置原点的位置单击鼠标左键，即可确定新的坐标原点。

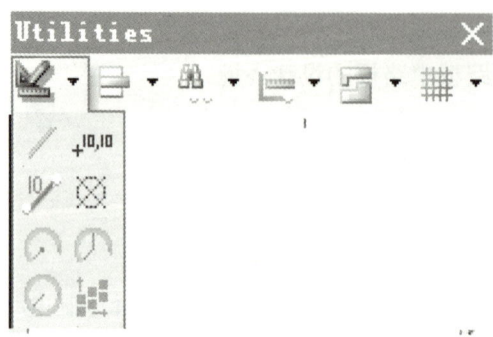

图6.2 绘制直线的工具

4. 画电路板边框

用鼠标单击电路板设计环境底部的禁止布线层（KeepOut Layer）标签，然后选择如图 6.2 所示的实体工具栏中绘制直线的工具"╱"或执行"Place\Line"命令，在禁止布线层上绘制以坐标原点为起点的如图 6.3 所示的大小为 1000mil×800mil 的矩形框。

图 6.3 绘制在禁止布线层上的矩形框

5. 修改电路板框

选择此矩形框，执行"Design\Board Shape\Define from selected objects"命令，完成电路板的定义，如图 6.4 所示。

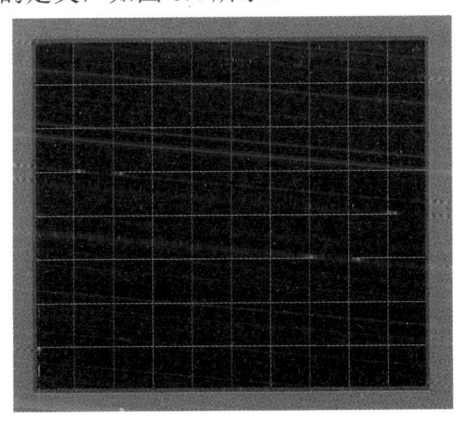

图 6.4 定义完成的电路板

6. 放置尺寸线

选择电路板设计环境底部的机械层（Mechanical 1）标签，将当前层转换成机械层，使用尺寸放置命令"Place\Dimensions\Dimensions"，放置尺寸线和尺寸。完成操作后如图 6.5 所示。

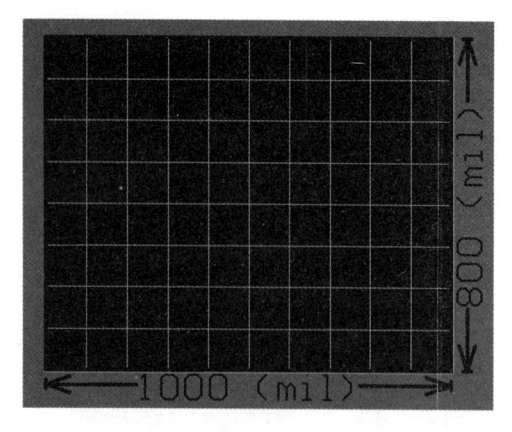

图 6.5　完成设置后的板图

6.1.3　利用向导新建印制电路板的操作步骤

利用向导建立印制电路板文件的过程中可以对印制电路板文件的参数进行设置，因此建议初学时利用向导来建立印制电路板文件。

1．"Protel DXP New Board Wizard"对话框

在 Protel DXP 软件的环境下，打开文件管理面板，如图 6.6 所示。单击此管理面板中"New from template"下的"PCB Board Wizard（印制电路板向导）"，打开如图 6.7 所示的欢迎使用向导设计印制电路板文件的对话框。单击"Next"按钮，进入如图 6.8 所示的选择电路板设计单位对话框。

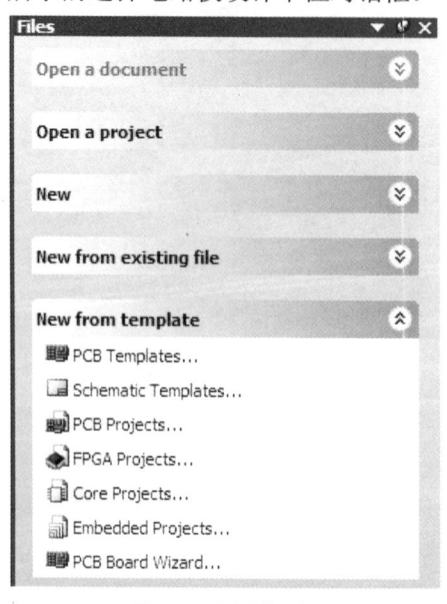

图 6.6　面板管理器

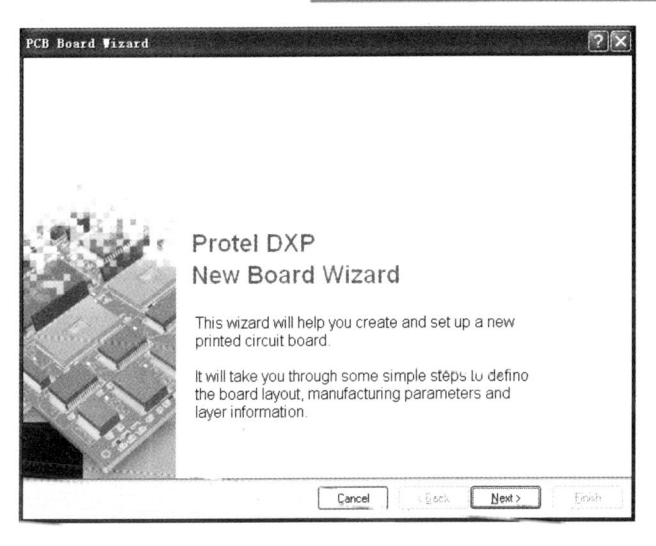

图 6.7 向导的欢迎界面图

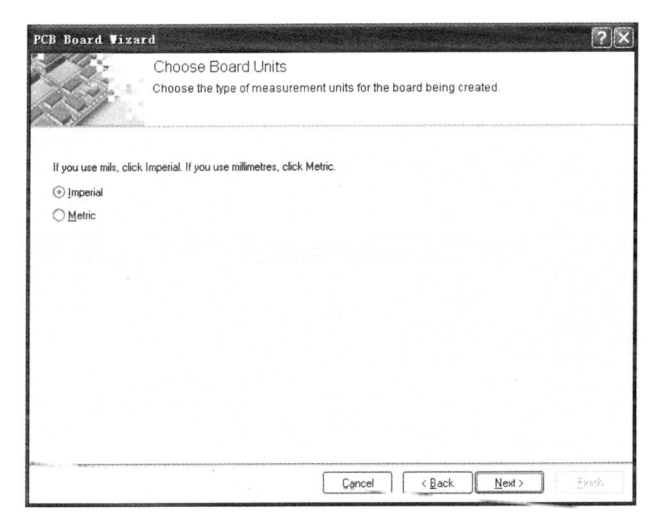

图 6.8 选择电路板设计单位对话框

2. "Choose Board Units（选择电路板设计单位））"对话框

Protel DXP 软件提供了两种单位制度：Imperial（英制）和 Metric（公制）。英制默认单位为 mil，公制默认单位为 mm。其换算关系：1mil=0.0254mm。选择英制单位，单击"Next"按钮，进入如图 6.9 所示的选择电路板模式对话框。

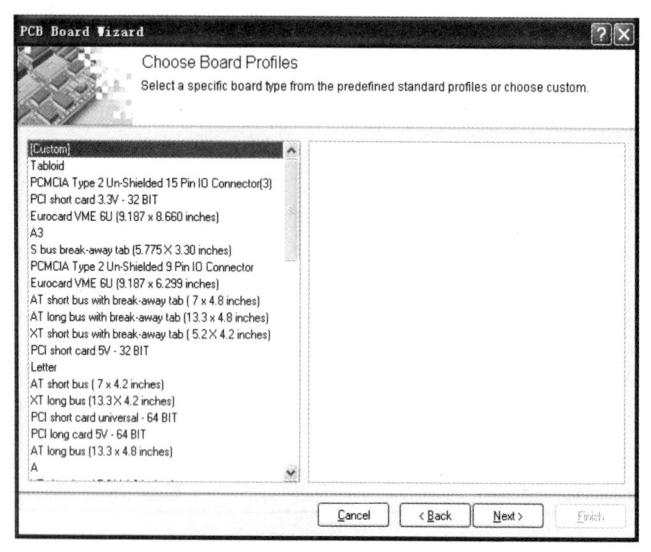

图 6.9 选择电路板模式对话框

3. "Choose Board Profiles（选择电路板模式）"对话框

根据常用的电路板形状和尺寸，Protel DXP 软件提供了多种符合工业标准的模板，如需自定义电路板的形状、大小，可选择"Custom"。在此，选择"Custom"，单击"Next"按钮，进入如图 6.10 所示的选择电路板详细参数对话框。

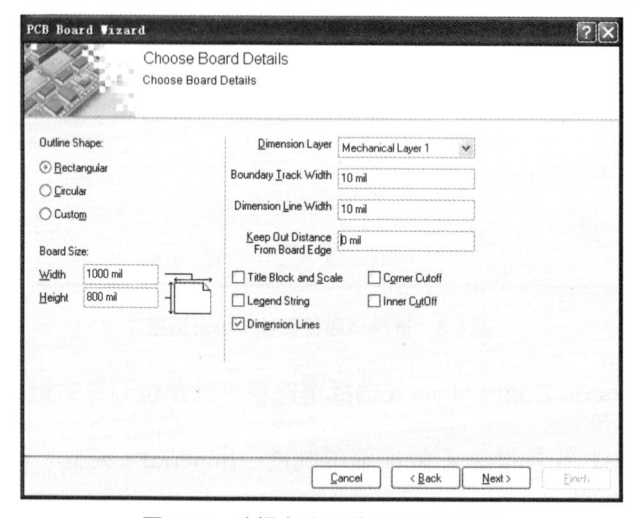

图 6.10 选择电路板详细参数对话框

4. "Choose Board Details（选择电路板详细参数）"对话框

在图 6.10 所示的对话框中设置的主要内容如下。

① "Outline Shape"选项组：设置电路板的外形。Protel DXP 软件提供了三种外形：Rectangular（矩形）、Circular（圆形）和 Custom（自定义）。

②"Board Size"选项组：设置电路板的尺寸，即 Width（宽度）和 Height（高度）。

③"Dimension Layer"选项：设置尺寸符号所在的机械层。一般选"Mechanical Layer 1"，即系统默认值。

④"Boundary Track Width"文本框：设置电路板边界线的宽度。

⑤"Dimension Line Width"文本框：设置电路板尺寸线的宽度。

⑥"Keep Out Distance From Board Edge"文本框：设置电路板禁止布线的范围与电路板边框的距离，即在距电路板多远的距离内不能布线和放置元件。

⑦"Title Block and Scale（标题栏和图例）"复选框：选中显示标题栏和标尺。

⑧"Legend String（图例串）"复选框：选中显示图例。

⑨"Dimension Lines（尺寸线）"复选框：选中显示电路板的尺寸标注。

⑩"Corner Cutoff（剪去四角）"复选框：选中则会在后面的向导中对电路板的四角进行设置，并剪去四角。

⑪"Inner CutOff（内部挖洞）"复选框：选中则会在后面的向导中对电路板的内部矩形进行设置，并剪去内部的矩形。

按照所要设计的电路板的要求设置电路板的大小，宽为"1000mil"，高为"800mil"，选中显示电路板的尺寸标注，设置电路板禁止布线的范围与电路板边框的距离为"0mil"，单击"Next"按钮，进入如图 6.11 所示的选择电路板板层的对话框。

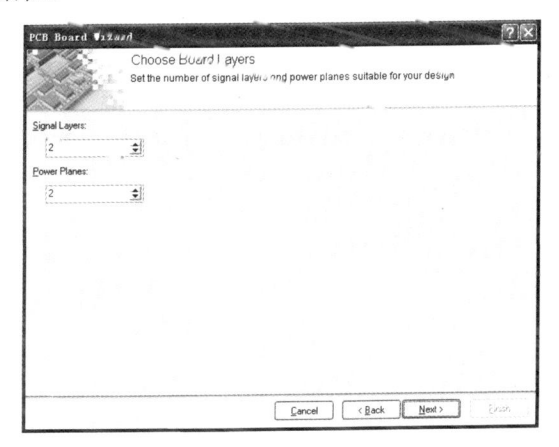

图 6.11 选择电路板板层对话框

5. "Choose Board Layers（选择电路板板层）"对话框

"Choose Board Layers"对话框的功能是设置信号层（Signal Layers）和电源地线层（Power Planes）的数量。在电路板板层的设置中，单层板只有一个信号层，没有电源地线层；双层板有两个信号层，电源地线放置在信号层中；四层板以上除了有两个信号层之外，才开始有电源地线层。

设置"Signal Layers"为"2"，"Power Planes"为"0"，单击"Next"按钮，进入如图 6.12 所示的选择过孔类型对话框。

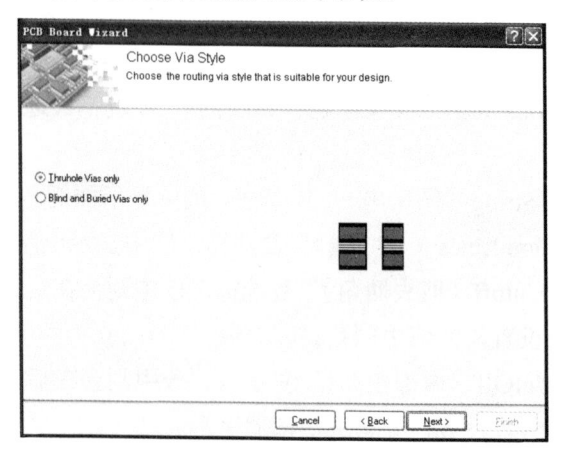

图 6.12　选择过孔类型对话框

6. "Choose Via Style（选择过孔类型）"对话框

Protel DXP 软件提供了两种过孔类型：Thzuhole Vias only（仅仅有穿透式过孔）、Blind and Buried Vias only（仅有盲孔和埋孔）。

选择穿透式过孔，单击"Next"按钮，进入选择元件和走线方式对话框。

7. "Choose Component and Routing Technologies（选择元件和走线方式）"对话框

首先选择元件的类型：Surface-mount components（大部分为表面贴装式元件）或 Thzough-hole components（大部分为插针式元件）。选择的元件类型不同，则对应的选项不同。

选择表面贴装式元件，其对话框如图 6.13 所示。元件选项下面出现"Do you put components on both sides of the board？（是否在电路板两面放置元件？）"选项区，选择"Yes"，两面都放置元件；选择"No"，只在顶层放置元件。

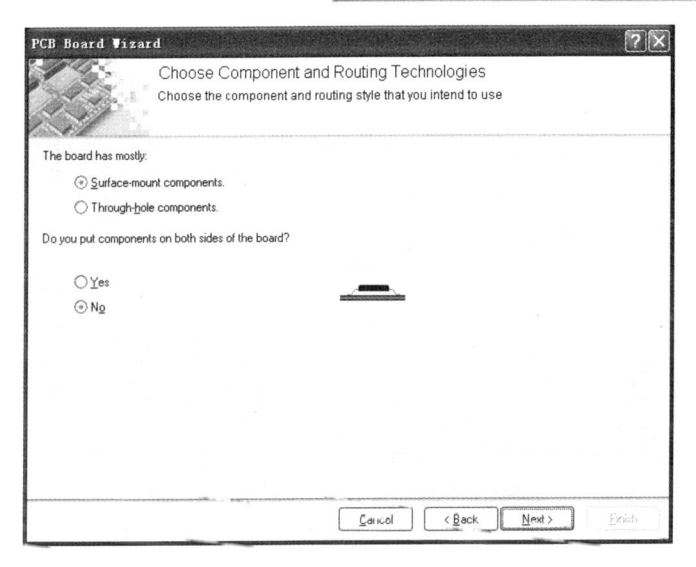

图 6.13　表面贴装式元件界面

选择插针式元件，其对话框如图 6.14 所示。元件选项下面出现"Number of tracks between adjacent pads（两焊盘间允许放置的导线数量）"选项区，三个选项分别对应着三个数量：One Track（一根导线）、wo Track（两根导线）、Three Track（三根导线）。

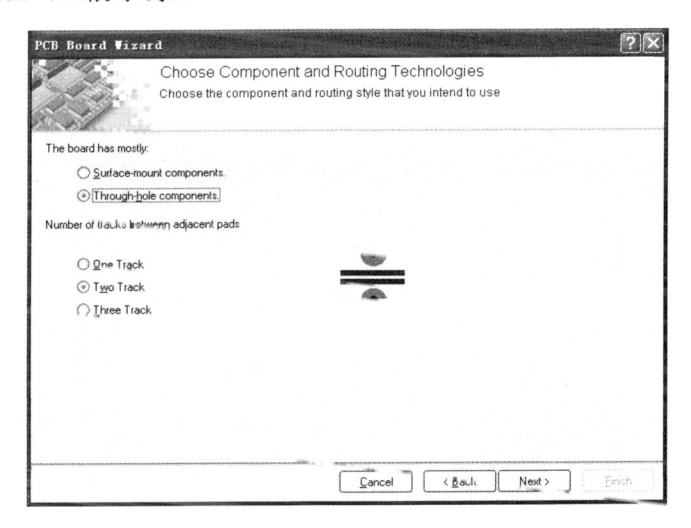

图 6.14　插针式元件界面

在此选择表面贴装式元件，选择"Yes"，两面都放置元件。单击"Next"按钮，进入如图 6.15 所示的选择默认导线和过孔尺寸及最小布线间距的对话框。

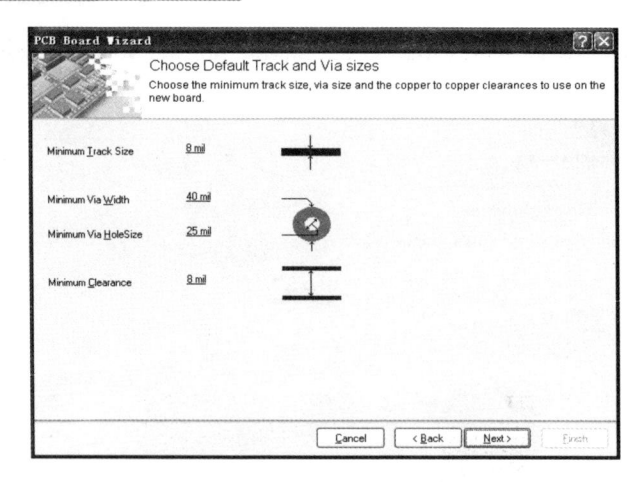

图6.15　选择默认导线和过孔尺寸及最小布线间距的对话框

8. "Choose Default Track and Via sizes（选择默认导线和过孔尺寸）"对话框

各参数的默认值介绍如下。

①Minimum Track Size：最小导线间距，8mil。

②Minimum Via Width：最小过孔直径，40mil。

③Minimum Via HoleSize：最小过孔钻孔直径，25mil。

④Minimum Clearance：最小布线间距，8mil。

选择默认值，单击"Next"按钮，进入完成向导对话框，如图6.16所示。

图6.16　完成向导对话框

9. "Protel DXP Board Wizard is complete（Protel DXP 电路板向导完成）"对话框

单击"Finish（结束）"按钮，结束电路板的向导，并进入电路板编辑界面。

在完成向导对话框中，单击"Finish"按钮结束电路板的向导，同时生成一个新的电路板文件，如图 6.17 所示。我们可以发现利用向导定义的电路板图与人工定义的电路板图是相同的。

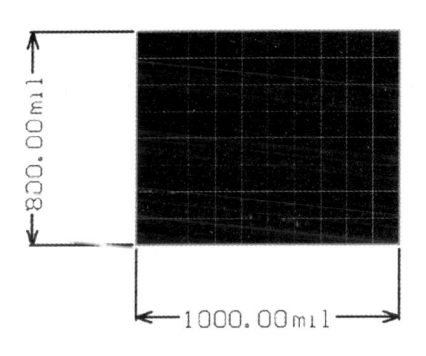

图 6.17 完成的电路板图

6.1.4 知识点总结——电路板设计原则

1. 可靠性

电路板的可靠性是影响电子设备的重要因素。从设计角度考虑影响可靠性的因素首先是电路板的层数。单面板和双面板都能很好地满足电气性能的要求，可靠性较高，随着电路板层数的增多，可靠性将会降低。因此，在满足电子设备要求的前提下，设计者应尽量将多层板的层数设计得少一些。

2. 工艺性

设计者应考虑使其所设计的电路板的制造工艺尽可能简单。一般在金属化孔互连工艺比较成熟的条件下，宁可设计层数较多、导线和间距较宽的电路板，而不设计层数较少、布线密度很高的电路板，这和可靠性的要求是矛盾的。

3. 经济性

电路板的经济性与制造工艺直接相关。复杂的工艺必然增加制造费用，所以设计者设计电路板时，应考虑与通用的制造工艺相适应，此外应尽可能采用标准化的尺寸结构，选用合适等级的基板材料，运用巧妙的设计技术来降低成本。

6.1.5 知识点总结——印制电路板设计环境

进行印制电路板设计的管理器环境如图 6.18 所示，主要包括工作区域、主工具箱、绘图工具箱、布线工具箱、面板管理、板层选择等部分。设计者根据需要可以选择不同的面板展开显示。

这仅仅是进入电路板的设计环境，若要真正设计电路板必须首先定义电路板的边框，定义电路板即在电路板的禁止布线层上绘制一个用于放置电路元件封装及铜膜线的区域，此区域根据电路板实际边框的大小设置。

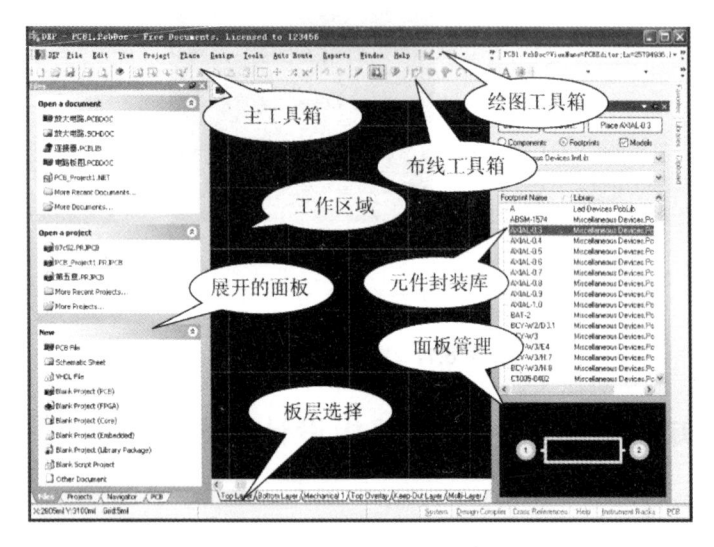

图 6.18 电路板设计环境

6.1.6 知识点总结——修改定义的电路板边框

定义好电路板之后，若认为电路板的大小不合适，可以重新定义电路板的形状。

①执行"Design\Board Shape\Redefine Board Shape"命令，重新定义电路板的形状。重新定义好电路板之后，还需要重新调整禁止布线层上矩形框的大小。

②执行"Design\Board Shape\Move Board Vertices"命令可以调整电路板的形状。

③执行"Design\Board Shape\Move Board Shape"命令可以整体移动电路板。

6.2 手工设计电路板案例分析

6.2.1 案例介绍及知识要点

绘制如图 6.19 所示的编码器电路的电路板。

要求：①制作单面电路板；②手工放置元件；③手工调整元件布局；④手工布线；⑤进行补泪滴设置。

知识点

①掌握电路板设计对象的使用和编辑方法。
②掌握电路板手工布局的方法。
③掌握单面电路板手工布线的原则和方法。

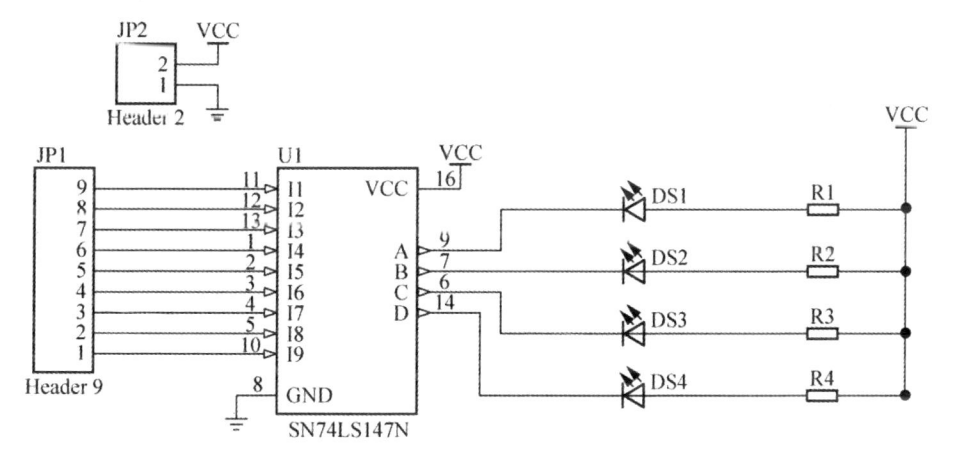

图 6.19 编码器电路图

6.2.2 操作步骤

①新建电路板文件，在禁止布线层定义电路板尺寸为 2000mil×1500mil，操作步骤同 6.1.2 节人工定义电路板。

②执行"Place\Component"命令，则弹出如图 6.20 所示的放置元件封装的对话框。在"Placement Type"选项区域中选择"Footprint"。在"Component Details"区域的"Footprint"中输入所要放置的元件封装的名称，在"Designator"中输入元件封装的序号，在"Comment"中输入该元件封装的参数。单击"OK"按钮，放置元件。

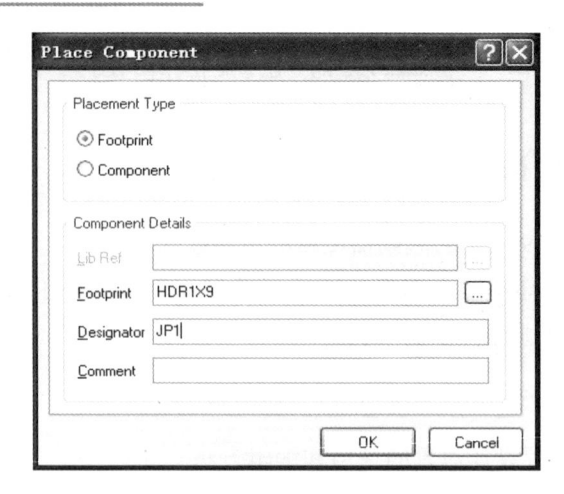

图 6.20　放置元件封装的对话框

③用同样的方法放置其他元件封装，本例中所用元件如表 6.1 所示。

表 6.1　元件列表

元件序号	元件封装
JP1	HDR1X9
JP2	HDR1X2
U1	N016
DS1 DS2 DS3 DS4	LED-1
R1　R2　R3　R4	AXIAL-0.4

④通过移动和旋转元件的方法进行手工布局，并调整好元件注释的位置，布局结束的电路如图 6.21 所示。

⑤单击工作区下方的板层标签，选择布线层为"Bottom Layer"。

⑥执行"Place\Interactive Routing"命令开始布线。将鼠标指针移到 R1-1 脚，单击左键开始连线，按"Tab"键，屏幕弹出如图 6.22 所示的线宽设置对话框，设置默认线宽为"10mil"，再把鼠标指针移向 DS1-1 脚，再次单击左键，连接第一条线，用同样的方法连接其他线。

第 6 章　人工制作电路板

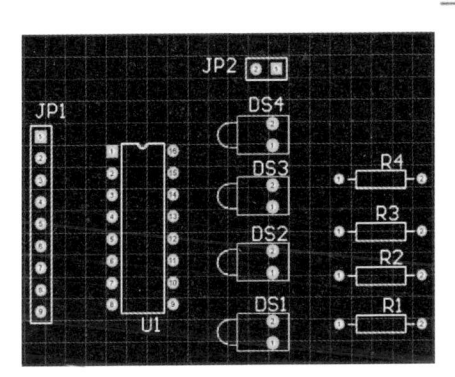

图 6.21　手工布局后的电路图　　　　图 6.22　线宽设置对话框

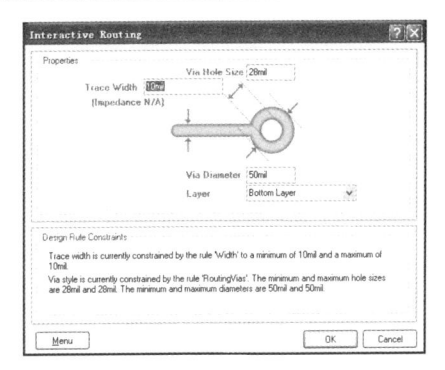

⑦加宽电源线和地线。双击电源线，在弹出的如图 6.23 所示的导线属性设置对话框中，将线宽修改为"20mil"。用同样的方法将地线宽度修改为"20mil"。布线完毕后如图 6.24 所示。

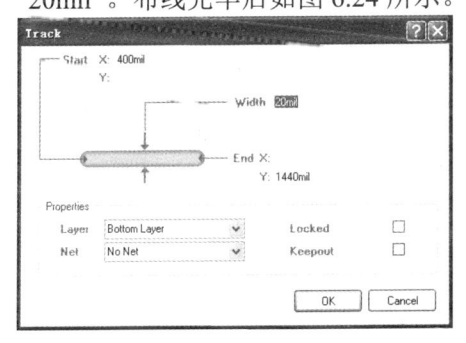

图 6.23　导线属性设置对话框　　　　图 6.24　手工布线后的电路图

⑧焊盘补泪滴。执行"Tools\Teardrops"命令即可弹出如图 6.25 所示的对话框。按图 6.25 所示进行参数设置，单击"OK"按钮完成操作，效果如图 6.26 所示。

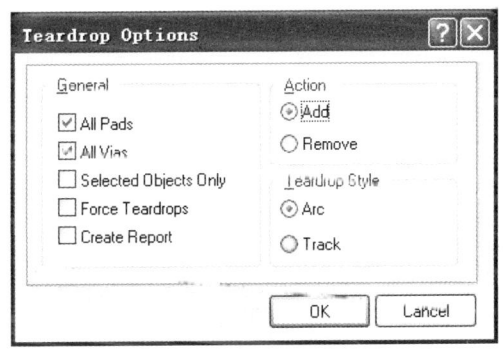

图 6.25　补泪滴设置对话框

155

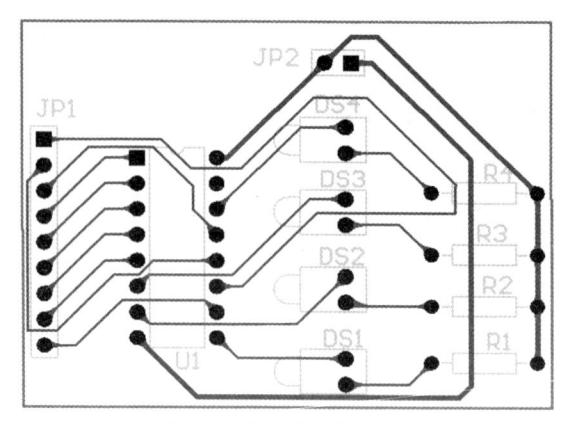

图 6.26　补泪滴后的电路图

⑨执行 3D 预览。执行 "View\Board in 3D" 命令，观察元件面和焊接面情况，如图 6.27 和图 6.28 所示。

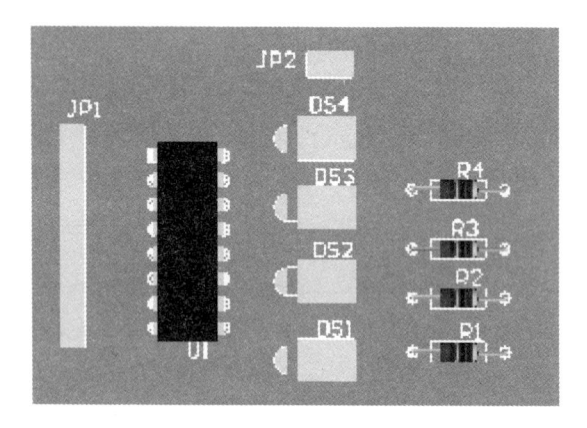

图 6.27　元件面 3D 图

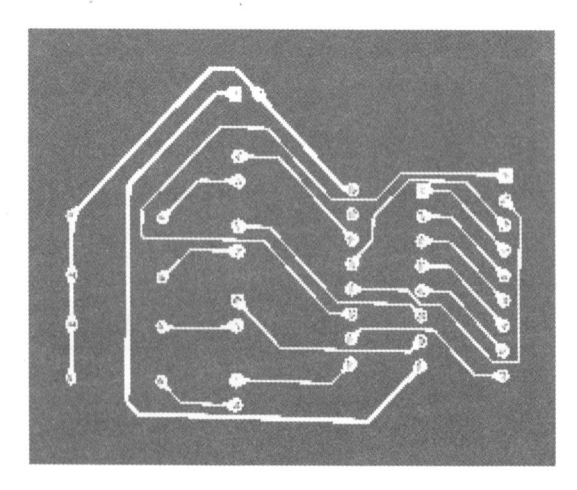

图 6.28　焊接面 3D 图

6.2.3 知识点总结——放置电路板设计对象

放置电路板的设计对象有三种方法。

①"Place"菜单：这种方式比较慢，也不是很方便。

②工具箱：Protel DXP 软件提供了两个放置设计对象的工具箱。一个是布线工具箱，如图 6.29 所示；另外一个是绘图工具箱，如图 6.30 所示，绘图工具箱是实体工具箱的一个子工具箱。这种方式不是最快的，但比使用"Place"菜单快，而且方便很多。

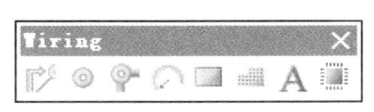

图 6.29 布线工具箱

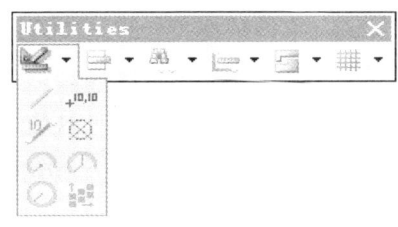

图 6.30 绘图工具箱

③快捷键：这种方式使用起来最快，但是需要记忆。

在设计过程中，一般选择使用布线工具箱来放置设计对象，但元件封装除外，元件封装的选取一般由元件封装库来完成。

布线工具箱与绘图工具箱中的各图标都可以在"Place"菜单中找到，其对应关系如表 6.2 所示。

表 6.2 工具箱中的图标与"Place"菜单的对应关系

作 用	工具箱图标	Place 菜单
铜膜线		Place\Interactive Routing
焊盘		Place\Pad
过孔		Place\Via
圆弧（边缘）		Place\Arc（Edge）
圆弧（中心）		Place\Arc（Center）
圆弧（任意）		Place\Arc（Any Angle）
圆		Place\Full Circle
填充		Place\Fill
覆铜		Place\Polygon Plane
字符串		Place\String
元件封装		Place\Component
直线		Place\Line
坐标		Place\Coordinate
尺寸线		Place\Dimension
设置坐标原点		Edit\Origin

6.2.4 铜膜线

铜膜线是用于在信号层中连接各元件焊盘的导线。

1. 绘制铜膜线

单击工具箱中放置铜膜线的图标" "或执行"Place\Interactive Routing"命令，鼠标指针变为十字状，将鼠标指针移动到需要放置铜膜线的位置，单击鼠标，确定铜膜线的起点，然后移动鼠标指针到铜膜线的转折点或者终点位置，单击鼠标，如果这段铜膜线已经画完，则右击，结束当前这段铜膜线的绘制。如果还要继续画铜膜线，移动鼠标指针到下一个位置，直到结束铜膜线的绘制。但此时只是结束当前绘制的铜膜线，并没有结束绘制铜膜线的状态，如果需要继续绘制铜膜线，可以移动鼠标指针到下一个位置绘制铜膜线。

在绘制铜膜线的过程中，按下"Shift+空格"键可以改变铜膜线的走线模式，Protel DXP 软件提供的铜膜线走线模式有：45°走线、90°走线、45°圆弧走线、90°圆弧走线和任意角度走线。图 6.31 显示的是这几种走线模式。除了任意角度的走线外，在每种走线模式下按"空格"键，可以改变走线方式，所谓走线方式，就是起始位置按所选走线模式走线还是终点位置按所选走线模式走线，如图 6.32 所示。

图 6.31　铜膜线的走线模式　　　　图 6.32　铜膜线的走线方式

若要在绘制铜膜线时更改走线板层，可以单击小键盘上的"+""-"和"*"，此时铜膜线可以在顶层和底层来回切换，并且在切换的位置会自动添加一个过孔。

2. 设置铜膜线参数

在绘制铜膜线的状态下，按"Tab"键，弹出如图 6.22 所示的对话框，可以设置相关的布线参数。具体参数内容如下：

①Trace Width：铜膜线宽度；

②Via Hole Size：过孔的钻孔直径；

③Via Diameter：过孔的外直径；

④Laycr：铜膜线所在板层。

在PCB中，布线工具箱中的铜膜线与电路原理图中的导线相同，是具有电气特性的，所以，只有在信号层和电源地线层才能存在有电气特性的铜膜线，其他板层是不存在的。因此，在绘制单面板或双面板等简单的印制电路板时，"Layer"选项中只有"Top Layer"和"Bottom Layer"两个选项。

3. 设置铜膜线属性

放置好铜膜线后，在铜膜线上双击鼠标，可以弹出如图6.23所示的对话框，其中各设置项说明如下。

①Width：铜膜线宽度。

②Start X/Y：铜膜线起点的X/Y坐标。

③End X/Y：铜膜线终点的X/Y坐标。

④Layer：铜膜线所在板层。

⑤Net：铜膜线所在网络。

⑥Locked：选中锁定铜膜线位置，选中后若要移动铜膜线，则会弹出如图6.33所示的对话框，提示是否移动铜膜线。

⑦Keepout：选中则无论其他属性如何设置，此铜膜线均在禁止布线层。

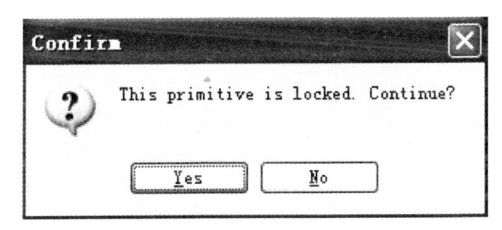

图6.33 确认是否移动铜膜线对话框

6.2.5 焊盘

焊盘是元件封装的引脚，因此焊盘是有序号的，与电路原理图一样，元件封装的序号必须从"1"开始，用来与电路原理图中的元件引脚序号相对应。但也有的元件需要加焊盘来固定，这种元件的焊盘序号可设置为"0"。

1. 放置焊盘

单击工具箱中放置焊盘的图标" ⊙ "或执行"Place\Pad"命令，鼠标指针变为十字状，并且有一个焊盘浮动在鼠标指针上，如图6.34所示。将鼠标指针移动到需要放置焊盘的位置，单击鼠标，即可放置一个焊盘，如需再加焊盘可以继续移动鼠标指针到需要放置的位置，单击鼠标放置焊盘，直到放置完所有的焊盘，右击结束焊盘的放置。

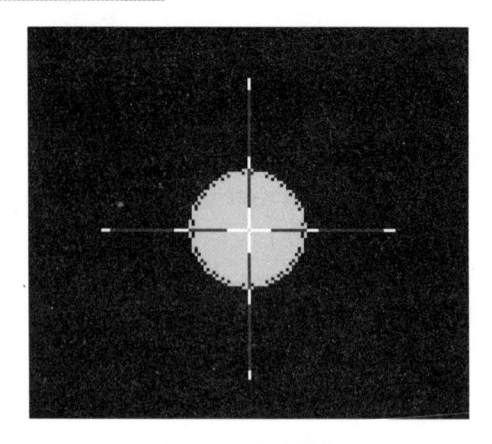

图 6.34 放置焊盘

2．设置焊盘属性

在放置焊盘的过程中按"Tab"键，或在放置好的焊盘上双击鼠标左键，均可弹出如图 6.35 所示的对话框。其中各设置项说明如下。

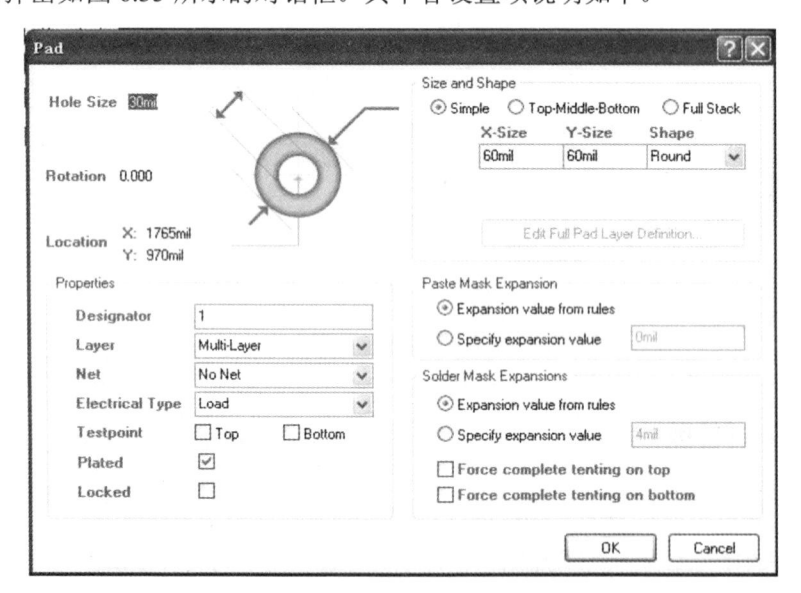

图 6.35 设置焊盘属性对话框

（1）焊盘尺寸设置

①Hole Size：焊盘钻孔直径。

②Rotation：焊盘的旋转角度。

③Location X/Y：焊盘中心点的坐标位置。

④"Size and Shape"区域：设置焊盘的形状和焊盘的外形尺寸。

⑤选择"Simple"时可以设置：

a. X-Size：焊盘 X 方向尺寸。

b. Y-Size：焊盘 Y 方向尺寸。

c. Shape：设置焊盘的形状，即 Round（圆形）、Rectangle（矩形）、Octagonal（八角形）。

相同尺寸的三种形状的焊盘如图 6.36 所示。

图 6.36　三种形状的焊盘比较

（2）"Properties"区域

①Designator：焊盘序号。

②Layer：焊盘所在板层，一般说来，插针式元件为 Multi-Layer，表面贴装式元件为 Top Layer。

③Net：焊盘所在网络。

④Electrical Type：焊盘在网络中的电气属性，包括 Load（中间点）、Source（起点）和 Terminator（终点）。

⑤Testpoint：用于设置过孔是否作为测试点，包括两个复选框：Top（顶层）和 Bottom（底层）。

⑥Plated：选中此复选框，在焊盘钻孔的孔壁上镀铜。

⑦Locked：选中此复选框锁定焊盘，在移动焊盘时提示是否移动焊盘。

（3）"Paste Mask Expansion"区域

①Expansion value from rules：选中此项，采用设计规则中定义的阻焊膜尺寸。

②Specify expansion value：选中此项，可以在编辑框中设定阳焊膜的尺寸。

（4）"Solder Mask Expansions"区域

①Expansion value from rules：选中此项，采用设计规则中定义的助焊膜尺寸。

②Specify expansion value：选中此项，可以在编辑框中设定助焊膜的尺寸。

③Force complete tenting on top：选中此复选框，设置的助焊膜延伸值无效，并且在顶层的助焊膜上不会有开口，助焊膜仅仅是一个隆起。

④Force complete tenting on bottom：选中此复选框，设置的助焊膜延伸值无效，并且在底层的助焊膜上不会有开口，助焊膜仅仅是一个隆起。

6.2.6 过孔

过孔是用于连接信号层和电源地线层铜膜线的钻孔壁镀铜的孔。在双面板中即为连接顶层和底层铜膜线的孔，与焊盘不同的是，过孔没有序号。

1. 放置过孔

单击工具箱中放置过孔的图标" "或执行"Place\Via"命令，鼠标指针变为十字状，并且有一个过孔浮动在鼠标指针上，如图 6.37 所示。将鼠标指针移动到需要放置过孔的位置，单击鼠标，即可放置一个过孔，如需再加过孔可以继续移动鼠标指针到需要放置的位置，单击鼠标放置过孔，直到放置完所有的过孔，右击结束过孔的放置。放置好的过孔如图 6.38 所示。

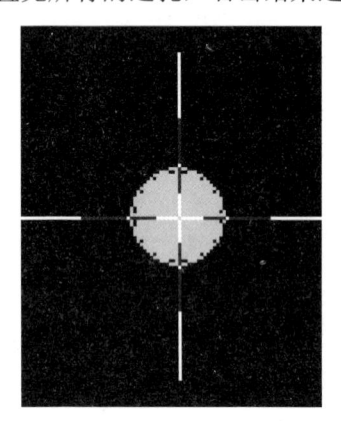

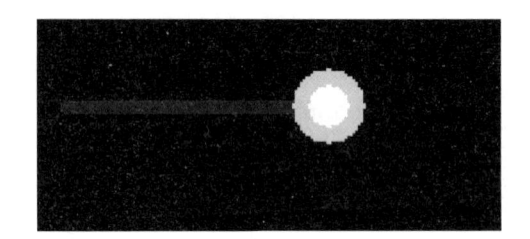

图 6.37　放置过孔　　　　图 6.38　放置在铜膜线上的过孔

2. 设置过孔属性

在放置过孔的过程中按"Tab"键，或在放置好的过孔上双击鼠标左键。均可弹出如图 6.39 所示的对话框。其中各设置项说明如下。

（1）过孔尺寸设置

①Diameter：过孔直径。

②Hole Size：过孔钻孔直径。

③Location X/Y：焊盘中心点的坐标位置。

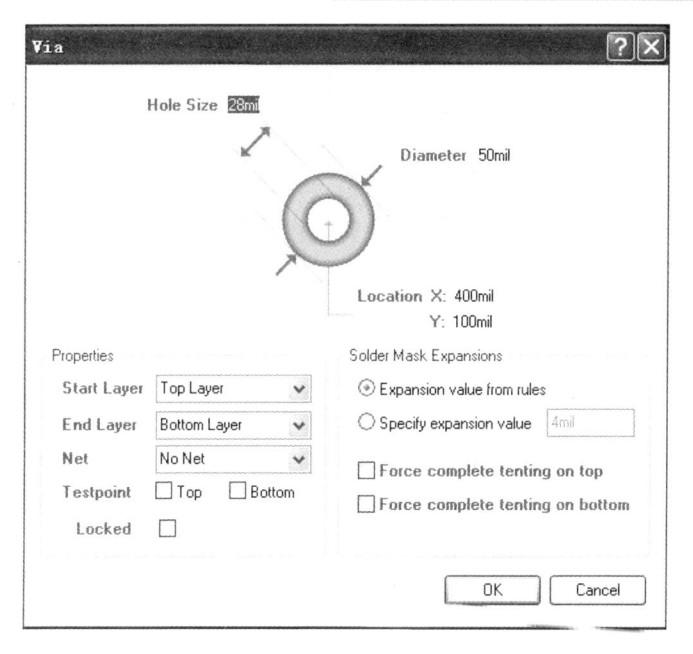

图 6.39 设置过孔属性对话框

（2）"Properties"区域

①Start Layer：过孔的起始层，可选择"Top Layer"或"Bottom Layer"。

②End Layer：过孔的终止层，可选择"Top Layer"或"Bottom Layer"，但要与"Start Layer"相反。

③Net：过孔所在网络。

④Testpoint：用于设置过孔是否作为测试点，包括两个选项：Top（顶层）和 Bottom（底层）。

⑤Locked：选中此项锁定焊盘，在移动焊盘时提示是否移动焊盘。

6.2.7 圆和圆弧

1. 绘制圆和圆弧

圆与圆弧的绘制在电路板中的各个板层上均可使用，用途较广泛。

（1）由边缘画圆弧

单击工具箱中的图标" "或执行"Place\Arc（Edge）"命令，鼠标指针变为十字状，单击确定圆弧的起点；移动鼠标指针到圆弧的终点位置单击确定。此时，画出来的圆弧为四分之一圆。

（2）由中心画圆弧

单击工具箱中的图标" "或执行"Place\Arc（Center）"命令，鼠标指针变为十字状，单击确定圆弧的圆心；移动鼠标指针到圆上的任一位置单击确定圆弧的半径；移动鼠标指针到圆弧的起点，单击确定；再移动鼠标指针到圆弧的终点，单击确定。此时，绘制的圆弧可以是任意角度的。

（3）任意角度画圆

单击工具箱中的图标"　"或执行"Place\Arc（Any Angle）"命令，鼠标指针变为十字状，单击确定圆弧的起点；移动鼠标指针到圆弧的圆心，单击确定；移动鼠标指针到圆弧的终点，单击确定。此时，绘制的圆弧可以是任意角度的。

（4）绘制圆

单击工具箱中的图标"　"或执行"Place\Full Circle"命令，鼠标指针变为十字状，单击确定圆弧的圆心，移动鼠标指针到圆弧上任意一点，单击确定。

2. 设置圆、圆弧的属性

在放置圆或圆弧的过程中按"Tab"键，或在放置好的圆或圆弧上双击鼠标左键，均可弹出如图 6.40 所示的对话框。该对话框中各设置项说明如下。

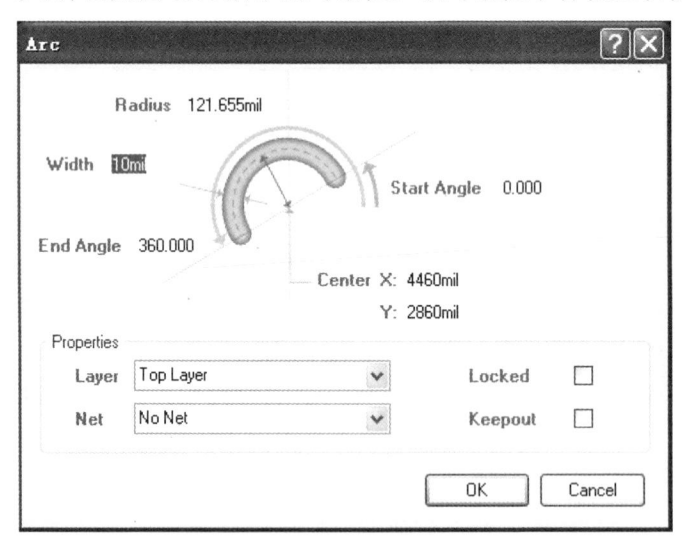

图 6.40　设置圆弧属性对话框

（1）圆、圆弧的尺寸设置

①Radius：半径。

②Width：圆弧线的宽度。

③Start Angle：圆弧的起始角度。

④End Angle：圆弧的终止角度。

⑤Center X/Y：圆心的 X/Y 方向坐标。

（2）圆和圆弧的属性

①Layer：圆和圆弧所在的板层。

②Net：圆和圆弧所在的网络。

③Locked：选中此项，锁定圆和圆弧。

④Keepout：选中此项，则无论其他属性如何设置，此段圆弧均在禁止布线层。

6.2.8 填充

填充一般是为制作印制电路板插件的接触面或者增强系统的抗干扰性而设置的大面积电源或接地。在制作电路板的接触面时，放置填充的部分在实际制作的电路板上是外露的覆铜区。填充通常放置在印制电路板的顶层、底层或内部的电源地线层上。

1. 放置填充

单击工具箱中放置填充的图标" "或执行菜单"Place\Place\Fill"命令，鼠标指针变为十字状，单击确定填充的左上角（或左下角），移动鼠标指针，再单击确定填充的右下角（右上角）即可，如图 6.41 所示。

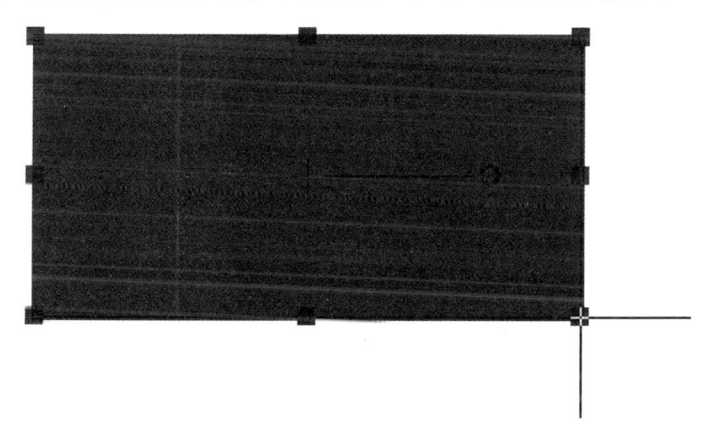

图 6.41　放置填充

2. 设置填充的属性

在放置填充的过程中按"Tab"键，或在放置好的填充上双击，均可弹出如图 6.42 所示的填充属性，其各选项设置说明如下。

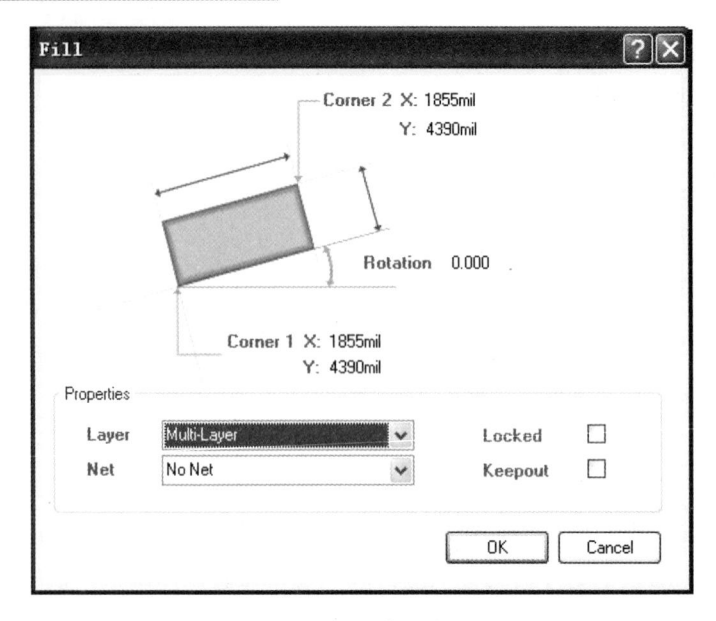

图 6.42　设置填充对话框

①Corner 1 X/Y：第一个角的 X/Y 坐标。

②Corner 2 X/Y：第二个角的 X/Y 坐标。

③Rotation：填充与水平方向的角度。

④Layer：填充所在的板层。

⑤Net：填充所在的网络。

⑥Locked：选中此复选框，锁定填充。

⑦Keepout：选中此复选框，则无论其他属性如何设置，此填充均在禁止布线层。

6.2.9　覆铜

覆铜一般用于大面积电源或接地，以增强系统的抗干扰性。

1. 放置覆铜

单击工具箱中放置覆铜的图标" "或执行"Place\Polygon Plane"命令，则会弹出如图 6.43 所示的设置覆铜属性的对话框。在设置好对话框后，单击"OK"按钮关闭此对话框，同时鼠标指针变为十字状，移动鼠标指针到所需位置，单击确定覆铜的起点，移动鼠标指针，到适当位置确定覆铜的中间点，再移动鼠标指针到覆铜的终点，系统自动将起点、中间点和终点连接为一封闭区域，形成一个多边形平面。

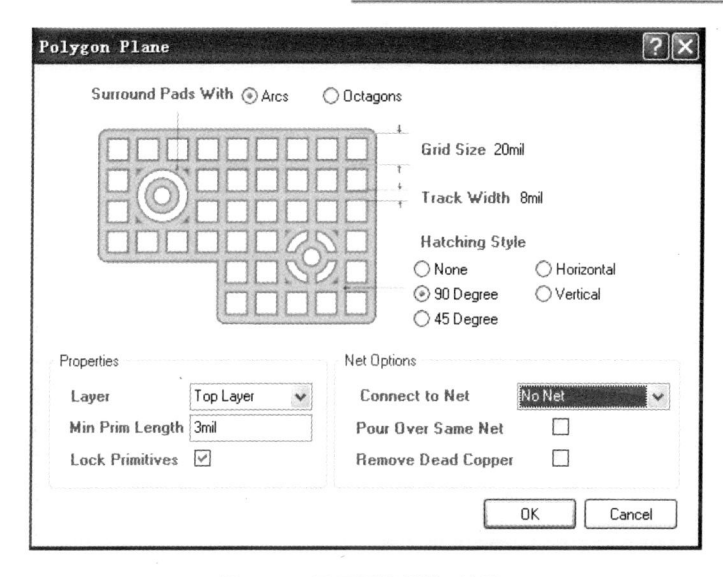

图 6.43 设置覆铜属性对话框

2. 设置覆铜的属性

① "Surround Pads With" 选项：设置焊盘周围覆铜的形状，有 Arcs（圆弧形）和 Octagons（八角形）两个选项。

②Grid Size：覆铜中的栅格间距。

③Track Width：覆铜中的栅格宽度。

④Hatching Style 选项：设置覆铜形式。

a. None：无格中空覆铜。

b. Horizontal：水平线覆铜。

c. Vertical：垂直线覆铜。

d. 90 Degree：90°正交覆铜。

e. 45 Degree：45°倾斜交叉覆铜。

⑤ "Properties" 选项如下。

a. Layer：覆铜所在的板层。

b. Min Prim Length：最短覆铜线的长度。

c. Lock Primitives：选中锁定覆铜。

⑥ "Net Options" 选项如下。

a. Connection to Net：设置覆铜区与哪一个网络相连。

b. Pour Over Same Net：选中此复选框，覆铜覆盖与该覆铜相联的网络。

c. Remove Dead Copper：选中此复选框，删除孤立覆铜。

6.2.10 知识点总结——字符串

在电路板上经常需要放置字符串来进行标识,需要注意的是,Protel DXP 软件中只提供了英文字符的输入,而不能输入中文。

1. 放置字符串

单击工具箱中放置字符串的图标"**A**"或执行"Place\String"命令,鼠标指针变为十字状,按"Tab"键则会弹出如图 6.44 所示的设置字符串属性的对话框,在对话框中输入所要放置的文字等其他信息,单击"OK"按钮关闭此对话框,同时鼠标指针变为十字状,移动鼠标指针到所需位置,单击放置字符串。

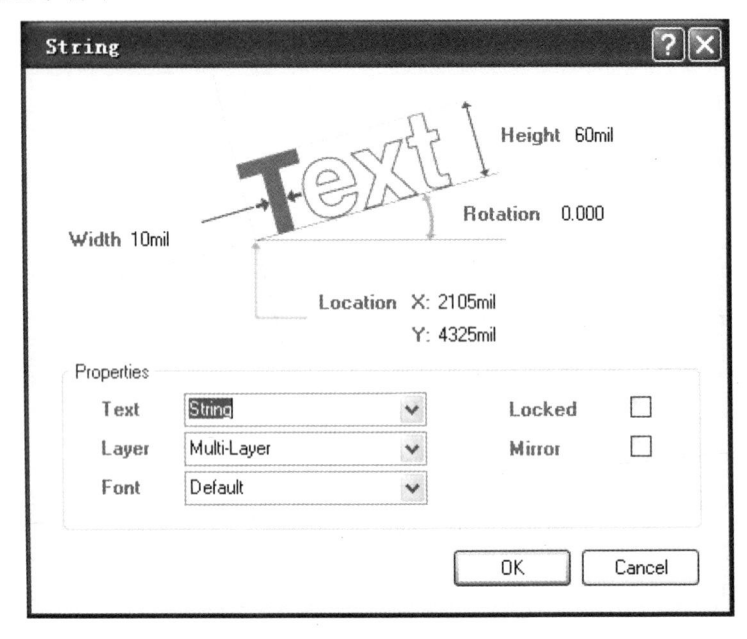

图 6.44 设置字符串属性对话框

2. 设置字符串属性

字符串的属性对话框在放置字符串时按"Tab"键可以弹出,在放置好特殊字符串后,双击字符串也可以弹出。字符串属性的各选项设置说明如下。

① Width:文字的铜膜线宽度。

② Height:文字的高度。

③ Rotation:文字与水平方向所成的角度。

④ Location X/Y:文字左下角的坐标。

⑤ "Properties"选项如下。

a. Text：字符串的内容。

b. Layer：文字所在的板层。

c. Font：字形。

d. Locked：选中此项，锁定字符串。

e. Mirror：选中此项，将文字水平镜像。

6.2.11 元件封装

元件封装是印制电路板的主要设计对象，除单击工具箱中的按钮和利用"Place"菜单及快捷键放置元件封装之外，还可以在元件库中选择元件封装放置。

1. 利用工具箱中的按钮放置

选择布线工具箱中放置元件封装的图标" "，则弹出如图 6.20 所示的放置元件封装的对话框。在该对话框中，可以在"Placement Type"选项区域中选择"Footprint"或"Component"。

选择"Footprint"时可以在"Component Details"区域的"Footprint"中输入所要放置的元件封装的名称，若不知道具体名称，可以单击"[...]"按钮，展开元件封装库进行查找，与利用元件封装库放置元件封装的方法相同。

选择"Component"时则可以在"Component Details"区域中的"Lib Ref"中输入要放置的元件的名称，则在"Footprint"中显示该元件对应的元件封装。

选择以上任何一种类型，都可以在"Designator"中输入元件封装的序号，在"Comment"中输入该元件封装的参数。

2. 利用元件库放置

Protel DXP 软件中提供了集成元件库，因此电路板中的元件库与原理图中的元件库相同，如图 6.45 所示。添加元件库的方法以及查找放置元件封装的方法与在原理图中均相同，在此不再赘述。但有一点需要注意的是，原理图中放置的是元件库中的元件模型，而电路板图中放置的是元件库中的元件封装，而且在放置元件封装之前会弹出如图 6.20 所示的对话框来确定放置的元件封装或者也可以重新选择其他的元件封装。

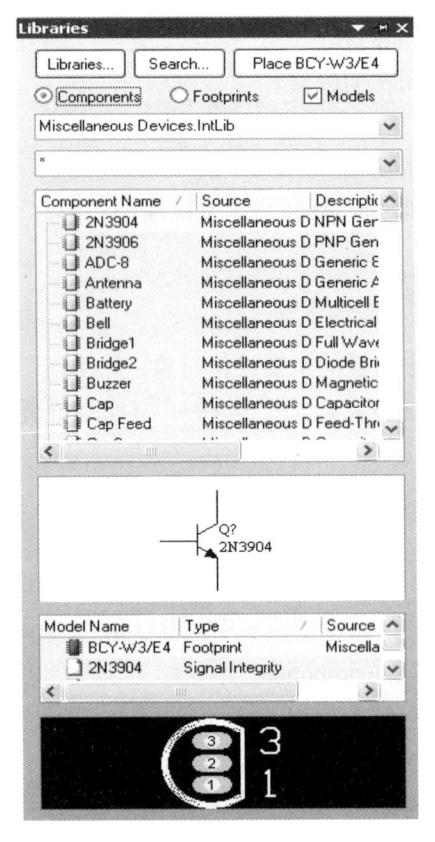

图 6.45 电路板中的元件库

3. 设置元件封装属性

在放置好的元件封装上双击或者在放置元件封装时按"Tab"键均可以弹出如图 6.46 所示的设置元件封装属性的对话框。

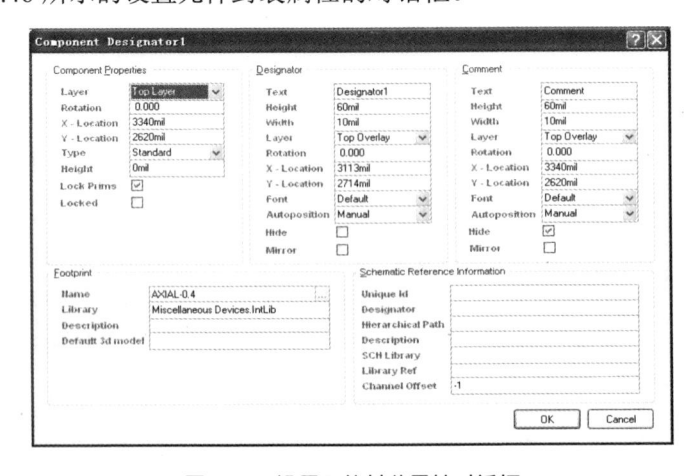

图 6.46 设置元件封装属性对话框

在此对话框中可以设置元件封装的有关参数，包括元件封装序号、元件封装参数、元件封装坐标、元件封装类型、元件所在板层等。但是放置元件时一般都放置在顶层，而且位置等均可以在放置的过程中调整，所以在直接放置元件时大部分的参数不需要调整。

6.2.12 直线

直线的放置与铜膜线的放置类似，但需要注意的是，放置铜膜线的工具只能将铜膜线放置在顶层和底层等信号层中，而此处的直线一般用来放置在不具有电气特性的板层中，即放置在除信号层和电源地线层之外的其他板层中。

1. 绘制直线

单击工具箱中放置直线的图标" "或执行"Place\Line"命令，即可绘制直线。其绘制方法与铜膜线相同，在此不再赘述。

2. 设置直线参数

单击确定直线起点后，按下"Tab"键进入如图 6.47 所示的设置直线参数对话框。

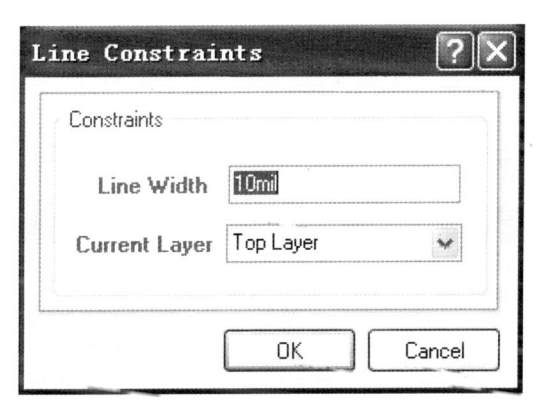

图 6.47 设置直线参数对话框

①Line Width：直线宽度。
②Current Layer：当前所在板层。

3. 设置直线属性

放置好直线后，在直线上双击鼠标，则会弹出如图 6.48 所示的设置直线属性对话框，与铜膜线属性对话框相同，不再赘述。

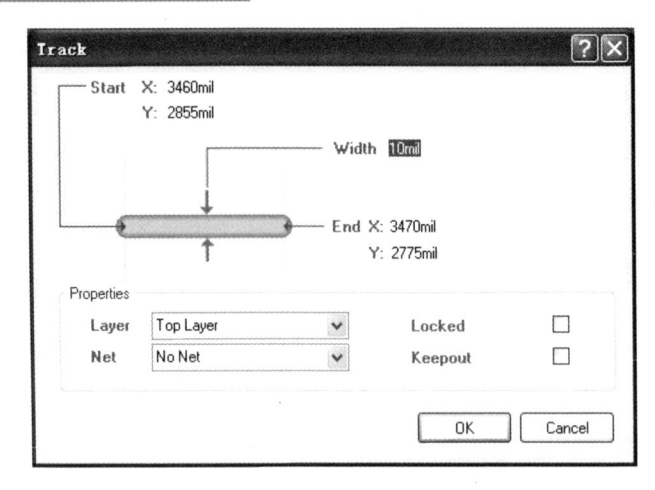

图 6.48 设置直线属性对话框

6.2.13 坐标

1. 放置坐标

单击工具箱中放置坐标的图标" "或执行"Place\Coordinate"命令，鼠标指针变为十字状，在所需放置坐标的位置上单击鼠标，即可放置坐标。

2. 设置坐标的属性

在放置坐标的过程中按"Tab"键，或在放置好的坐标上双击鼠标，即可弹出如图 6.49 所示的对话框，其中各选项说明如下。

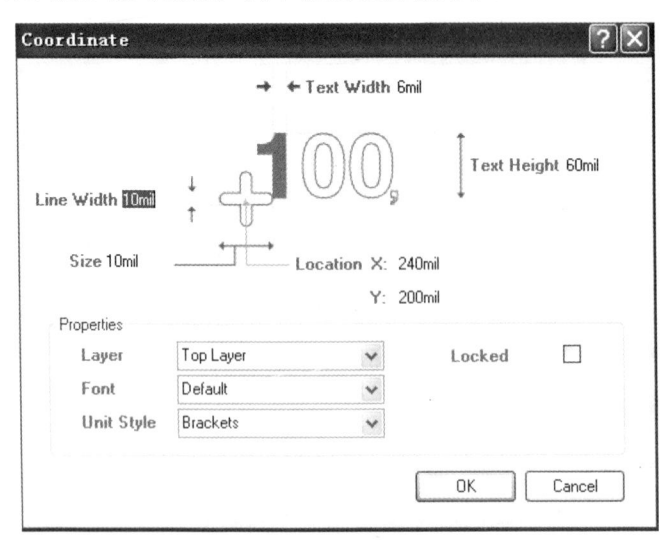

图 6.49 设置坐标属性对话框

①Text Width：坐标文字的宽度。

②Text Height：坐标文字的高度。

③Line Width：坐标符号的线宽。

④Size：坐标符号的尺寸。

⑤Location X/Y：坐标符号所在的坐标。

⑥Properties 选项如下。

a. Layer：坐标所在的板层。

b. Font：坐标文字的字型。

c. Unit Style：坐标单位的形式。Protel DXP 软件提供了三种坐标单位的形式：Brackets（单位带括号）、Normal（单位不带括号）和 None（没有单位）。

d. Locked：选中此项，锁定坐标。

6.2.14 尺寸线

1. 放置尺寸线

在 Protel DXP 软件中除了由表 6.2 给出的绘制尺寸线的图标之外，还提供了一个标注尺寸的工具箱，如图 6.50 所示，此工具箱为实体工具箱中的一个子工具箱。

工具箱中的各图标对应如图 6.51 所示的"Place\Dimensions"的子菜单，可根据要求选择对应的尺寸线标注形式。

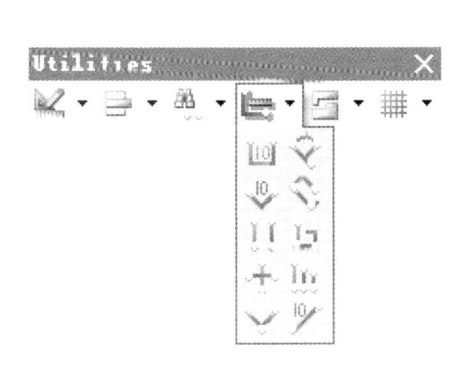

图 6.50　放置尺寸工具箱　　图 6.51　放置尺寸菜单

选中放置尺寸线的工具之后，鼠标指针变为十字状，移动鼠标指针到尺寸的起点，单击鼠标，确定起始位置，移动鼠标指针到要标注尺寸的终点，单击鼠标，确定终点位置，即可完成尺寸标注。

2. 设置尺寸线的属性

在放置尺寸线的过程中按"Tab"键，或在放置好的尺寸线上双击鼠标即可弹出设置尺寸线属性对话框。根据选择标注的尺寸线不同，对话框设置的内容也不尽相同。在此仅以 Linear 为例进行介绍，Linear 尺寸线属性设置对话框如图 6.52 所示。

（1）尺寸线的尺寸设置

①Pick Gap：尺寸线与所标注对象的距离。

②Arrow Length：尺寸线的长度。

③Arrow Size：尺寸线的高度。

④Line Width：尺寸线的宽度。

⑤Height：尺寸线的文字高度。

⑥Text Width：尺寸线的文字宽度。

⑦Gap：尺寸线文字与箭头的间距。

⑧Offset：尺寸线文字与两端直线底部的间距。

⑨Rotation：尺寸线与水平方向的角度。

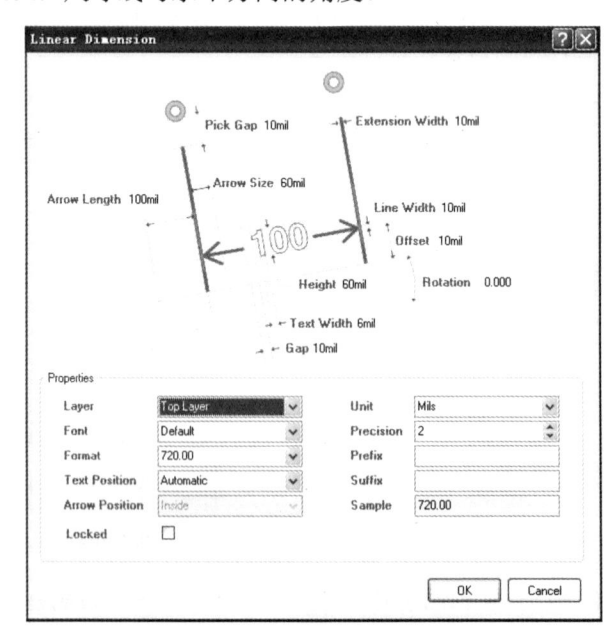

图 6.52　设置尺寸属性对话框

(2)"Properties"区域设置

①Layer：尺寸线所在的板层。

②Font：尺寸线文字的字型。

③Unit：尺寸线单位。Protel DXP 软件提供了 Mils、Milimeters、Inches、Centimeters 和 Automatic 等单位。

④Precision：尺寸线小数点位数。

⑤Format：尺寸换算。

⑥Text Position：尺寸线文字所在位置。

⑦Arrow Position：尺寸所在的位置。一般视实际情况而定，不用设置。

⑧Locked：选中此项，锁定尺寸线。

其他尺寸线属性设置的对话框与此类似，根据不同的标注对象，尺寸线的尺寸设置略有不同。

6.2.15 设置坐标原点

单击绘图工具箱中的"⊠"图标，或选择"Edit\Origin\Set"命令。鼠标指针变成十字形状，将鼠标指针移到所需的位置，单击鼠标，即可将该点设置为自定义坐标原点。

若要恢复原系统坐标原点，选择"Edit\Origin\Reset"命令即可。

6.2.16 焊盘补泪滴

为保证连接的可靠性，Protel DXP 软件可以将焊盘和过孔与铜膜线之间的连接点加宽，称为补泪滴，贴片和单面板的过孔和焊盘尤其需要进行补泪滴处理。执行"Tools\Teardrops"命令即可弹出如图 6.25 所示的对话框。

此对话框中的选项说明如下。

①"Action"区域：设置要执行的操作。

a. Add：对焊盘和过孔进行补泪滴。

b. Remove：去除已经补泪滴的焊盘和过孔的泪滴。

②"Teardrop Style"区域：设置泪滴形状。

a. Arc：泪滴形状为圆弧。

b. Track：泪滴形状为线状。

③"General"区域：设置操作执行的对象。

a. All Pads：全部的焊盘。

b. All Vias：全部的过孔。

c. Selected Objects Only：仅选择的对象。

d. Force Teardrops：强迫补泪滴。

e. Create Report：建立报表。

补圆弧形泪滴之后的焊盘如图 6.53 所示。

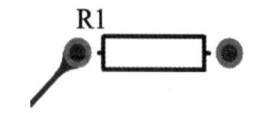

图 6.53 补泪滴后的铜膜线

6.3 知识点总结——电路板的编辑

在制作印制电路板的过程中，经常需要对铜膜线和元件封装等设计对象进行编辑和调整，掌握了电路板的编辑，在设计过程中遇到需要修改的地方就可以不用再重新进行元件布线、布局等操作，这会大大简化电路板的设计工作。

6.3.1 设计对象的调整

1. 铜膜线

铜膜线的调整可以分为以下几种情况：铜膜线的搬移、铜膜线的平移和针对铜膜线控制点的编辑。以如图 6.54 所示的铜膜线为例进行介绍。

（1）铜膜线的搬移

用鼠标拖动中间的铜膜线，则此段铜膜线与两端的铜膜线分离，不再是同一个网络中的铜膜，拖动后的铜膜线如图 6.55 所示。

（2）铜膜线的平移

在铜膜线上单击鼠标，铜膜线出现三个控制点（两个端点和一个中点），如图 6.56 所示。再将鼠标指针放在铜膜线上的时候，鼠标指针变为带箭头的十字形状"✥"，此时再按住鼠标拖动中间的铜膜线，则此段铜膜线与两端的铜膜线一起移动，如图 6.57 所示。

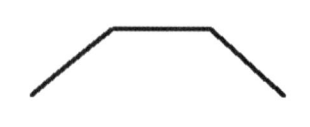

图 6.54 铜膜线   图 6.55 拖动中间部分后的铜膜线

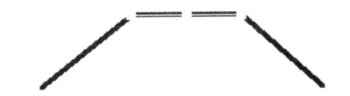

图 6.56　出现控制点的铜膜线　　　图 6.57　出现控制点并移动后的铜膜线

（3）铜膜线两端点的操作

在铜膜线上单击鼠标，铜膜线出现三个控制点，此时将鼠标放在铜膜线的端点上，鼠标指针变为带箭头的一字形状"↔"，按住端点拖动，则与此段连接的铜膜线一起移动，如图 6.58 所示。

（4）铜膜线中点的操作

在铜膜线上单击鼠标，铜膜线出现三个控制点，按住中点拖动，则此段铜膜线两端不发生移动，移动后的铜膜线如图 6.59 所示。

图 6.58　拖动端点后的铜膜线　　　图 6.59　拖动中间控制点的铜膜线

与铜膜线相关的操作在用到时可以结合使用，根据场合的不同对铜膜线进行不同的操作。

2. 圆弧

圆弧的调整主要包括半径和圆弧角度的调整。

（1）半径的调整

在圆弧上单击鼠标，圆弧出现三个控制点，如图 6.60 所示。拖动中间的控制点，则整个圆弧的半径可以随鼠标进行调整，但是圆弧的始末角度不变。调整前后的圆弧如图 6.61 所示。

（2）圆弧角度的调整

在圆弧上单击鼠标，圆弧出现三个控制点，拖动两端的控制点，可以调整圆弧的始末角度。调整前后的圆弧如图 6.62 所示。

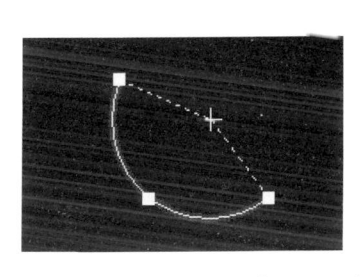

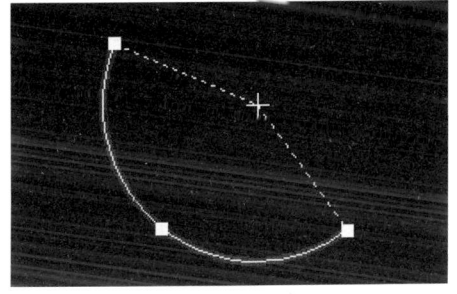

图 6.60　出现控制点后的圆弧　　　图 6.61　拖动中间控制点后的圆弧

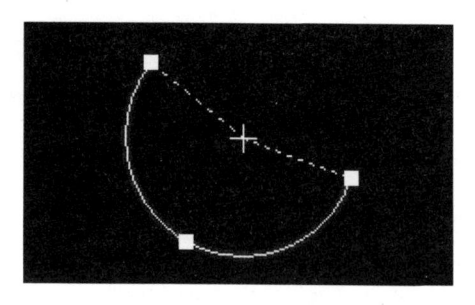

图 6.62 拖动端点后的圆弧

3. 填充

在填充上单击鼠标，出现如图 6.63 所示的控制点。各控制点的功能介绍如下。

①四个角的控制点：按住控制点拖动鼠标可以调整相邻两个边的位置。

②四个中点的控制点：按住控制点拖动鼠标可以调整该控制点所在边的位置。

③填充内的控制点：按住控制点转动鼠标，填充将以十字符号为圆心进行转动。

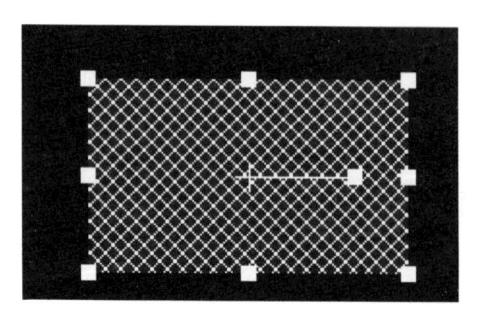

图 6.63 出现控制点后的填充

6.3.2 选取元件封装

在对元件封装进行移动、旋转和排列以及进行复制粘贴等操作时，需要先选择元件封装。选择元件封装常用的方法有两种：用鼠标直接选择和用菜单选项进行选择。

1. 用鼠标直接选择

在元件封装上直接单击鼠标，或者拖动鼠标将元件封装包含在一个矩形框中。若要选择多个不相邻元件，可以按住"Shift"键的同时单击所要选择的元件封装。

2. 用菜单选项进行选择

Protel DXP 软件提供了专门的选择对象和取消选择的命令：选择对象的命令为"Edit\Select"；取消选择的命令为"Edit\Deselect"。

①选择对象要执行的命令，如图 6.64 所示，介绍如下。

a. Inside Area：选择此命令，单击鼠标确定矩形的左上角（左下角），移动鼠标指针到所需位置再单击鼠标，确定矩形区域右下角（右上角）。则选中矩形区域中的元件封装。

b. Outside Area：选择此命令，如上所述确定矩形区域，选中矩形区域外的元件封装。

c. All：选中所有元件封装。

d. Board：选中整块印制电路板上的元件封装。

e. Net：选中某网络的元件封装。

f. Connected Copper：通过覆铜的对象来选定相应网络中的对象。执行该命令后，若选中某条铜膜线或焊盘，则该铜膜线或焊盘所在的网络对象上的所有元件均被选中。

g. Physical Connection：通过物理链接来选中对象。

h. Component Connections：选中元件上的链接对象，例如元件上的引脚。

i. Component Nets：选中元件所在的网络。

j. Room Connections：选中电气方块上的连接对象。

k. All on Layer：选中当前工作层上的所有对象。

l. Free Objects：选中所有自有对象，既不与电路相连的任何对象。

m. All Locked：选中所有锁定的对象。

n. Off Grid Pads：选中图中的所有焊盘。

o. Toggle Selection：逐个选择对象，最后构成一个由所选中的元件组成的集合。

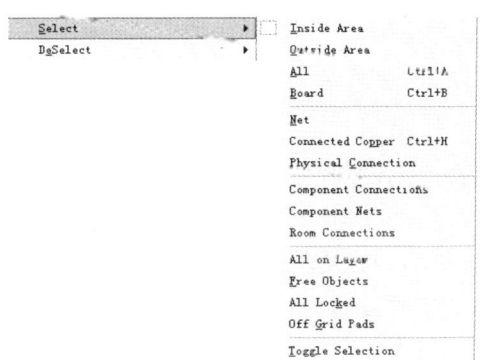

图 6.64 选择命令

②取消选择要执行的命令，如图 6.65 所示，其功能与选择对象的对应子菜单相同。

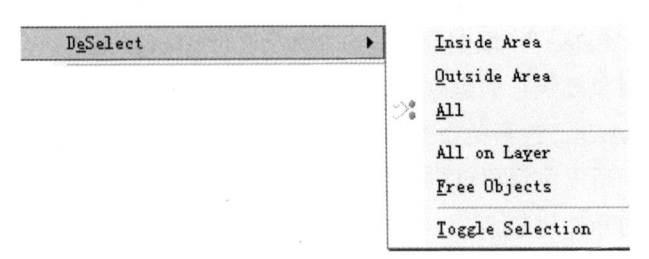

图 6.65　取消选择菜单

6.3.3　移动设计对象

若要移动元件，可以在元件封装上按住鼠标左键，拖动元件封装到所要调整的位置，松开鼠标即可把元件封装放置在所需位置。在 Protel DXP 软件中也提供了移动设计对象的命令。

选中设计对象之后，执行"Edit\Move"命令，如图 6.66 所示，即可对设计对象进行移动、旋转等操作。

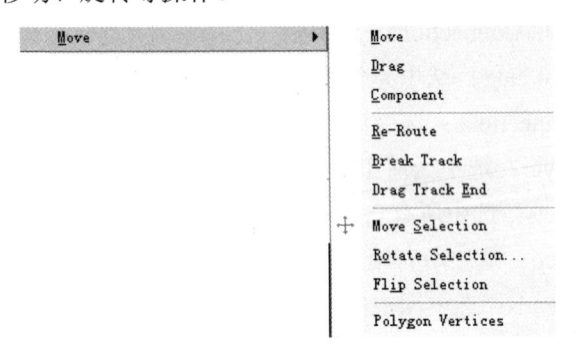

图 6.66　移动菜单

①Move：执行此命令后，鼠标指针变为十字光标，单击选中的元件封装，此时元件封装会浮动在十字光标上，移动鼠标指针到所需位置，再单击鼠标即可放置元件。

②Drag：此命令，与"Move"命令相同。

③Component：与上两个命令相同。

④Re-Route：对移动后的元件封装重新布线。

⑤Break Track：打断导线。

⑥Drag Track End：选取导线的端点为基准移动元件对象。

⑦Move Selection：将选中的多个元件移动到目标位置，此命令必须在选中设计对象的前提下才能有效。

⑧Rotate Selection：旋转元件封装，使用此命令必须先选中元件封装。执行此命令后，系统弹出如图 6.67 所示的对话框，输入角度之后，单击"OK"按钮，再在元件封装上选取一个旋转基点，即可实现元件封装的旋转。输入的旋转角度为正则逆时针旋转，旋转角度为负则顺时针旋转。

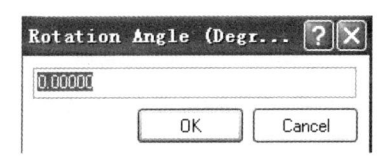

图 6.67　旋转角度对话框

⑨Flip Selection：将元件封装由顶层翻转到底层，或由底层翻转到顶层。

6.3.4　排列元件封装

在制作印制电路板的过程中，经常需要将元件封装排列整齐，而如果单纯用拖动来调整元件封装的位置有时达不到理想的效果。Protel DXP 软件提供了排列元件封装的命令"Tools\Interactive Placement"，如图 6.68 所示。也可以由实体工具箱中的排列工具箱选取对应的命令进行元件封装的排列（见图 6.69），其对应的工具箱中的图标在命令前面显示出来。在进行排列操作时，必须要先选择元件。

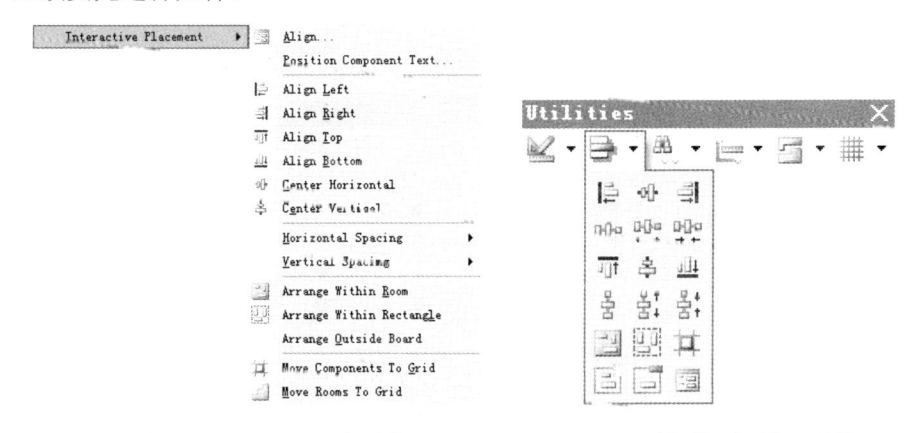

图 6.68　排列设计对象菜单　　图 6.69　排列设计对象工具箱

子菜单中的主要命令和功能介绍如下。

①Align…：选择该命令会弹出对齐元件对话框，该对话框列出了多种对齐方式，如图 6.70 所示。

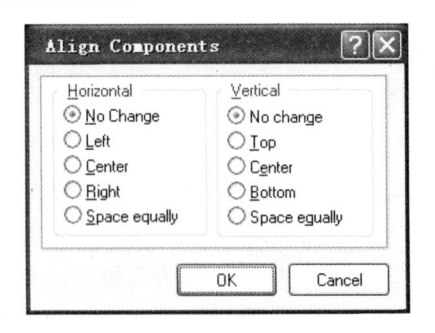

图 6.70 对齐元件对话框

水平方向（Horizontal）区域中的选项如下。

a. No Change：没有变化。

b. Left：将选中的元件向最左边的元件对齐。

c. Center：将选中的元件按元件的水平中心线对齐。

d. Right：将选中的元件向最右边的元件对齐。

e. Space equally：将选中的元件水平方向等间距排列。

垂直方向（Vertical）区域中的选项如下。

a. No Change：没有变化。

b. Top：将选中的元件向最上面的元件对齐。

c. Center：将选中的元件按元件的垂直中心线对齐。

d. Bottom：将选中的元件向最下面的元件对齐。

e. Space equally：将选中的元件按垂直方向等间距排列。

②Position Component Text：执行该命令后，系统弹出如图 6.71 所示的设置元件文本对话框，根据图中所示位置设定元件文本的位置。

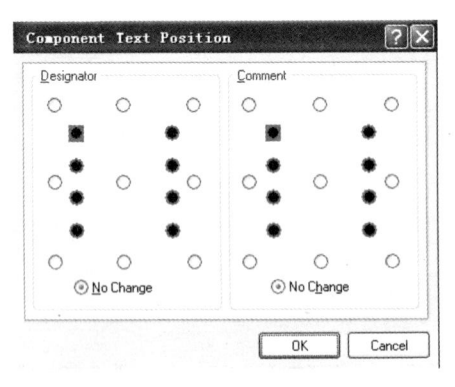

图 6.71 设置元件文本对话框

③Align Left：将选中的元件向最左边的元件对齐。

④Align Right：将选中的元件向最右边的元件对齐。

⑤Align Top：将选中的元件向最上面的元件对齐。

⑥Align Bottom：将选中的元件向最下面的元件对齐。

⑦Center Horizontal：将选中的元件按元件的水平中心线对齐。

⑧Center Vertical：将选中的元件按元件的垂直中心线对齐。

⑨Horizontal Spacing：水平方向空间距离调整，此菜单下有三个子菜单选项。

　a. Make Equal：将选中的元件水平方向等间距排列。

　b. Increase：将选中元件的水平方向间距增大。

　c. Decrease：将选中元件的水平方向间距减小。

⑩（Vertical Spacing：垂直方向空间距离调整，此菜单下有三个子菜单选项。

　a. Make Equal：将选中元件在垂直方向等间距排列。

　b. Increase：将选中元件在垂直方向的间距增大。

　c. Decrease：将选中元件在垂直方向的间距减小。

⑪Arrange Within Room：将选中的元件在元件屋内部排列。

⑫Arrange Within Rectangle：将选中的元件在一个矩形内部排列。

⑬Arrange Outside Board：将选中的元件在一个印制电路板的外部进行排列。

⑭Move Components To Grid：移动元件到栅格。

⑮Move Rooms To Grid：移动元件屋到栅格。

6.3.5　剪切、复制和粘贴元件

Protel DXP 软件中提供了元件的剪切、复制和粘贴等功能，这些命令均在"Edit"菜单中，如图 6.72 所示。在执行此菜单时需要首先选中要进行操作的设计对象。

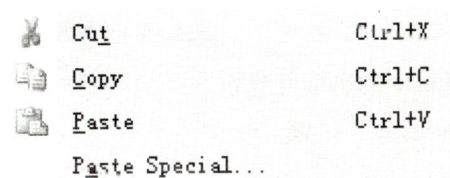

```
       Cut              Ctrl+X
       Copy             Ctrl+C
       Paste            Ctrl+V
       Paste Special...
```

图 6.72　剪切、复制和粘贴命令

①Cut：剪切。选中此命令，鼠标指针变为十字光标，在要进行剪切的设计对象上单击鼠标，则此设计对象直接移入剪贴板中，同时删除电路图上的被选元件。

②Copy：复制。选中此命令，鼠标指针变为十字光标，在要进行复制的设计对象上单击鼠标，则此设计对象作为副本放入剪贴板中。

③Paste：粘贴。选中此命令，鼠标指针变为十字光标，并且要复制的设计对象会浮动在光标上，在电路板上所需位置单击鼠标左键，即可将设计对象放置到电路当中。

这些命令也可以在主工具箱中通过对应的图标来选择，如图6.72中菜单前的图标所示。另外，菜单后的热键为系统提供的功能热键，可以实现剪切、复制和粘贴等的操作。

④Paste Special...：阵列式粘贴。

执行此命令后，系统弹出如图6.73所示的对话框，可以对进行阵列式粘贴还是一般粘贴进行选择，并对粘贴的选项进行设置。

粘贴的选项介绍如下。

a. Paste on current layer：在当前层进行粘贴。

b. Keep net name：粘贴时保持网络名称。

c. Duplicate designator：粘贴时复制元件序号。

d. Add to component class：将粘贴的元件归入同一类元件类。

设置好各选项之后，单击"Paste"按钮，执行粘贴；单击"Paste Array"按钮，执行阵列式粘贴，并弹出如图6.74所示的"Setup Paste Array"对话框。

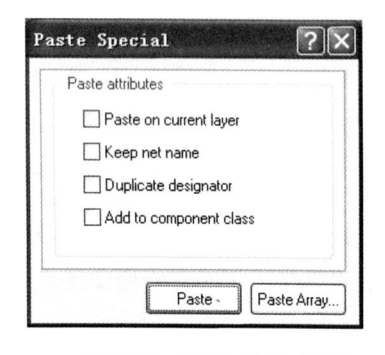

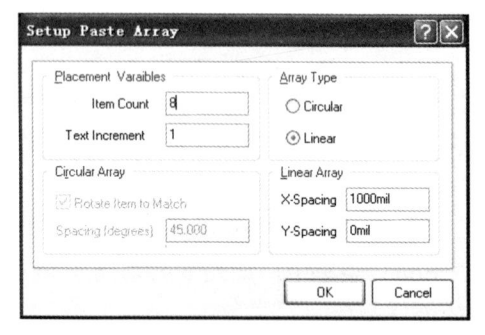

图6.73　阵列式粘贴对话框　　图6.74　设置阵列式粘贴对话框

图6.74所示对话框中的选项设置如下。

a. "Placement Variables"区域：

i. Item Count：要粘贴对象的个数；

ii. Text Increment：粘贴对象的序号增量。

b. "Array Type"区域：

i. Circular：圆形粘贴；

ii. Linear：线性粘贴。

c. "Circular Array" 区域：

i. Rotate Item to Match：圆形粘贴时，各对象随粘贴角度旋转；

ii. Spacing（degrees）：圆形粘贴时，各对象之间的角度。

d. "Linear Array" 区域：

i. X-Spacing：线性粘贴时，各对象水平方向的间距；

ii. Y-Spacing：线性粘贴时，各对象垂直方向的间距。

6.3.6 删除元件

Protel DXP 系统提供了以下几个删除元件的命令，各命令的用法介绍如下。

① "Edit\Clear" 命令：清除已选择的设计对象。使用此命令必须先选中设计对象，选中的设计对象会被全部删除。此菜单对应的热键为 "Delete"。

② "Edit\Delete" 命令：删除设计对象。选择命令，鼠标指针变为十字光标，此时在设计对象上单击鼠标左键，即可删除要删除的设计对象。

6.4 知识点总结——元件手工布局

元件放置完毕后，应当从机械结构、散热、电磁干扰及布线的方便性等方面综合考虑元件布局，可以通过移动、旋转等方式调整元件的位置。

元件的手工布局操作可以利用 6.3 节中电路板的编辑来对设计对象进行调整。

1. 旋转元件方向

用鼠标选中元件，按住鼠标左键不放，同时按 "X" 键进行水平翻转；按 "Y" 键进行垂直翻转；按 "Space（空格）" 键进行四个方位的 90°旋转。

2. 元件标注的调整

元件的标注如果过于杂乱，虽然不影响电路的正确性，但是电路的可读性差，在电路装配或维修时不宜识别元件，所以布局结束后还必须对元件标注进行调整。

元件标注调整采用移动和旋转的方式进行，与元件操作相似，修改标注内容可直接双击该标注文字，在弹出的对话框中进行修改。一般要求标注文字排列整齐，文字方向一致，不能将元件的标注文字放在元件的框内或者压在焊盘上或过孔上。

3. 3D 显示布局图

布局调整结束后，执行"View\Board in 3D"命令，显示元件布局的 3D 视图，观察元件布局是否合理。

6.5 知识点总结——元件手工布线

布线受布局、板层、电路结构、电气特性等多种因素影响，布线结果直接影响电路板的性能。布线时要综合考虑各种因素，才能设计出高质量的电路板来。

1. 线长

铜膜线应该尽可能短，铜膜线的拐弯处应为圆角或斜角，而直角或尖角在高频电路和布线密度高的情况下会影响电气性能。当双面板布线时，两面的导线应该相互垂直、斜交或弯曲走线，避免相互平行，以减少寄生耦合。

2. 线宽

铜膜线的宽度应以能满足电气性能要求又便于生产为准则，它的最小值取决于它的电流，但是一般不宜小于 0.2mm。当电路板的面积足够大时，铜膜线宽度和间距最好选择 0.3mm。一般情况下，1~1.5mm 的线宽，允许流过 2A 的电流。

3. 间距

相邻铜膜线之间的间距应该满足电气安全要求，同时为了便于生产，间距应该越宽越好。最小间距至少能够承受所加电压的峰值。在布线密度低的情况下，间距应该尽可能大。

4. 屏蔽与接地

铜膜线的公共地线，应该尽可能放在电路板的边缘部分。在电路板上应该尽可能多地保留铜箔做地线，这样可以使屏蔽能力增强。另外地线的形状最好做成环路或网格状。多层电路板由于采用内层做电源和地线专用层，因而可以起到更好的屏蔽效果。

第 7 章　自动布线绘制电路板

对于比较有经验的电路板设计者来说，利用人工布线制作电路板是比较容易的，但毕竟经验的积累需要较长时间，所以，对于初学者来说，单纯地利用人工布线放置设计对象、连接设计对象的各个焊盘并不是一件很容易的事情。因此，Protel DXP 软件提供了一种比较方便的电路板制作方法，即自动布线设计电路板图。本章主要介绍利用 Protel DXP 软件提供的工具设计电路板图的方法，其中包括调入网络表、元件的自动布局和自动布线，以及必要的设计规则的设置。通过本章的学习，即使刚开始接触电路板制作的设计者也会比较容易地绘制出较满意的电路板。

7.1　自动布线设计电路板案例分析

7.1.1　案例介绍及知识要点

以第 3 章中图 3.1 所示放大电路与第 6 章中利用向导定义的电路板图为例，制作放大电路的印制电路板文件。

要求：①制作双面电路板；②布线间距为 20mil；③整板布线宽度为 20mil；④电源地线的布线宽度为 50mil。

知识点

①掌握元件自动布局和手工调整的方法。
②掌握电路板自动布线后的调整方法。
③了解电路板设计规则和生成元件报表的方法。

7.1.2　操作步骤

1. 调入网络表

①打开利用向导创建的双面电路板，选择"Design\Import Change From 放大电路.PRJPCB"命令，系统将弹出如图 7.1 所示的对话框。

②单击"Validate Changes"按钮,检查所有更新信息是否有效,更新信息是否有效将在"Check"列中给出提示,如图 7.2 所示。

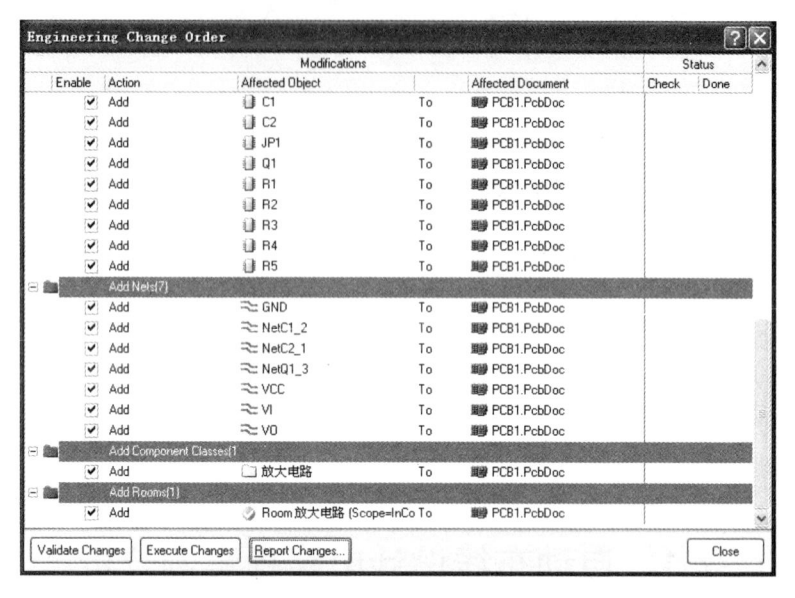

图 7.1 调入网络表对话框

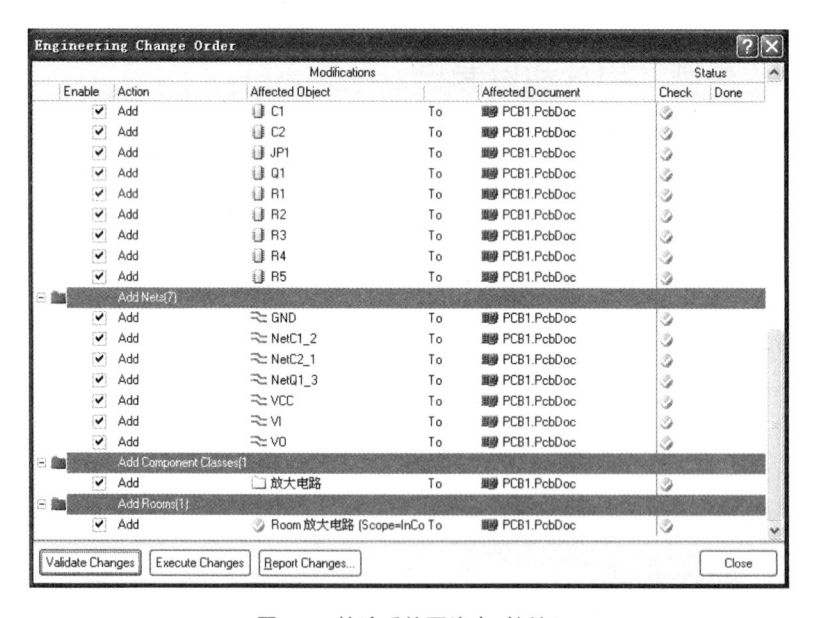

图 7.2 检验后的网络表对话框

③再单击"Execute Changes"按钮,执行系统更新操作。执行之后,会在"Done"列中显示是否已经更新。执行更新后的网络表对话框如图 7.3 所示。

④所有信息更新修改正确后,单击"Execute Changes"按钮。全部执行完毕后,单击"Close"按钮关闭此对话框,返回电路板设计环境,此时,系统已经更新了印制电路板文件,添加了原理图中的元件和元件之间的连接关系。执行操作后的印制电路板文件如图 7.4 所示。

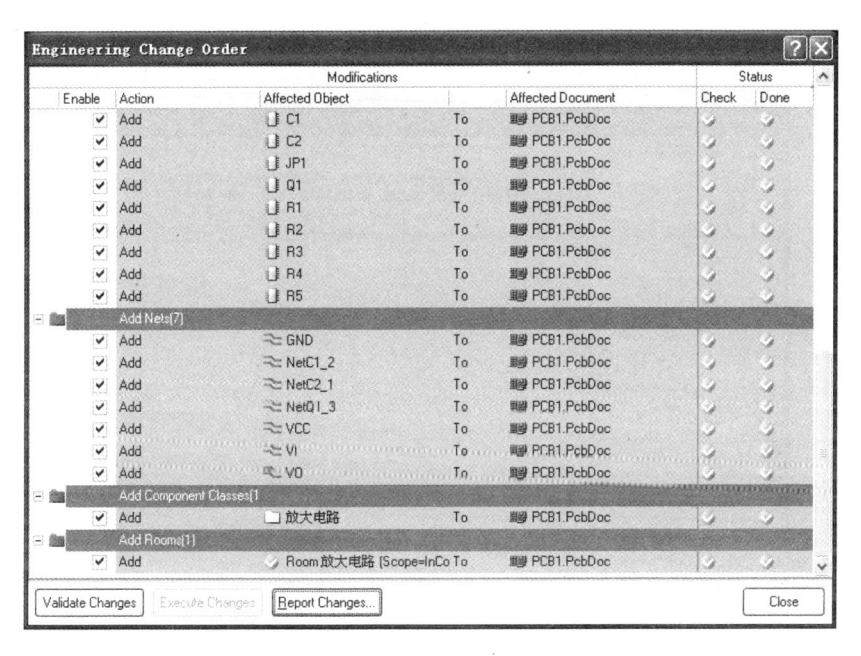

图 7.3 执行网络表信息后的对话框

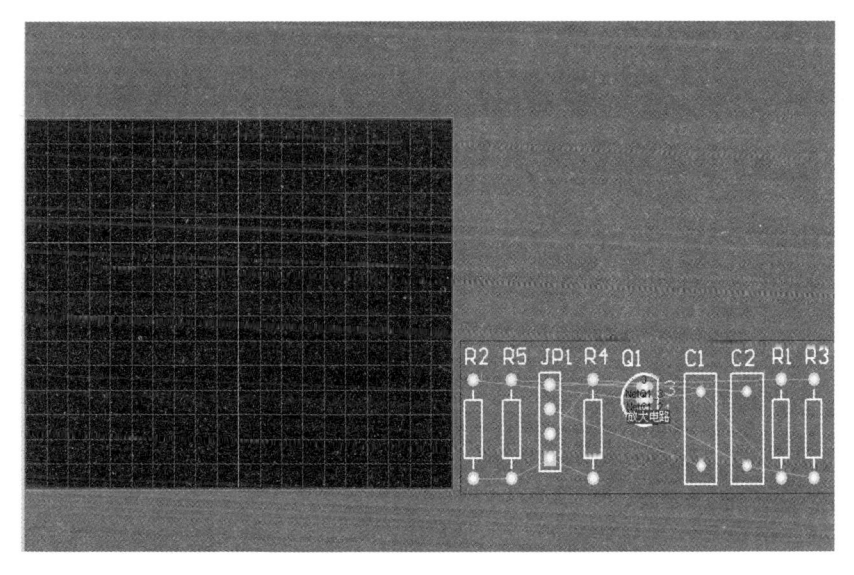

图 7.4 调入网络表后的印制电路板文件

2. 自动布局

载入网络表之后，执行"Tools\Auto Placement\Auto Placer…"命令，即可弹出如图 7.5 所示的"Auto Place（自动布局）"对话框。在此对话框中可以选择集群布置方式"Cluster Placer"，并选中元件快速布局"Quick Component Placement"选项。执行此命令后电路板如图 7.6 所示。

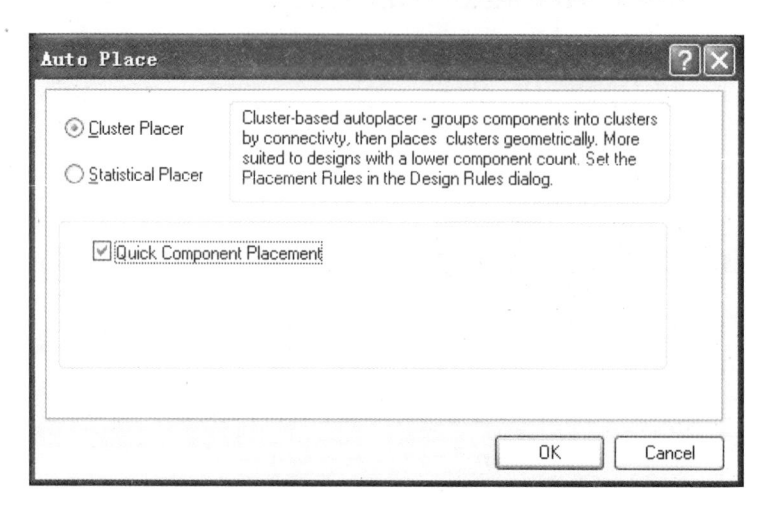

图 7.5 "Auto Place"对话框

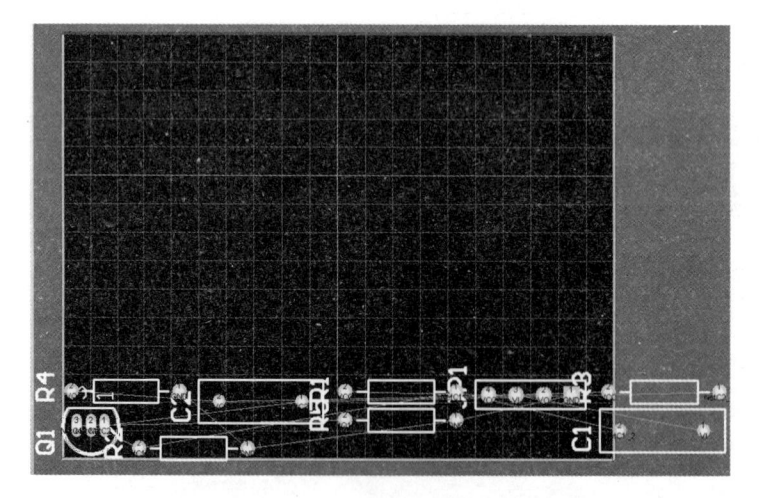

图 7.6 自动布局后的印制电路板

3. 手工调整布局

自动布局得到的结果是不符合实际制作电路板的要求的，利用第 6.3 节的内容来对电路板进行手动布局。将放大电路的元件重新进行布局之后，电路板如图 7.7 所示。

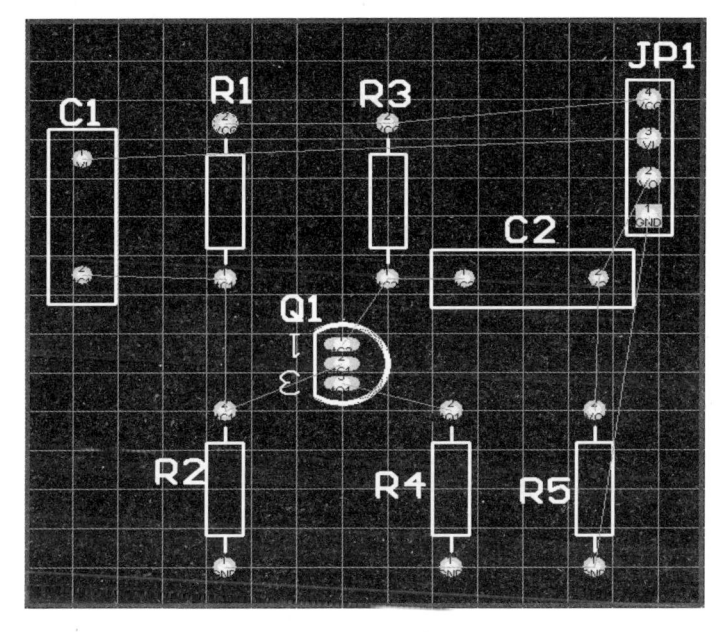

图 7.7 人工布局后的电路板文件

4. 设置设计规则

执行"Design\Rules"命令，系统弹出如图 7.8 所示的"PCB Rules and Constraints Editor"对话框，在此对话框中可以设置布线间距、布线宽度等设计规则的参数。

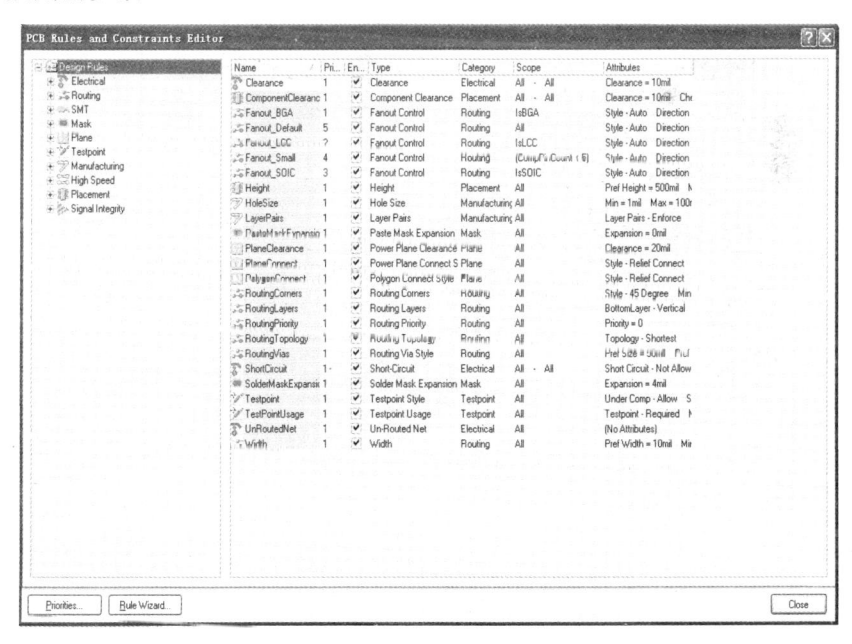

图 7.8 设计规则设置对话框

（1）布线间距

在设计规则（Design Rules）的设置选项中，依次展开"Electrical"和"Clearance"项，单击"Clearance"，弹出如图 7.9 所示的对话框。在"Minimum Clearance"后的"10mil"上单击鼠标，输入间距值"20mil"即可。

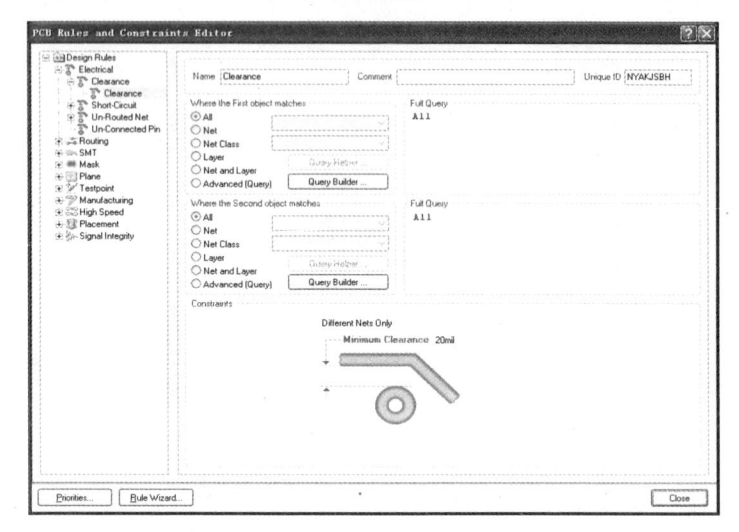

图 7.9　布线间距设置对话框

（2）布线宽度

在设计规则的设置选项中，依次展开"Routing"和"Width"，单击"Width"可弹出如图 7.10 所示的对话框，对布线宽度进行设定。

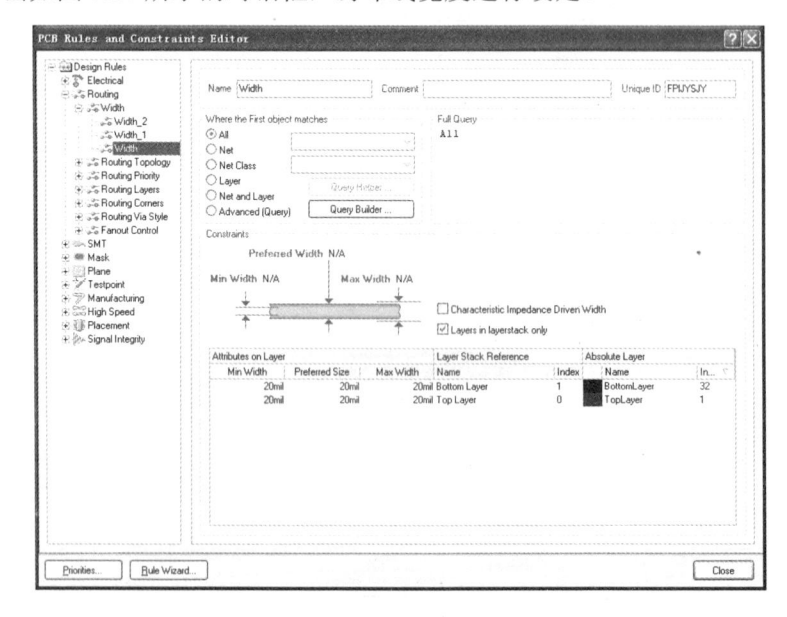

图 7.10　铜膜线宽度设置对话框

①在"Constraints"区域中,将"Min Width""Preferred Size"和"Max Width"设置为"20mil"。

②添加的地线规则。在左侧"Width"上右击,在弹出的快捷菜单中选择"New Rule"命令,在"Name"文本框中输入"GND",在"Where the First object matches"选项组中选择 Net 单选按钮,在右侧的列表框中选择"GND"。将"Min Width""Preferred Size"和"Max Width"设置为"50mil"。

用同样的操作方法设置电源线规则,设置好的设计规则对话框如图 7.11 所示。

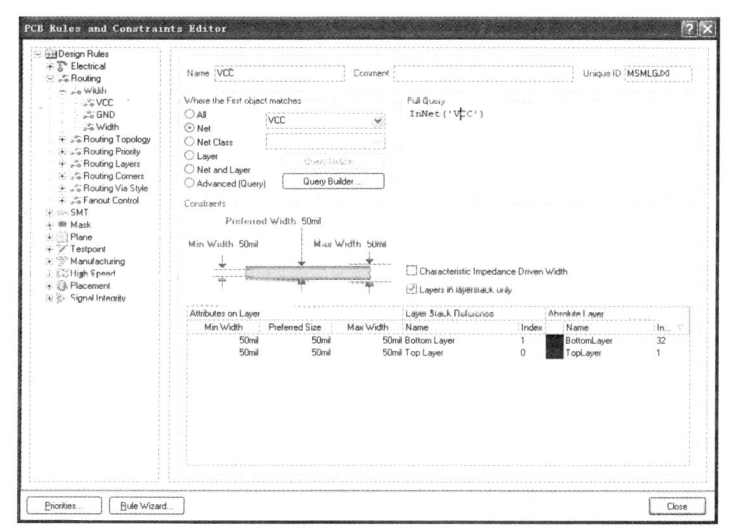

图 7.11 设置布线宽度后的设计规则对话框

5. 自动布线

①执行"Auto Route\All"命令,打开如图 7.12 所示的"Situs Routing Strategies"对话框。

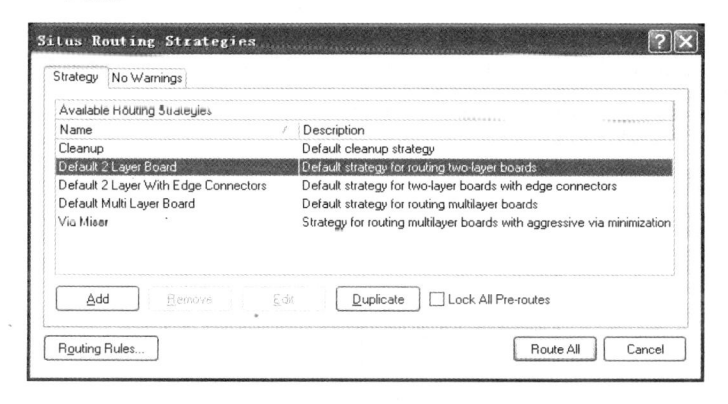

图 7.12 自动布线设置对话框

②单击"Route All"按钮，即可对电路板上的所有连接进行布线，布线结束之后，系统将弹出如图 7.13 所示的"Messages"对话框，在此对话框中可以了解布线完成的情况。完成后的原理图如图 7.14 所示。

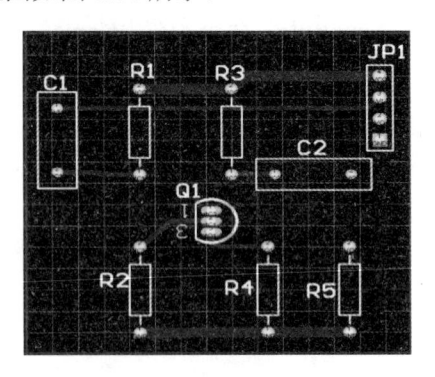

图 7.13　完成布线的"Messages"对话框　　　图 7.14　完成布线后的原理图

7.2　知识点总结——调入网络表

网络与元件的调入过程实际上是将原理图设计的数据装入印制电路板的过程，即将在原理图中生成的网络表调入印制电路板的过程。

7.2.1　编译设计项目

在装入原理图的网络与元件之前，设计人员应该先编译设计项目，根据编译信息检查项目的原理图是否存在错误，如果有错误，应及时修正，否则装入网络和元件到印制电路板时会产生错误，而导致装载失败。需要特别注意的是：建立的印制电路板文件必须包含在项目文件中，与原理图文件同属一个项目文件。

7.2.2　装入网络与元件

打开利用向导创建的双面电路板，选择"Design\Import Change From 放大电路.PRJPCB"命令，系统将弹出如图 7.1 所示的对话框。

此对话框包含从原理图文件到印制电路板文件的更新内容，介绍如下。

①Enable：此列的复选框用来显示是否执行此项改变。系统默认为选中状态。

②Action：此列用来显示可执行的操作，例如，Add、Remove 等操作。

③Affected Object：此列用来显示执行此项操作的对象。

④Affected Document：此列用来显示执行此项操作的文件名称。

⑤Check：此列显示是否可以执行此更新内容，正确则显示""，可以执行；错误则显示""，必须要重新进行更改之后再进行更新。

⑥Done：此列显示是否已执行此项更新操作。

⑦"Validate Changes"按钮：单击此按钮检查所有更新信息是否有效，更新信息是否有效将在"Check"列中给出提示，如图7.2所示。

⑧"Execute Changes"按钮：单击此按钮执行系统更新操作。执行之后，在"Done"列中会显示是否已经更新。很多时候，在单击"Validate Changes"按钮检查时显示错误的更新，在执行时可能会变为正确的。执行更新后的网络表对话框如图7.3所示。

⑨"Report Changes"按钮：单击此按钮可将更新内容制成报表信息，可以对此次更新进行存储，如图7.15所示。

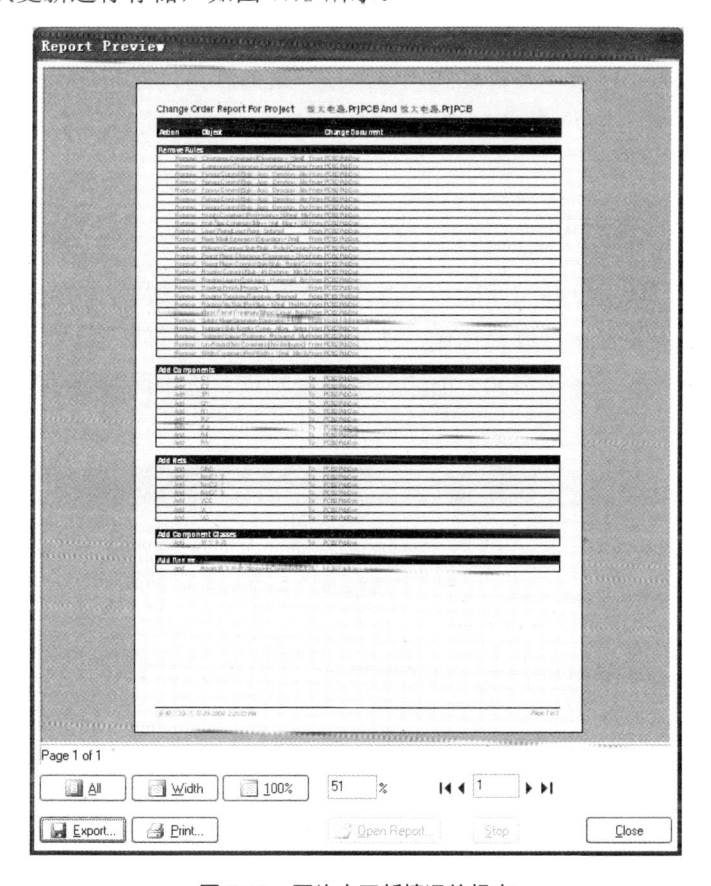

图 7.15 网络表更新情况的报表

所有信息更新修改正确后，单击"Execute Changes"按钮。全部执行完毕后，单击"Close"按钮关闭此对话框，返回电路板设计环境，此时系统已经更新了 PCB 文件，添加了原理图中的元件和元件之间的连接关系。

7.3　知识点总结——元件的布局

载入网络表之后，元件封装都在定义的电路板的边框之外，因此必须要将元件封装放入电路板的边框之内，这就是元件布局。Protel DXP 软件提供了元件自动布局的功能，可以自动将元件放入电路板的边框之内。

执行"Tools\Auto Placement\Auto Placer…"命令，即可弹出如图 7.5 所示的"Auto Place"对话框。在此对话框中可以选择两种自动布局的方式。

1. 集群布置方式

集群布置（Cluster Placer）方式这种布局方式将元件基于它们的连通属性分为不同的元件束，并将这些元件束按一定的几何位置布局，适用于元件数量较少（少于 100）的印制电路板制作。选中此单选项时，对话框如图 7.5 所示。

2. 统计布置方式

统计布置（Statistical Placer）方式这种布局方式使用一种统计算法来放置元件，以便使连接长度最优化，使元件间用最短的导线来连接，比较适用于元件数量较多（多于 100）的印制电路板制作。选中此单选项时，对话框如图 7.16 所示。

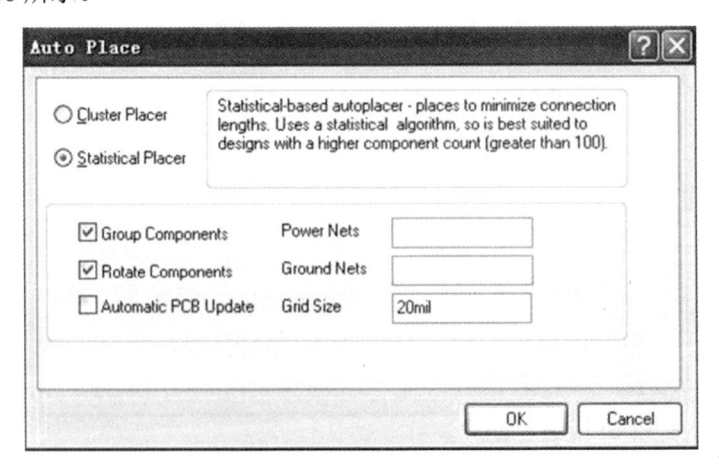

图 7.16　统计布置方式对话框

①Group Components：此复选框用于设置是否将在当前网络中连接密切的元件归为一组，在排列时将该组的元件作为群体而不是个体来考虑。

②Rotate Components：选中该复选框时，将根据当前网络连接与排列的需要，使元件重组转向；若不选用该项，则元件将按原始位置布置，不进行元件的旋转。

③Automatic PCB Update：此复选框用于设置是否自动更新印制电路板的网络和元件信息。

④Power Nets：此文本框用来定义电源网络名称。

⑤Ground Nets：此文本框用来定义接地网络名称。

⑥Grid Size：此文本框用来设置元件自动布局时的栅格间距的大小，选择所需要的布局方式，单击"OK"按钮确定，系统将对印制电路板中的元件进行自动布局。

Protcl DXP 软件虽然提供了自动布局的功能，但是在大多数情况下，自动布局得到的结果是不符合实际制作电路板的要求的。因此，可以利用第 6 章中电路板的编辑来对电路板进行手动布局。

7.4　知识点总结——电路板的设计规则设置

Protel DXP 软件没有设置默认的设计规则，如果不进行设计规则的设置是无法进行电路板的自动布线的，所以要先对电路板布线提出某些要求，然后按照这些要求来预置布线设计规则。布线设计规则的设定是否合理将直接影响布线的质量和成功率。设置完布线规则后，系统将依据这些规则进行自动布线。

在印制电路板编辑环境下，执行"Design\Rules"命令，系统弹出如图 7.8 所示的"PCB Rules and Constraints Editor"对话框，在此对话框中可以设置布线宽度、布线板层、布线间距等设计规则的参数。其中有一些参数设置中的某些选项意义相同，介绍时仅介绍一遍。

7.4.1　设计规则工作界面介绍

在设计规则的设置选项中，包含了常用的设计规则，其中包括 Clearance、Component Clearance、LayerPairs、Width 等。双击除名称外的任意位置，可以进入设计规则的设置对话框，对此设计规则进行参数设置。

这些设计规则可分为十类，列举如下。

①Electrical：电气特性的设置。

②Routing：布线规则的设置。

③SMT：表面贴装式元件特性的设置。

④Mask：掩膜层规则的设置。

⑤Plane：电源地线层和过孔或焊盘连接规则的设置。

⑥Testpoint：测试点规则的设置。

⑦Manufacturing：印制电路板制造规则的设置。

⑧High Speed：高速规则的设置。

⑨Placement：布局规则的设置。

⑩Signal Integrity：信号完整性分析规则的设置。

单击每类规则，对话框的右侧都可以显示出此类规则下面包含的设计规则。在对话框右侧的界面中可以显示规则的几个重要属性。

a. Name：设计名称。

b. Priority：优先级。

c. Enabled：执行此设计规则。

d. Type：设计规则类型。

e. Category：所在设计规则类。

f. Scope：设计规则作用域。

g. Attributes：设计规则参数定义。

设计规则的作用域定义了规则的应用范围，对同一个对象可以定义多个规则，可以针对整个印制电路板，也可以针对某个网络或某个元件，设定后，规则系统会按一定的层次结构和优先级排列设定，优先级别最高的规则被优先采用。Protel DXP 软件提供的作用域有如下几种。

①All：整板，印制电路板上的所有对象，优先级别最低。

②Net：网络，网络中的所有对象。

③Net Class：网络类，网络类中的所有对象。

④Layer：板层，某板层上的所有对象。

⑤Net and Layer：某一层上某一网络中的所有对象。

⑥Advanced（Query）：使用"Query Builder"，建立应用对象表达式，表明规则应用范围。

在印制电路板的设计制作过程中，布线的设计规则是自动布线的重要参数，因此，接下来着重介绍在常用的双面板中设计规则的设置。

7.4.2 电气特性的设置

电气特性（Electrical）的规则有 4 种，如图 7.17 所示，用来设置有关电气方面的规则，主要作为 DRC 校验的依据。当布线过程中出现违反电气规则的设定值时，DRC 校验将会提出报警。

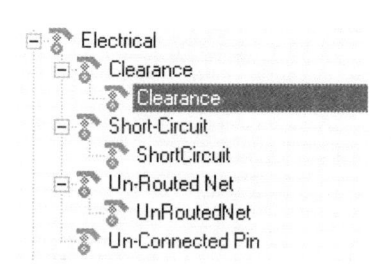

图 7.17 电气特性规则

1. 布线间距

布线间距（Clearance）即定义铜膜线、过孔和焊盘不同网络之间的最小安全间距。单击"Clearance"，会弹出如图 7.9 所示的对话框。默认存在一个布线间距规则，其默认设置如下。

第一设计对象范围：整板。

第二设计对象范围：整板。

两两设计对象之间的间距：10mil。

一般应用中选择默认值即可。在此对话框中也可以对该设计规则进行修改，即选择所需的设计规则作用域，在"Constraints"中也提供了三种不同的规则参数。

①Different Nets Only：规则只针对不同的网络。

②Same Net Only：规则只针对相同的网络。

③Any Net：规则针对所有网络。

一般选择默认的"Different Nets Only"。

若要更改布线间距的值，在"Minimum Clearance"后的"10mil"上单击鼠标，输入要修改的间距值即可。

2. 短路规则

短路（Short-Circuit）规则设置两个物体之间的连接关系。单击"Short Circuit"会弹出如图 7.18 所示的对话框，图示为默认的短路规则，一般不属于同一网络不允许出现短路情况，即在"Constraint"中"Allow Short Circuit"选项处于未选中状态。

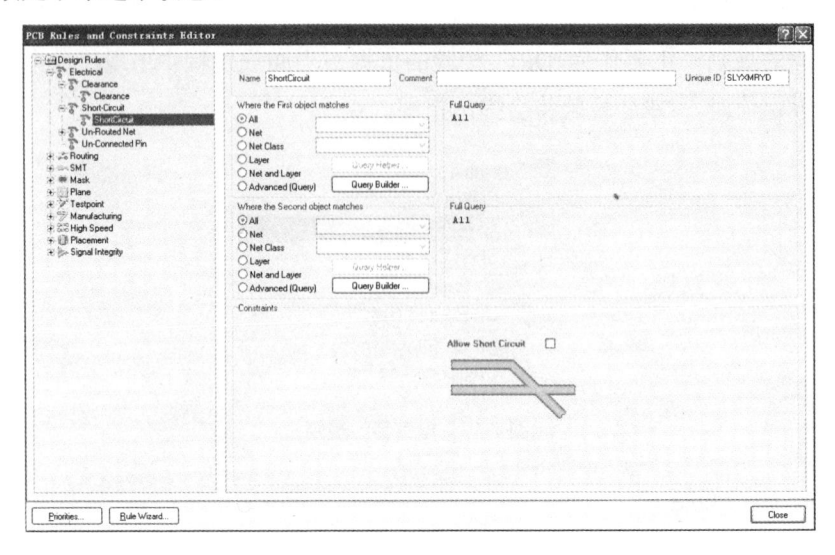

图 7.18　短路规则设置对话框

3. 未布线网络规则

未布线网络（Un-Route Net）规则设置同一网络连接之间的关系。不用进行"Constraint"的设置，但有对此规则作用域的设置，默认为整板。单击"Un-Routed Net"，可弹出如图 7.19 所示的对话框。此规则参数在布线时用不到，但在进行 DRC 校验时，若本规则设置的网络没有布线，将显示错误。

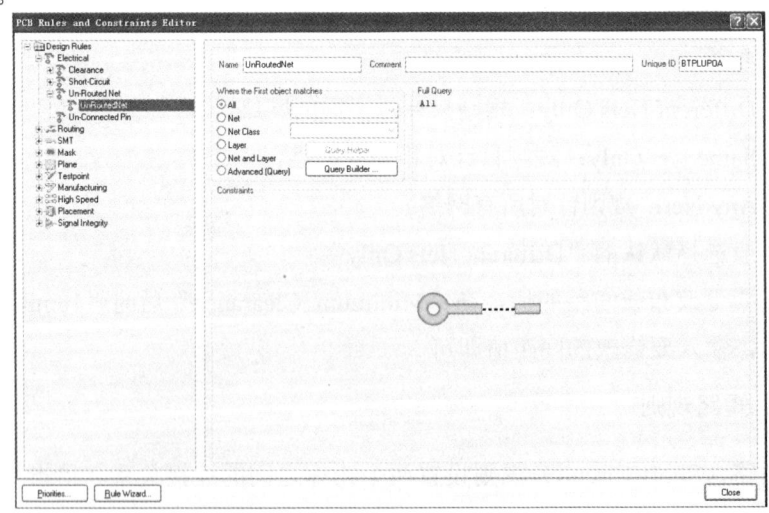

图 7.19　布线网络规则设置对话框

7.4.3 布线规则设置

布线（Routing）的规则有 7 种，如图 7.20 所示。布线规则主要用于设定自动布线过程中的布线规则，它是自动布线器布线的依据，布线规则设定得是否合理将直接关系到自动布线结果的好坏。

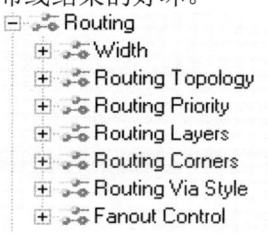

图 7.20 布线规则

1. 铜膜线宽度

铜膜线宽度（Width）用于定义布线时铜膜线的最大、最小和首选值。单击"Width"可弹出如图 7.10 所示的对话框，对布线宽度进行设定。

此设计规则的设置仅仅针对一个设计对象，默认设置为"All"。在"Constraint"中，可以设置各个参数。

①Min Width：导线的最小宽度，默认为 10mil。

②Preferred width：导线的首选宽度，默认为 10mil。

③Max Width：导线的最大宽度，默认为 10mil。

④"Characteristic Impedance Driven Width"选项：选中该复选框，将显示铜膜线的特性阻抗，即 Max Impedance、Preferred Impedance 和 Min Impedance。

⑤"Layers in layerstack only"选项：选中该复选框，将只显示堆栈图层中的电路板层，否则将显示所有的电路板层。

在设置参数时，Min Width、Preferred Size、Max Width 一般设置为同一值，以保证在布线时，铜膜线宽度一致。

在印制电路板的制作过程中，常常需要设置不同的铜膜线宽度，这就需要添加新的布线宽度的设计规则，添加的方法是在"Width"上右击，在弹出的如图 7.21 所示的快捷菜单中选择"New Rule（新建规则）"命令。

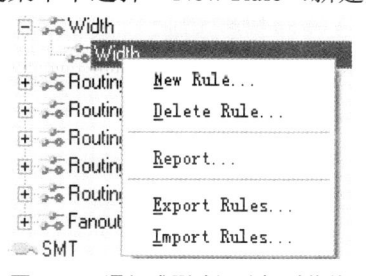

图 7.21 添加或删除设计规则菜单

新添加的铜膜线规则的默认设置与初始的默认设置相同，在此以对地线的设置为例进行介绍。

a. Name：输入"GND"，给设计规则命名。

b. Where the First object matches：选择"Net"，在右边的下拉列表框中选择"GND"。

c. Min Width、Preferred Size、Max Width：设置为"20mil"。

设置好的设计规则对话框如图 7.22 所示。

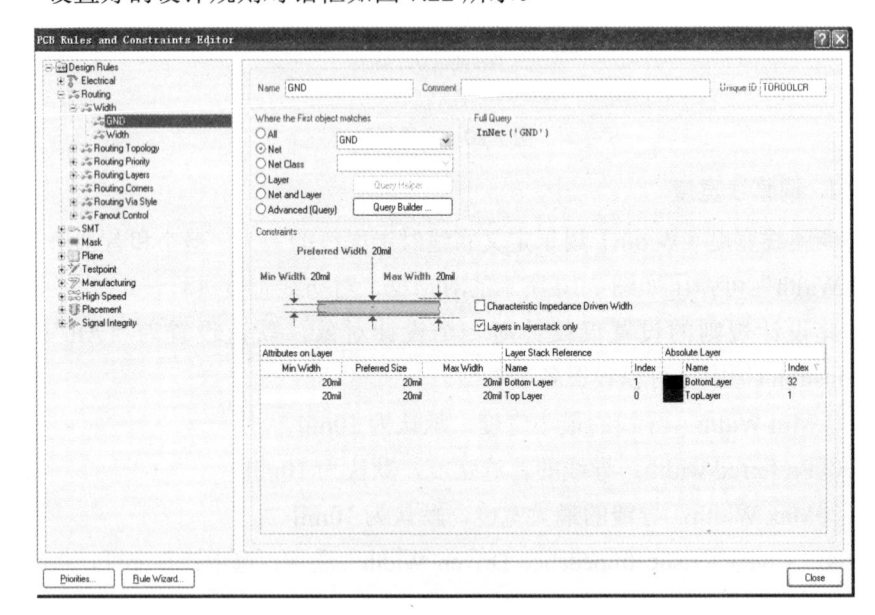

图 7.22　添加新规则后的设计规则对话框

在如图 7.21 所示的右键快捷菜单中，除了上面提到的"New Rule"命令外，还有如下几个命令。

①Delete Rule：删除设计规则。在要删除的设计规则上右击，在菜单中选择此命令，即可删除此设计规则。

②Report：生成布线宽度规则的报表。

③Export Rules：导出布线宽度规则。

④Import Rules：导入布线宽度规则。

添加导线宽度的设计规则之后，就需要考虑到设计规则优先级的问题，即对同一网络来说应该遵循哪一个规则进行布线的问题。单击"Width"出现如图 7.23 所示的对话框，此对话框中包括了所有与宽度有关的设计规则。

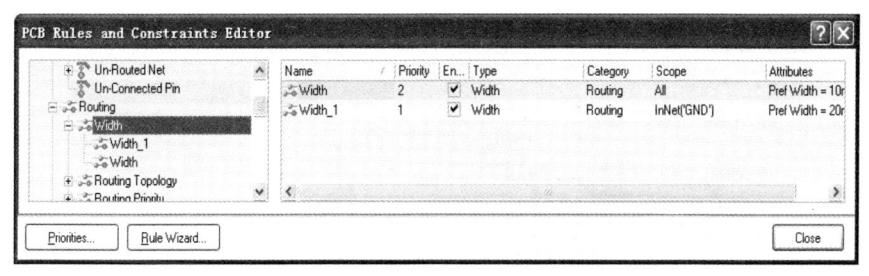

图 7.23 "Width"规则对话框

单击左下角的"Priorities（优先级）"按钮，弹出如图 7.24 所示的对话框。在此对话框中可以调整宽度规则的优先级。选中设计规则，单击左下角的"Increase Priority"按钮可以提高该设计规则的优先级，单击"Decrease Priority"按钮可以降低该设计规则的优先级。

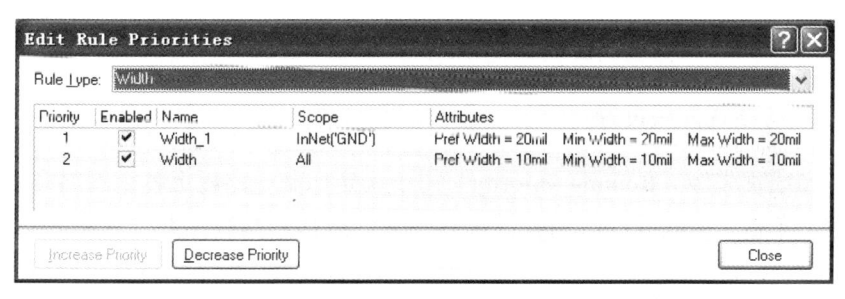

图 7.24 优先级设置对话框

导线宽度设计规则的优先级设置同样适用于其他类的设计规则。

2. 布线拓扑规则

布线拓扑规则（Routing Topology）决定了两点之间导线的布局结构，默认如图 7.25 所示，拓扑规则为"Shortest（最短）"。Protel DXP 软件提供了多种布线拓扑规则。

①Shortest：各点之间距离最短。

②Horizontal：各点之间的铜膜线以水平走向为主。

③Vertical：各点之间的铜膜线以垂直走向为主。

④Daisy-Simple：网络中的节点以简单的链状连接。

⑤Daisy-MidDriven：网络中的节点以某一节点为中心，向两面扩展成链状连接。

⑥Daisy-Balanced：网络中的节点以中间节点为中心，向两面平衡扩展成链状连接。

⑦StarBurst：网络中的节点以某节点为中心，向四面星状散开。

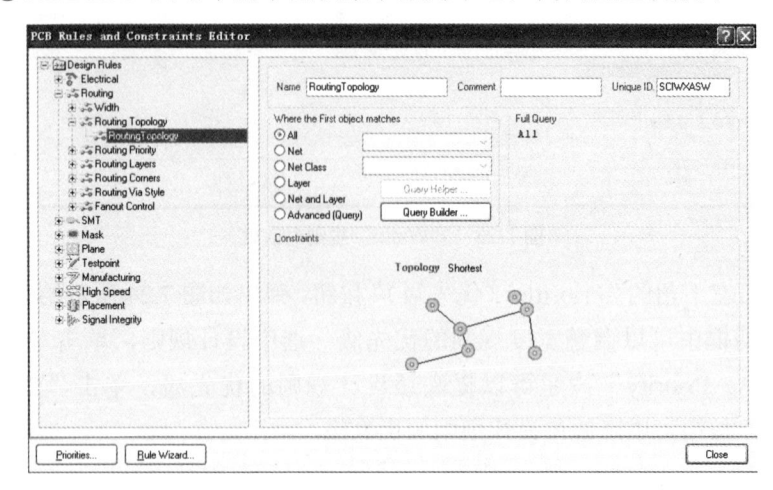

图 7.25 布线拓扑规则设置对话框

3. 布线优先级设置

布线优先级（Routing Priority）用于确定印制电路板上各个网络布线的顺序。单击"Routing Priority"，弹出如图 7.26 所示布线优先级设置对话框。在"Constraints"区域中可以设定网络的布线优先级。Protel DXP 软件提供了 0~100 级布线优先级，"0"表示优先级最低，"100"表示优先级最高。

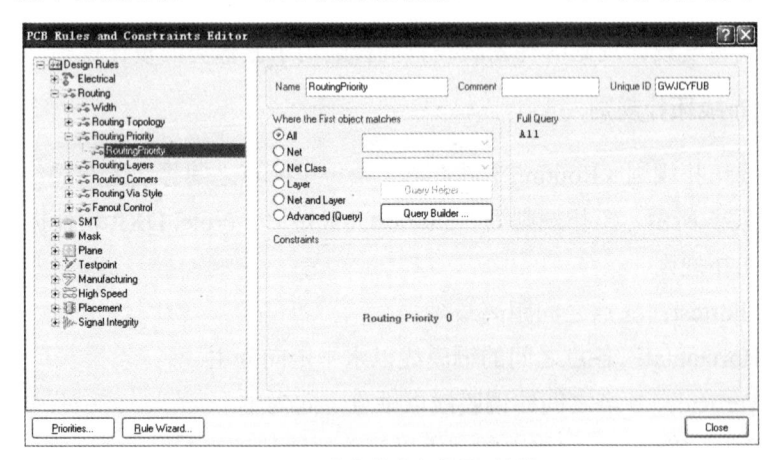

图 7.26 布线优先级设置对话框

4. 布线层设置

布线层（Routing Layers）设置用于设定印制电路板允许布线的板层及某信号层上铜膜线的大体走向。双面板允许顶层和底层走线，单面板只允许底层走线。单击"RoutingLayers"，会弹出如图 7.27 所示的布线层设置对话框。

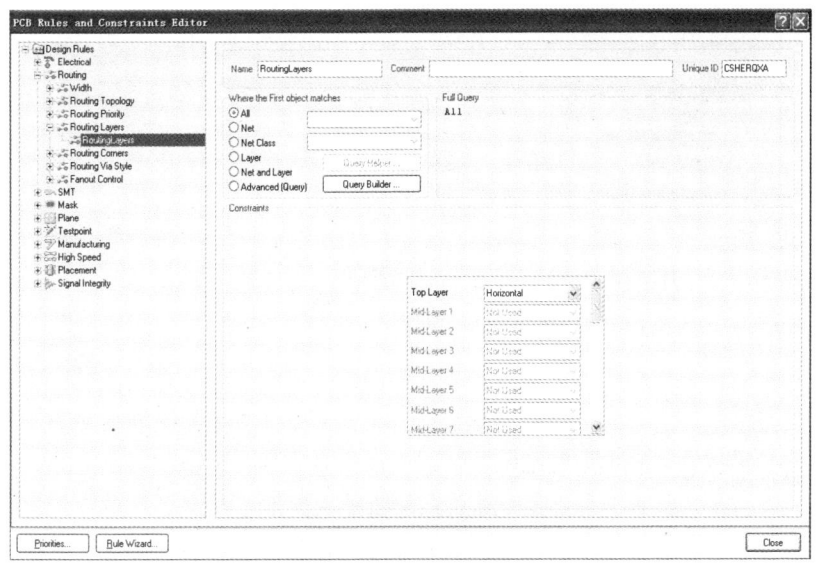

图 7.27 布线层设置对话框

在"Constraints"区域中可以设置布线的板层和走线方向,一般默认顶层为"Horizontal(水平)"走向,底层为"Vertical(垂直)"走向。在每层右侧下拉列表框中可以选择不同的铜膜线走向,各走线的方向说明如下。

①Not Used:该层不允许布线。

②Horizontal:铜膜线走向为水平方向。

③Vertical:铜膜线走向为垂直方向。

④Any:铜膜线走向为任意方向。

⑤1 O'Clock:铜膜线走向为 1 点钟方向。

⑥2 O'Clock:铜膜线走向为 2 点钟方向。

⑦3 O'Clock:铜膜线走向为 3 点钟方向。

⑧4 O'Clock:铜膜线走向为 4 点钟方向。

⑨5 O'Clock:铜膜线走向为 5 点钟方向。

⑩45 Up:铜膜线走向为 45°向上。

⑪45 Down:铜膜线走向为 45°向下。

⑫Fan Out:铜膜线走向为散开状。

5. 铜膜线拐角模式设置

铜膜线拐角模式(Routing Corners)用于设定印制电路板上铜膜线的拐角方式。单击"RoutingCorners",会弹出如图 7.28 所示的铜膜线拐角模式设置对话框。在"Constraints"区域中可以设置铜膜线的拐角方式及拐角尺寸范围。

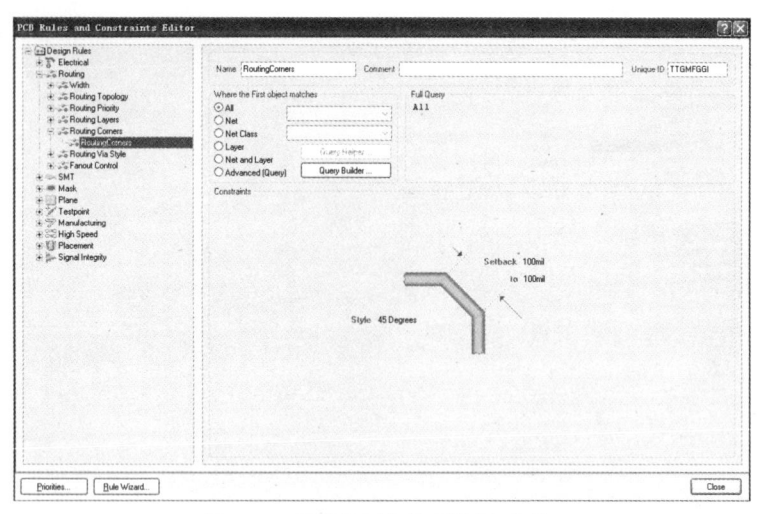

图 7.28　铜膜线拐角模式设置对话框

在"Style"右侧的下拉列表中可以选择不同的拐角方式，Protel DXP 软件提供了如下的拐角方式。

①45 Degrees：45°拐角方式。

②90 Degrees：90°拐角方式。

③Rounded：圆形拐角方式。

在"Setback"栏中可以设定铜膜线拐角尺寸的范围。

6. 过孔类型规则设置

过孔类型规则（Routing Vias Style）用于确定印制电路板板层上过孔的形式。单击"Routing Vias Style"，弹出如图 7.29 所示的过孔类型规则设置对话框。在"Constraints"区域中可以设定过孔的直径和钻孔直径。

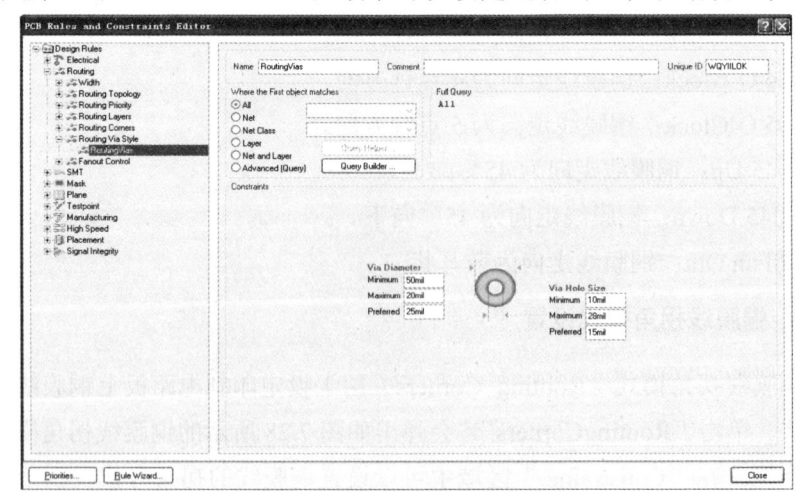

图 7.29　过孔类型规则设置对话框

①Via Diameter：过孔直径。有 3 种定义，"Minimum"为最小过孔直径；"Preferred"为首选过孔直径；"Maximum"为最大过孔直径。设置时一般把这三个值设为相同的值。

②Via Hole Size：钻孔直径。同样有 3 种定义，"Minimum"为最小钻孔直径；"Preferred"为首选钻孔直径；"Maximum"为最大钻孔直径。设置时一般把这三个值设为相同的值。

7. 导线散开方式设置

单击"Fanout Control"，弹出如图 7.30 所示的导线散开方式（Fanout Control）设置对话框。此项设计规则下的各选项的意义如下。

①Fanout_BGA：设置 BGA 封装的元器件的铜膜线散开方式。
②Fanout_LCC：设置 LCC 封装的元器件的铜膜线散开方式。
③Fanout_SOIC：设置 SOIC 封装的元器件的铜膜线散开方式。
④Fanout_Small：设置小外形封装的元器件的铜膜线散开方式。
⑤Fanout_Default：设置默认的铜膜线散开方式。

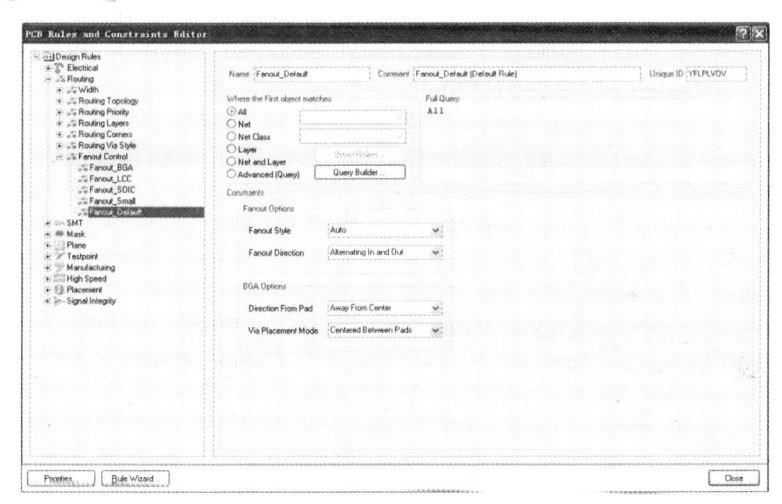

图 7.30 导线散开方式设置对话框

在此，仅介绍"Fan_Default"选项的设置。

a. "Fanout Options"选项组：

i. Fanout Style：散开形式；

ii. Fanout Direction：铜膜线散开方向。

b. "BGA Options"选项组

i. Direction From Pad：从焊盘散开的形式；

ii. Via Placement Mode：过孔的布置模式。

7.4.4 表贴式元件特性设置

默认的规则设置中没有表贴式元件（SMT）特性，若有需要，在要进行设置的规则上右击，在弹出的快捷菜单中选择"New Rule…"命令，即可添加对应的规则。再选中添加后的规则即可进行设置。

1. 表贴式元件焊盘引线长度设置

添加新的规则后，其对话框如图 7.31 所示。表贴式元件的焊盘之间的间距都很小，在布线时不允许在焊盘处直接拐弯，因此需要引出一段铜膜线才能拐弯。在"Constraints"区域中可以设定此距离，即"Distance"，需要注意的是，在对话框中一定要输入单位。

2. 表贴式元件焊盘和电源地线层连接设置

添加新的规则后，其对话框如图 7.32 所示。因为表贴式元件与电源地线层的连接只能依靠过孔连接，因此需要设置表贴式焊盘与连接内部电源层的过孔之间的引线长度。此处默认为"0mil"，即在焊盘上直接打一个盲孔连接到电源地线层，但在实际制作中一般不这样做，因此，可以将"Constraints"区域中的""Distance"设置为"20mil"。

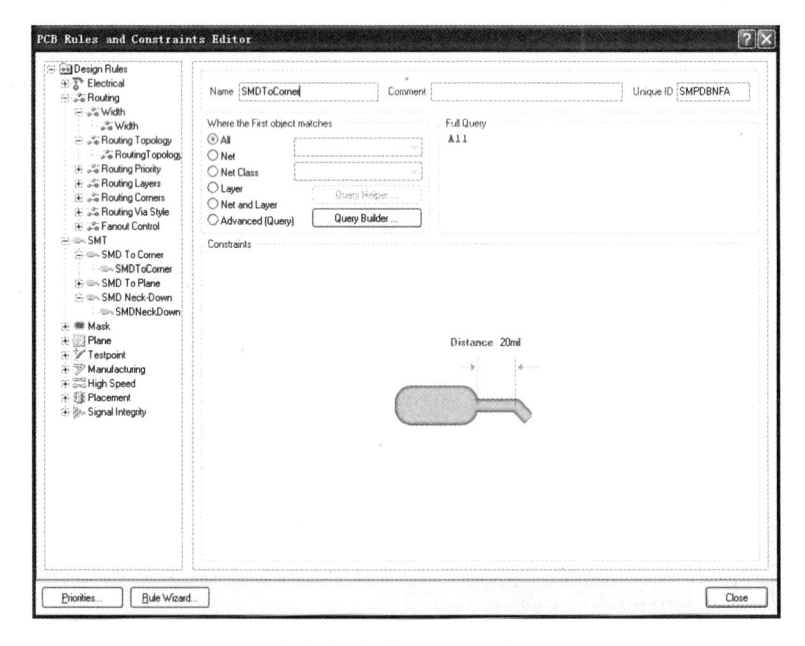

图 7.31 表贴式元件焊盘引线长度设置对话框

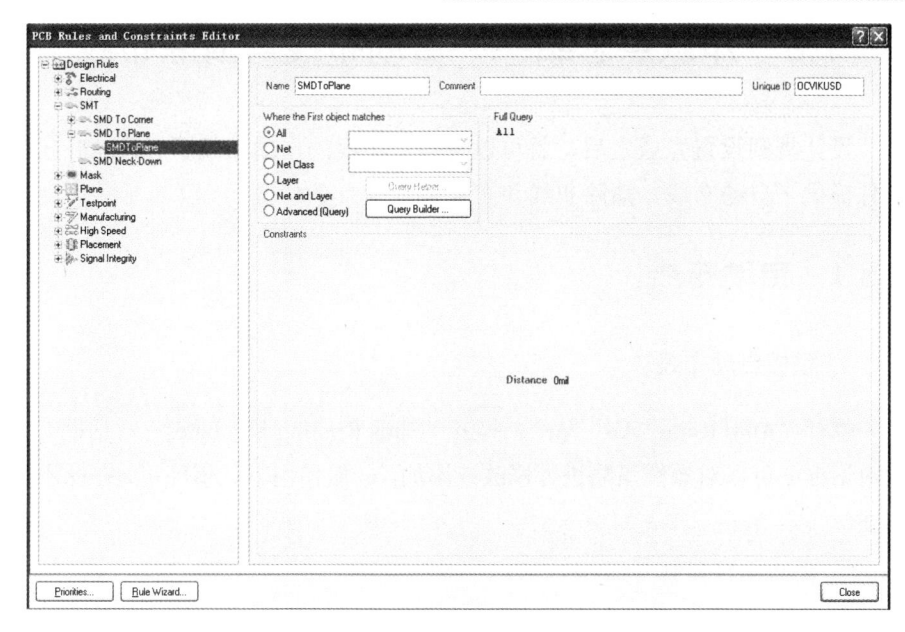

图 7.32 表贴式元件焊盘和电源地线层连接设置对话框

3. 表贴式元件焊盘引线宽度设置

添加新的规则后,其对话框如图 7.33 所示。由焊盘引出导线之后,需要设置铜膜线的宽度,系统根据表贴式元件焊盘的宽度来决定铜膜线的宽度,默认的设置为 50%,若铜膜线太细,容易断裂,可以设置为 70%。

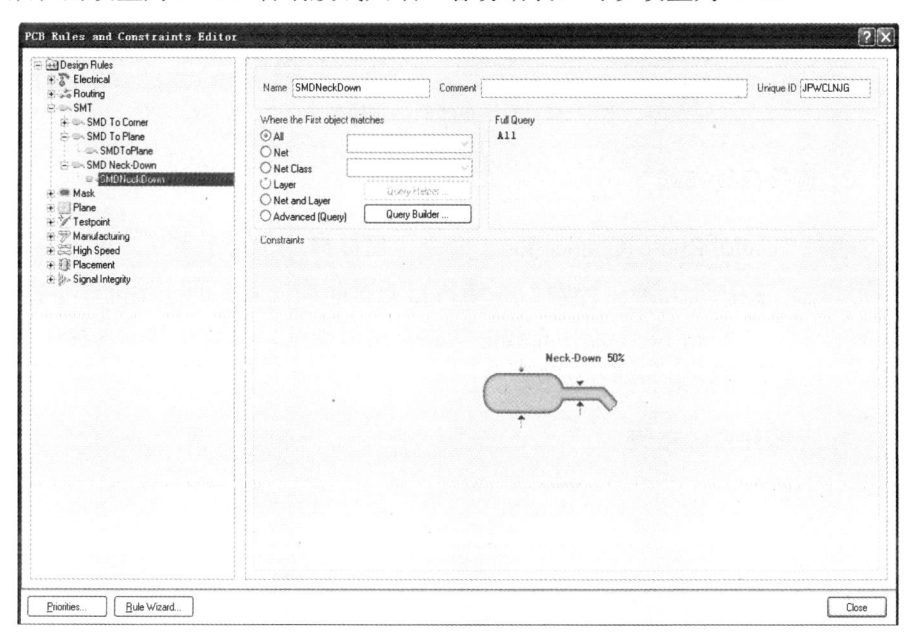

图 7.33 表贴式元件焊盘引线宽度设置对话框

7.5　知识点总结——自动布线与清除布线

设计规则设置完成之后，就可以进行电路板的自动布线了。Protel DXP 软件提供了自动布线、清除布线和布线设置等命令。

7.5.1　自动布线

1. 整板自动布线

执行"Auto Route\All"命令，打开"Situs Routing Strategies"对话框。在此对话框中可以对布线策略进行修改或添加，一般使用默认值即可，在此不再详述。

2. 网络自动布线

执行"Auto Route\Net"命令，鼠标指针变为十字状，单击要进行布线的网络中的任意一个焊盘，此时可能会弹出如图 7.34 所示的选择菜单，其中包括"Component""Pad"和"Connection"等选项，选择时要注意选择"Pad"，选择焊盘后，系统将自动对此焊盘所在网络进行布线。

```
Pad R3-1(3400mil,2780mil)  Multi-Layer
Connection (NetC2_1)
Connection (NetC2_1)
Small Component R3(3400mil,2980mil) on Top Layer
```

图 7.34　网络布线时的选择菜单

3. 连接自动布线

执行"Auto Route\Connection"命令，鼠标指针变为十字状，单击要进行布线的连接中的任意一个焊盘，系统将自动对此焊盘所在的连接进行布线，布线完毕后，系统仍处于连接布线的状态，可以继续单击要布线的连接中的焊盘，直到右击结束布线状态。

4. 元器件自动布线

执行"Auto Route\Component"命令，鼠标指针变为十字状，单击要进行布线的元件，系统将自动对此元件进行布线，此布线功能可以将与元件连接在一起的所有连接全部自动布线。

5. 区域自动布线

执行"Auto Route\Area"命令，鼠标指针变为十字状，在选定区域的一角单击，然后移动鼠标指针到区域的另一角单击，系统将对这一矩形区域中的元件进行自动布线。

6. 其他布线命令

在"Auto Route"菜单中，除了以上命令外还包括以下几个命令。

① Room：对某个元件屋的元件进行布线，一般系统中元件屋应用的较少，因此也较少用到这个命令。

② Setup：与"All"命令类似，对自动布线进行设置，只是对话框下面的"Auto Route"按钮变为"OK"按钮。单击"OK"按钮完成对自动布线的设置。

③ Stop：终止自动布线。

④ Reset：重新设置自动布线的参数。

⑤ Pause：暂停自动布线。

⑥ Restart：重新开始自动布线。

7.5.2 清除布线

布线完成之后，有些布线可能并不合适，因此需要对布线进行调整或撤销。

执行"Tools/Un-Route"菜单中的对应命令，可以清除相应的布线。

① All：清除整板布线。

② Net：清除网络布线。

③ Connection：清除连接布线。

④ Component：清除元件布线。

⑤ Room：清除元件屋中的元件布线。

> **注意**：在实际制作电路板时，利用自动布线对印制电路板进行布线并不能达到理想的布线效果，因此，大部分情况下是需要手动调整布线的。

7.6 有关电路板图的报表文件

7.6.1 电路板图的网络表文件

在第 3 章的学习中，我们已经知道可以由原理图生成网络表，以方便设计电路板图时的调用。但在电路板图制作完成之后，同样也可以由电路板图生成网络表。

生成网络表的方法为执行"Design\Netlist\Export Netlist From PCB"命令，执行此命令后系统可以生成该电路板图的网络表，并打开该网络表。以本章中的放大电路为例，生成的网络表为"Exported 放大电路.Net"，如下图 7.35 所示，可以发现，它和由原理图生成的网络表是相同的。

[	AXIAL-0.4		)
C1	40kΩ		(
RAD-0.3			VI
10μF		]	C1-1
		(	JP1-3
	]	GND	)
	[	R2-1	(
]	R2	R5-1	VO
[	AXIAL-0.4	R4-1	C2-2
C2	5.6kΩ	JP1-1	R4-2
RAD-0.3		)	JP1-2
20μF		(	)
		NetC1_2	
	]	R2-2	
	[	C1-2	
]	R3	Q1-2	
[	AXIAL-0.4	R1-1	
JP1	5.1kΩ	)	
HDR1X4		(	
Header 4		NetC2_1	
		Q1-1	
	]	C2-1	
	[	R3-1	

图 7.35 电路板图的网络表

]	R4	)
[	AXIAL-0.4	(
Q1	5.1kΩ	NetQ1_3
BCY-W3		R5-2
NPN		Q1-3
		)
	]	(
	[	VCC
]	R5	R1-2
[	AXIAL-0.4	JP1-4
R1	2kΩ	R3-2

图 7.35　电路板图的网络表（续）

7.6.2　元件报表

在电路板编辑环境下，执行"Reports\Bill of Materials"命令，将会弹出如图 7.36 所示的元件报表对话框。其中可以显示元件的各种属性，例如元件序号、元件参数、元件封装等，与原理图中的表格相同。

图 7.36　元件报表

7.6.3　简单元件报表

在电路板编辑器中还可以生成简单元件报表，它的内容不如 7.5 节中的元件报表丰富，但包含了基本常用的元件信息。执行命令"Reports\Simple BOM"，系统自动生成后缀为"*.BOM"和"*.CSV"两个文件，同时打开这两个文件。

以放大电路为例，生成的"放大电路.BOM"文件如图7.36所示。

```
放大电路.SchDoc  | 放大电路.PcbDoc  | 放大电路.BOM*  | 放大电路.CSV
Bill of Material for 放大电路.PcbDoc
On 2010-11-17 at 20:47:44

Comment         Pattern      Quantity    Components
------------------------------------------------------------
10μ F           RAD-0.3          1       C1              Capacitor
20μ F           RAD-0.3          1       C2              Capacitor
2kΩ             AXIAL-0.4        1       R4              Resistor
40kΩ            AXIAL-0.4        1       R1              Resistor
5.1kΩ           AXIAL-0.4        2       R3, R5          Resistor
5.6kΩ           AXIAL-0.4        1       R2              Resistor
Header 4        HDR1X4           1       JP1             Header, 4-Pin
NPN             BCY-W3           1       Q1              NPN Bipolar Transistor
```

图7.37 生成的"放大电路.BOM"文件

生成的"放大电路.CSV"文件如下图7.38所示。

```
放大电路.SchDoc  | 放大电路.PcbDoc  | 放大电路.BOM*  | 放大电路.CSV
"Bill of Material for 放大电路.PcbDoc"
"On 2010-11-17 at 20:47:45"

"Comment","Pattern","Quantity","Components"

"10μ F","RAD-0.3","1","C1","Capacitor"
"20μ F","RAD-0.3","1","C2","Capacitor"
"2kΩ ","AXIAL-0.4","1","R4","Resistor"
"40kΩ ","AXIAL-0.4","1","R1","Resistor"
"5.1kΩ ","AXIAL-0.4","2","R3, R5","Resistor"
"5.6kΩ ","AXIAL-0.4","1","R2","Resistor"
"Header 4","HDR1X4","1","JP1","Header, 4-Pin"
"NPN","BCY-W3","1","Q1","NPN Bipolar Transistor"
```

图7.38 生成的"放大电路.CSV"文件

第 8 章　元件封装图的绘制

在绘制电路板的过程中，最重要的设计对象就是元件封装。元件封装的存在及正确的表示是元件能够正确焊接在电路板上的必要条件，但是在实际画图的过程中会遇到在系统自带元件封装库中找不到所需元件封装的情况，此时就需要利用元件封装编辑器制作元件封装。

前面我们提到 Protel DXP 软件提供了集成元件库，在集成元件库中集成了元件封装库，但是在自己制作时为了方便可以直接制作元件封装库。制作元件封装的方法有两种：人工制作元件封装和利用向导制作元件封装。

8.1　绘制元件封装图案例分析

8.1.1　案例介绍及知识要点

绘制如图 8.1 所示贴片式元件封装 SO-G8。

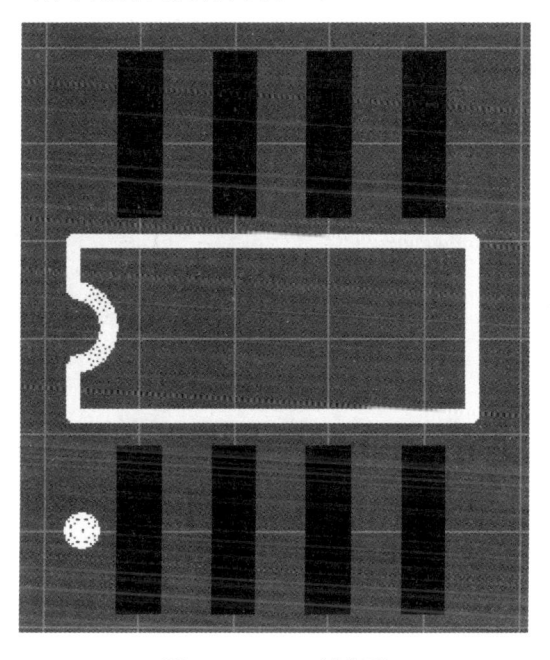

图 8.1　SO-G8 封装图

参数要求：焊盘尺寸为 2.2mm×0.6mm，形状为矩形；相邻焊盘之间的间距为 1.27mm；相对焊盘之间的间距为 5.2mm；焊盘所在层为顶层；线框的宽度为 0.2mm，长、宽分别为 5.08mm 和 2.286mm，所在层为顶层丝印层。

知识点

①掌握新建印制电路板封装库的方法。
②掌握元件封装库管理器的使用。
③掌握元件封装设计环境和管理器的使用方法。

8.1.2 操作步骤

1. 新建一个印制电路板封装库文件

执行"File\New\PCB Library"命令，即可启动元件封装编辑器，新建一个"PcbLib1.PcbLib"文件。或者在已存在的*.PRJPCB 项目文件管理器中右击，选择"Add New to Project\PCB Library"命令，来启动元件封装编辑器，如图 8.2 所示。

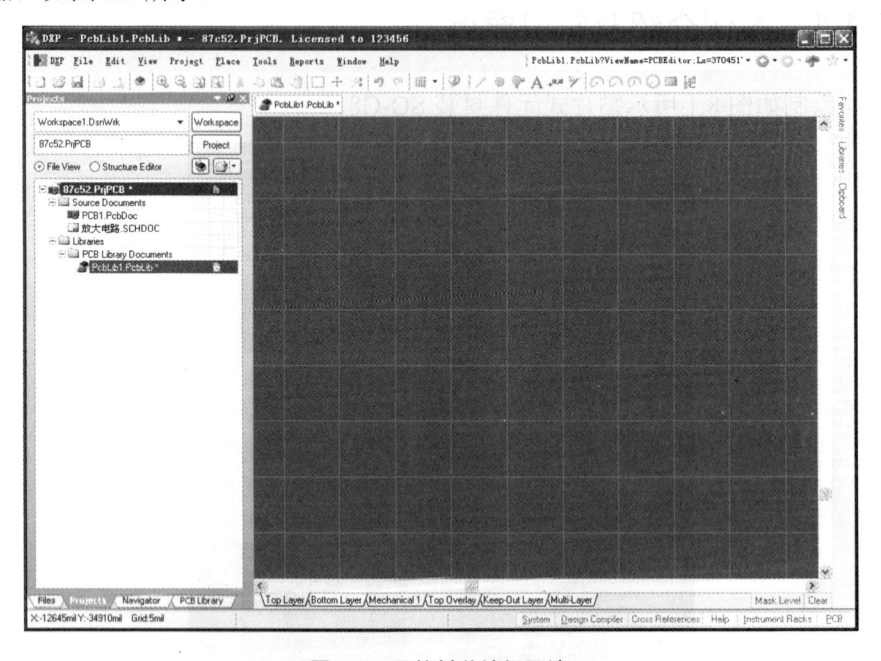

图 8.2　元件封装编辑环境

2. 保存元件封装库文件

单击"保存"按钮，将文件另存为"MyLib.PcbLib"文件，如图 8.3 所示。

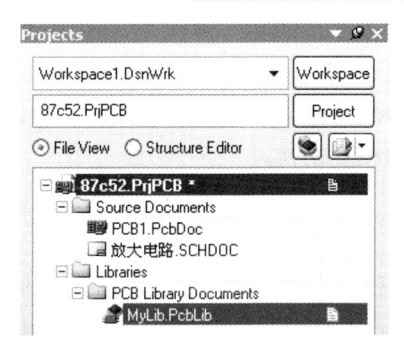

图 8.3　保存元件封装库文件

3. 启动元件封装库编辑器

单击文件管理器下方的"PCB Library"标签，打开元件封装库编辑器，如图 8.4 所示。

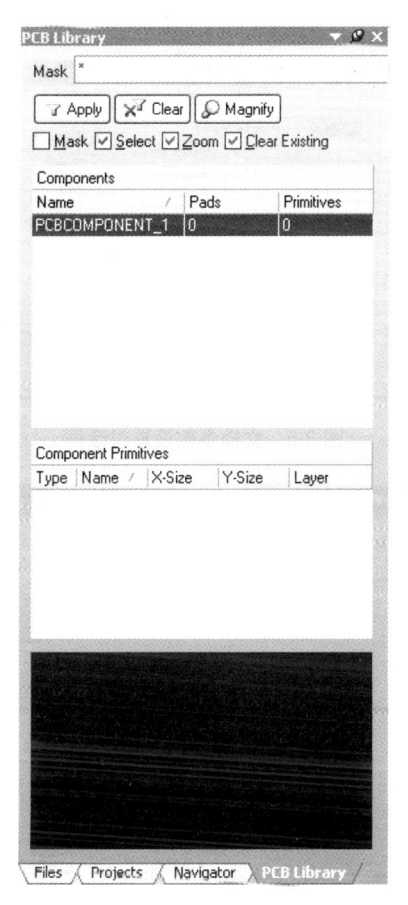

图 8.4　元件封装库编辑器

4. 设置单位

选择"View\Toggle Units"命令,将单位切换为公制(Metric)。此命令用于公制和英制单位的相互切换。

5. 设置文档参数

选择"Tools\Library Options"命令打开"Board Options"对话框,设置文档参数,将"Grid1"和"Grid2"均设置为"1.27mm","Snap Grid"设置为"0.127mm","Component Grid"设置为0.508mm,如图8.5所示。

6. 修改元件名称

在编辑器的"Component"区域中,双击"PCBComponet_1"名称,弹出"PCB Library Component"对话框,将"Name"中的名称改为"SO-G8",单击"OK"按钮,如图8.6所示。

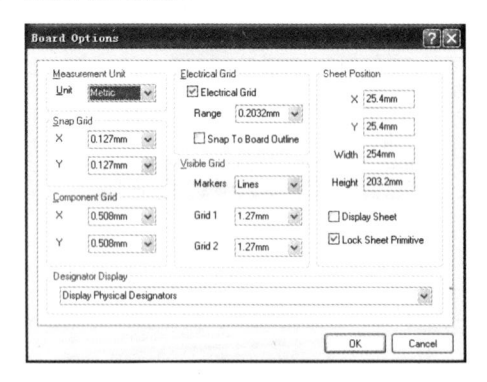

图 8.5 文档参数设置对话框

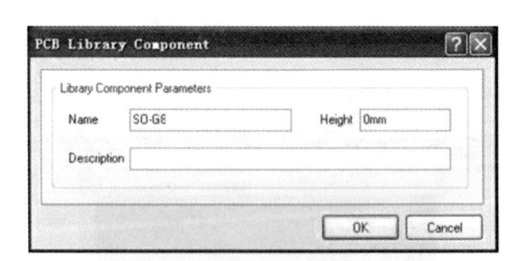

图 8.6 重命名对话框

7. 跳转参考原点

选择"Edit\Jump\Reference"命令,或者直接按快捷键"Ctrl+End",将光标跳回原点(0,0)。

8. 放置焊盘

选择"Place\Pad"命令，进入放置焊盘状态，按"Tab"键，弹出焊盘属性设置对话框，设置其属性参数："Hole Size"为"0mm"；"Rofation"为"90°"；"X-Size"为"2.2mm"；"Y-Size"为"0.6mm"；形状为"Rectangle（矩形）"；标识符为"1"；"Layer"为"Top Layer"；其他选默认值，如图8.7所示。

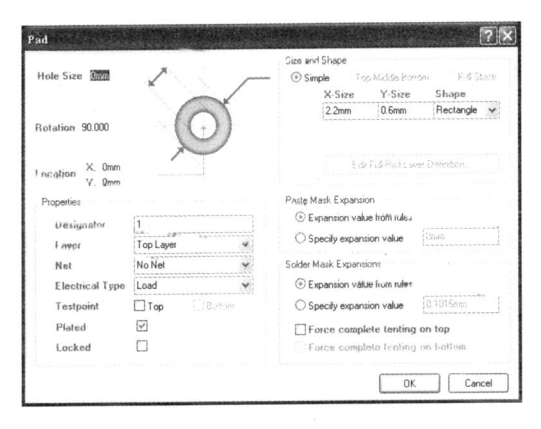

图 8.7　焊盘属性设置对话框

设置完成后单击"OK"按钮，将光标移动到原点，单击放下焊盘1，确保焊盘1的坐标为（0，0），依次以1.27mm为间距放置焊盘2、3、4，对称放置另一排焊盘5～8。

两排焊盘间的间距为5.2mm，可以通过设置属性对话框中的"Location"坐标值来修改具体间距值，如图8.8所示。

放好8个焊盘的位置如图8.9所示。

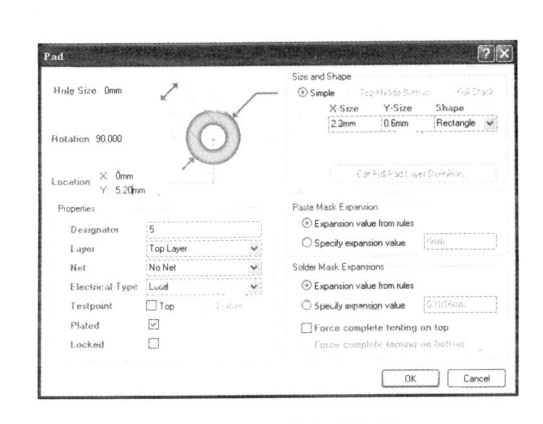

图 8.8　修改 5 号焊盘的位置　　　　图 8.9　焊盘位置

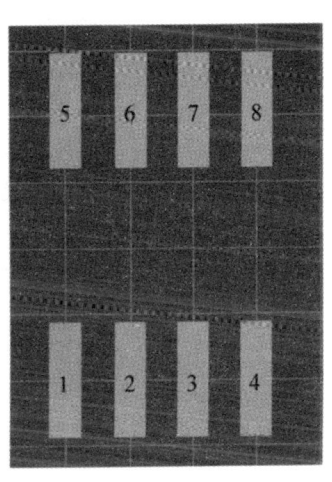

9. 绘制外框

将工作层切换到"Top Overlay",执行"Place\Line"命令,放置直线,按"Tab"键,设置线宽为"0.2mm",如图 8.10 所示。绘制如图 8.11 所示线框。

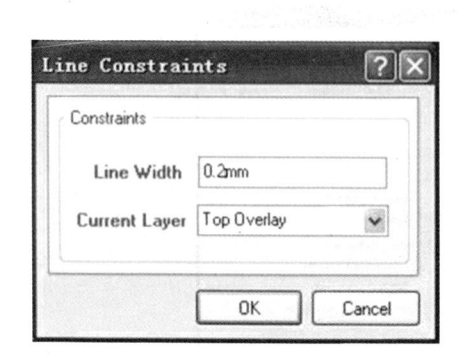

图 8.10 设置线宽对话框

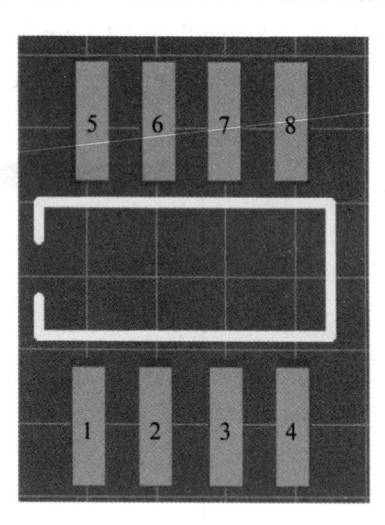

图 8.11 绘制线框

10. 绘制半圆弧

执行"Place\Arc(Center)"命令,放置一个半圆弧,使其和前面的直线段闭合,线宽也设置为"0.2mm",放置后如图 8.12 所示。

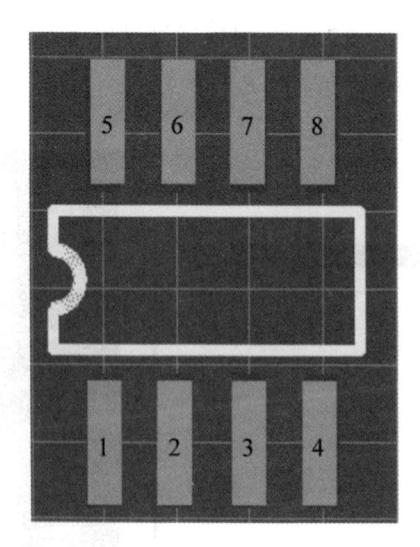

图 8.12 绘制半圆弧

11. 放置引脚定位符

执行"Place\Full Circle"命令，在焊盘 1 位置附近放置一个圆，作为第一引脚定位符，其半径设置为"0.125mm"，线宽设置为"0.25mm"，如图 8.13 所示。

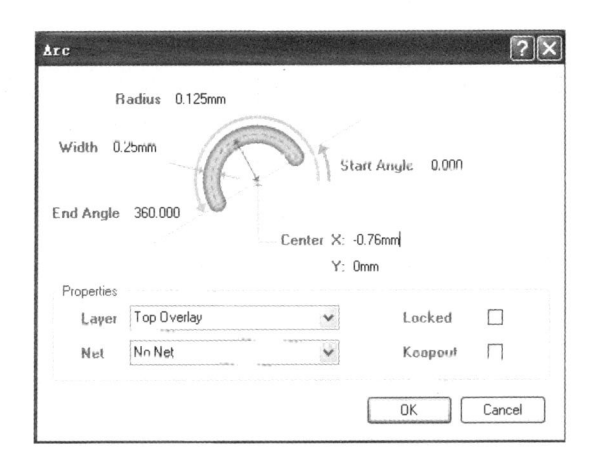

图 8.13 设置圆的参数

12. 设置元件参考点

执行"Edit\Set Reference\Pin 1"命令，将元件参考点设置在管脚 1 上。至此元件制作完成，保存元件，如图 8.14 所示。

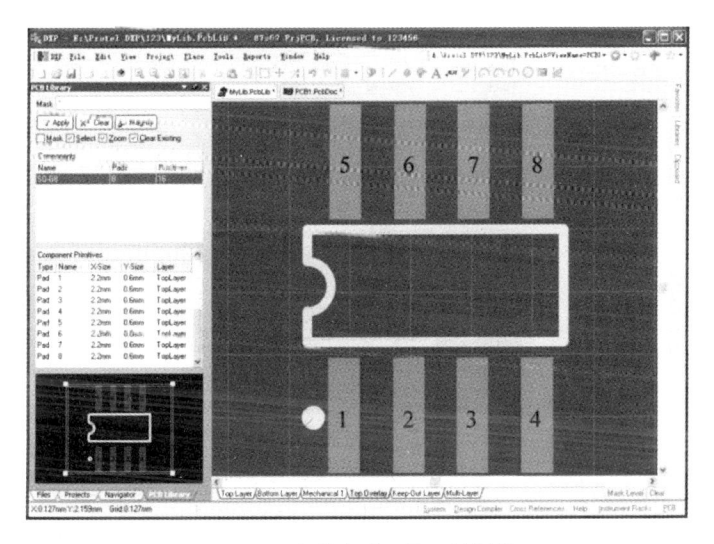

图 8.14 制作完成后的元件封装

8.2 知识点总结——元件封装编辑器

8.2.1 元件封装编辑器介绍

如图 8.2 所示的印制电路板元件封装编辑器界面，主要包含以下几个部分。

①元件封装编辑界面：制作元件封装时，元件焊盘及外形轮廓放置的区域。

②"PCB Lib Placement"工具栏：为用户提供绘制元件封装的设计对象，即放置图元的工具，如焊盘、线段、圆弧等。与电路板图中的工具栏基本一致，在此不做赘述。

③元件封装管理器：元件封装管理器主要用于对元件封装库及其中的元件封装进行管理，单击管理器下面的"PCB Library"标签，即可进入元件封装管理器，如图 8.15 所示。

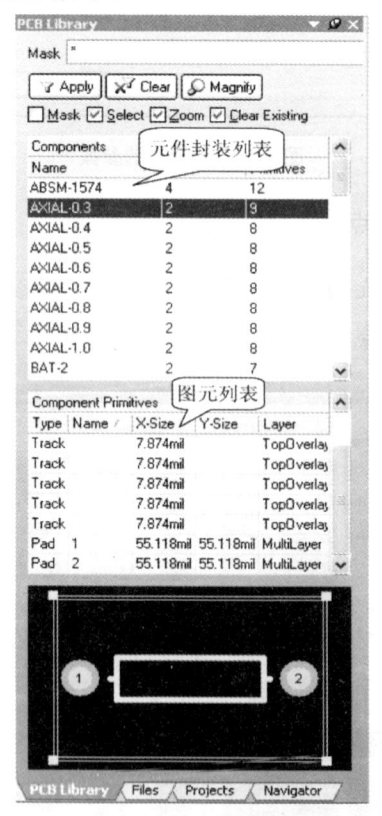

图 8.15 元件封装库管理器

在管理器中显示了元件封装库中元件封装的信息及组成元件封装的各图元的信息。元件封装列表包括焊盘的数量即图元的数量；图元列表包括图元的基本参数。

8.2.2 元件封装编辑器参数设置

与制作印制电路板类似，在新建一个元件封装库文件之后，也需要设置一些基本参数，例如栅格单位、栅格大小等。但不需要再设置布线的区域，因为元件封装中没有导线，所有的线都是不具有电气特性的。

元件封装设计环境的参数包括如下两个设置：Tools\Library Options 和 Tools\Preferences。

1. Tools\Library Options

选择"Tools\Library Options"命令，弹出如图 8.16 所示的"Board Options（网络板选项）"对话框。其内容与 5.3 节中的电路板选项设置相同，在此不再赘述。

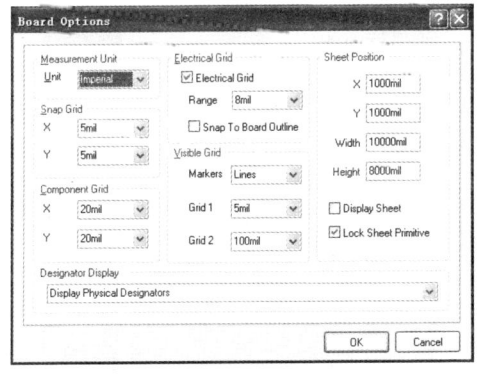

图 8.16　电路板选项设置对话框

2. Tools\Preference…

选择"Tools\Preference…"命令，弹出如图 8.17 所示的"Preference（参数选项）"设置对话框。元件封装库编辑环境的参数设置与电路板编辑环境的参数设置相同。

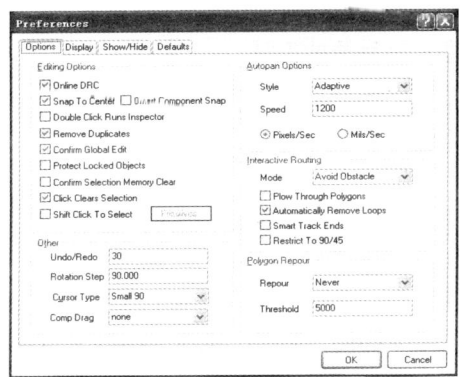

图 8.17　电路板参数设置对话框

8.3 制作元件封装图的方式

在前面介绍的元件封装中，已经明确说明，元件封装中最重要的是元件的焊盘和元件的外形尺寸，所以在制作元件封装时，最需要注意的就是元件的焊盘和外形。

制作元件封装时，用户可以选择手工创建元件封装方式，也可以使用向导的方式创建元件封装。

8.3.1 案例分析及知识要点

下面以制作如图 8.18 所示的 DIP8 元件封装为例，分别介绍这两种操作方式。

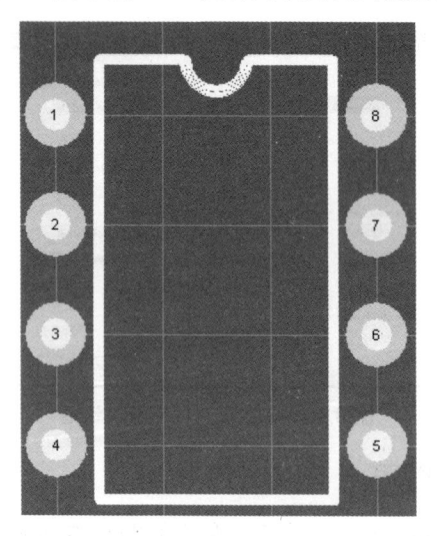

图 8.18　DIP8 元件封装图

知识点

①掌握手工创建元件封装的方法。
②掌握利用向导制作元件封装的方法。
③掌握元件封装的管理。

8.3.2 手工创建元件封装的操作步骤

手工创建元件封装的方式包括以下几个主要的操作步骤：放置焊盘对象并设置焊盘之间的间距、绘制封装的外形、设置封装的参考点以及重命名元件封装。

1. 放置焊盘

在制作元件封装时首先需要放置元件的焊盘。为了保证元件封装在调用时参考点的位置，习惯将焊盘的第一个引脚放置在（0，0）点。

选择"Place\Pad"命令，或在"Placement"工具栏中选择放置焊盘的图标，光标变为十字状，并且在光标的中心点浮动着一个焊盘。此时，可以按"Tab"键弹出焊盘属性设置的对话框，或者将焊盘放置到（0，0）点，然后再双击焊盘进行属性的设置，如图8.7所示。

其中，"Designator（序号）"设定为"1"，孔直径及焊盘尺寸等其他属性可选用默认值。对于插针式元件焊盘所在的板层为"Multi-Layer（穿透层）"，若是表面贴装式元件则其焊盘应该选择为"TopLayer"。

注意：因为焊盘是对应于元件的引脚的，因此焊盘的序号与元件引脚的序号相同，要求从"1"开始，而且因为焊接时各引脚都需要有焊盘，所以焊盘是没有隐藏状态的；特殊情况是，有些元件体积比较大，而单纯依靠引脚不能满足元件的稳定焊接时，会出现序号为"0"的焊盘，此时，焊盘是起加固作用的。

若用"Tab"键设置属性，放置第一个焊盘后，可以顺序放置第2~8个焊盘；若先放置焊盘再修改其坐标位置，则需要逐个打开焊盘属性进行更改。此元件封装中，同一列焊盘之间的间距为100mil，两列焊盘的间距为300mil，则可知第二个焊盘的坐标为（0，-100），第三个焊盘的坐标为（0，-200），第四个焊盘的坐标为（0，-300），第五个焊盘的坐标为（300，-300），第六个焊盘的坐标为（300，-200），第七个焊盘的坐标为（300，-100），第八个焊盘的坐标为（300，0）。至此，焊盘全部放置结束，如图8.19所示。

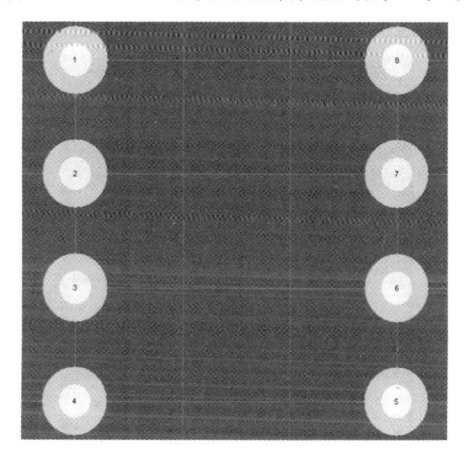

图 8.19　放置完焊盘

2. 绘制元件外形

元件外形即为一个元件在电路板上所占面积的表达，或者为元件在电路板上的垂直投影，一个元件必须要有足够大的面积用来放置，才能保证元件正确地焊接在电路板上，并保证电路板布局的距离。

元件外形在绘制时，就是用线在元件封装的编辑环境中画出元件外形轮廓。必须要注意的是：元件外形必须绘制在"Top Overlay"这一板层中。

轮廓的绘制过程非常简单，选择"Place\Line"命令或者选择"Placement"工具箱中的放置直线的图标，鼠标指针变为十字状，此时可以与绘制原理图和元件图一样使用绘制直线的工具。绘制外形如图 8.20 所示。为了能够在焊接元件时分出元件的方向，因此在元件外形的顶端留了一个缺口，用圆弧来进行绘制。

选择"Place\Arc"命令或选择"Placement"工具箱中绘制圆弧的图标，鼠标指针变为十字状，利用之前所学的知识进行圆弧的绘制。绘制好的元件封装如图 8.21 所示。在绘制圆弧时，如果设计者对圆弧的使用不是很熟练，可以将圆弧的属性如图 8.22 所示进行设置。

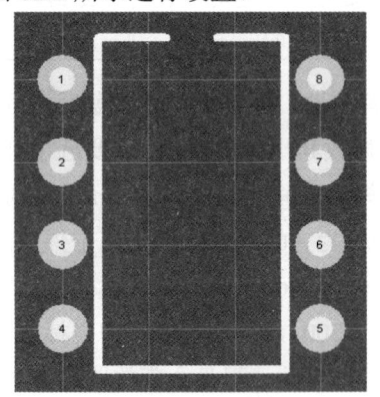

图 8.20　绘制元件部分外形后的元件封装图

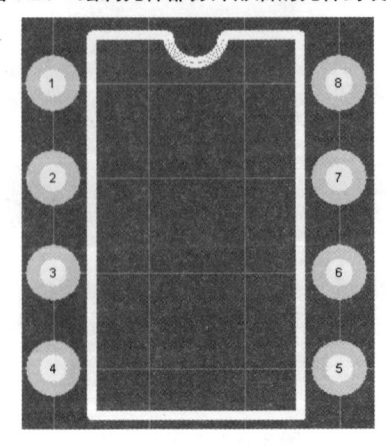

图 8.21　绘制完毕的元件封装图

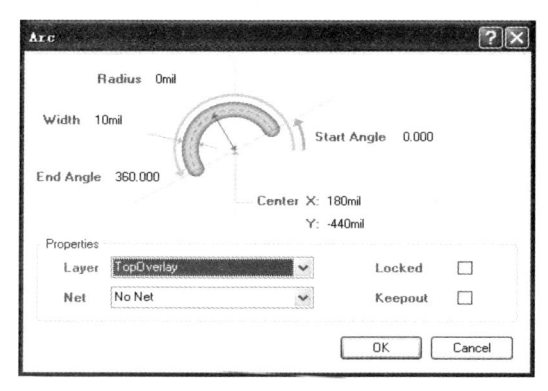

图 8.22　圆弧属性设置

> 注意：在实际制作元件封装之前要测量元件引脚的直径来确定焊盘的孔直径，测量元件各引脚的间距，以及元件外形的尺寸，以便制作的元件封装在使用时正确无误。

3．设置元件封装的参考点

在开始制作元件封装的第一步，即放置第一个焊盘时，就要求将第一个焊盘放置在（0，0）点，因为此点为默认的调用元件封装时的参考点，对于初学者，在制作元件封装时，会出现不易找到（0，0）点的情况，这时制作出来的元件封装如果直接使用，将会非常不好用。

因此，Protel DXP 软件提供了设置元件封装参考点的命令"Edit\Set Preference"，系统提供了三种不同的参考点，分别介绍如下。

①Pin1：以元件的第一个焊盘为参考点，如图 8.23 所示。

②Center：以元件的中心位置为参考点，如图 8.24 所示。

③Location：用户指定一个位置为参考点。选择此命令，鼠标指针变为十字状，设计者可以任选一点作为参考点。

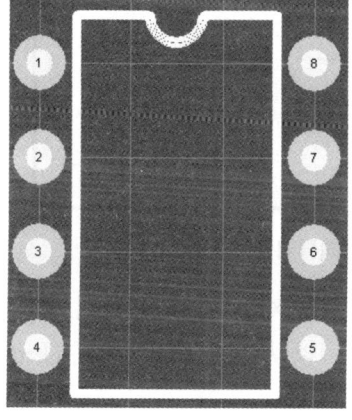

图 8.23　第一个焊盘为参考点 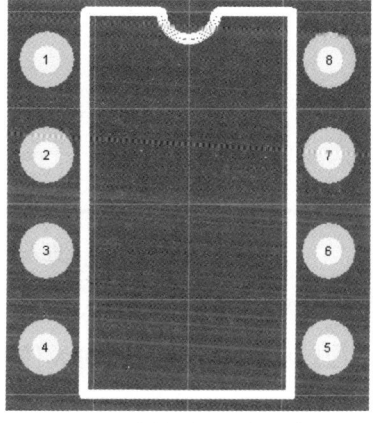　　图 8.24　元件中心位置为参考点

上述①②两种设置方法，主要是将（0，0）点进行了重新定义，即选择"Pin1"时将第一个焊盘的中心位置定义为（0，0）点，选择"Center"时则将元件封装的中心位置定义为（0，0）点。在两个图中，从可视栅格位置的调整中能够看出参考点位置的变化。在实际操作中，设计者可以注意状态栏中坐标的数值。

4. 重命名元件封装

元件封装图绘制结束之后，需要将其进行重命名。

重命名的方法为：双击管理器中此元件的名称，弹出如图 8.6 所示对话框，在"Name"中输入元件封装图的名称"DIP8"即可。

8.3.3 利用向导制作元件封装的操作步骤

下面利用 Protel DXP 软件提供的元件封装创建向导来制作新的元件封装，同样以制作 DIP8 封装为例进行介绍，其具体步骤如下。

①启动元件封装向导。选择"Tools\New Component"命令，即可启动元件封装向导，如图 8.25 所示。

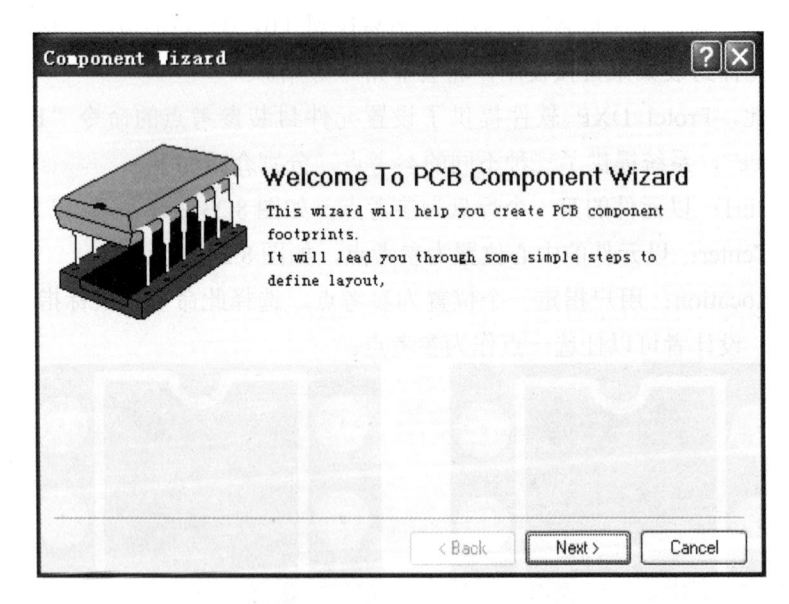

图 8.25　进入元件封装向导对话框

②单击"Next"按钮，进入如图 8.26 所示的对话框，选择元件封装形式。此对话框中包含了常用的 11 种元件外形，可以从中选择自己所需的一种。

第8章 元件封装图的绘制

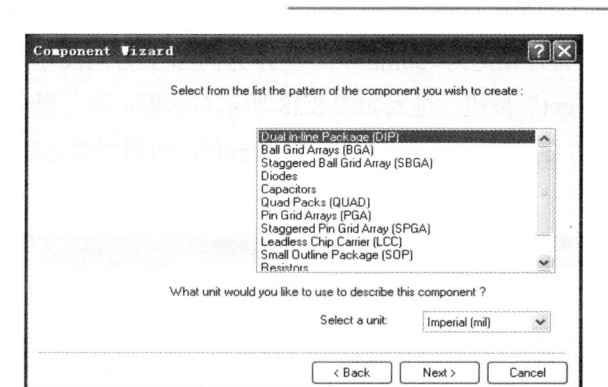

图 8.26 选择元件封装形式对话框

a. Ball Grid Array（BGA）：格点阵列式。

b. Capacitors：电容式。

c. Diodes：二极管式。

d. Dual in-line Package（DIP）：双列直插式。

e. Edge Connectors：边连接式。

f. Leadless Chip Carrier（LCC）：无引线芯片载体式。

g. Pin Grid Arrays（PGA）：引线栅格阵列式。

h. Quad Packs（QUAD）：四芯包装式。

i. Resistors：电阻式。

j. Small Outline Package（SOP）：小外形包装式。

k. Staggered Pin Grid Array（SPGA）：开关门阵列式。

同时，在对话框下面的下拉列表框中，可以选择元件封装的度量单位，即 Imperial（英制）和 Metric（公制），系统默认为 Imperial。

本例中选择 DIP 形式，单位使用系统默认单位 "Imperial（mil）"。

③单击 "Next" 按钮，进入如图 8.27 所示对话框，进行焊盘尺寸的设置。在需要修改的数字上面单击，直接修改即可。

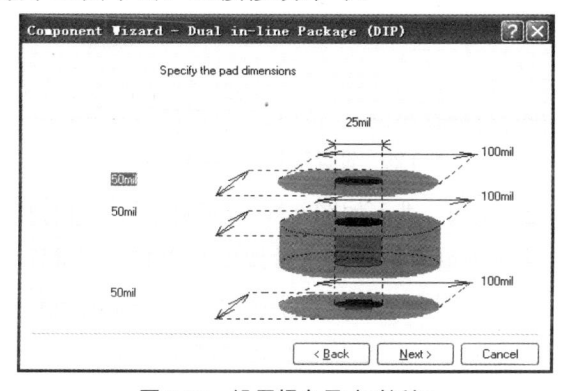

图 8.27 设置焊盘尺寸对话框

本例中，孔直径设定为"30mil"，焊盘 X 方向和 Y 方向尺寸设定为"60mil"。

④单击"Next"按钮，进入如图 8.28 所示对话框，进行焊盘间距的设置。本例中，两列焊盘之间的间距设定为"300mil"，同列焊盘之间的间距设定为"100mil"。

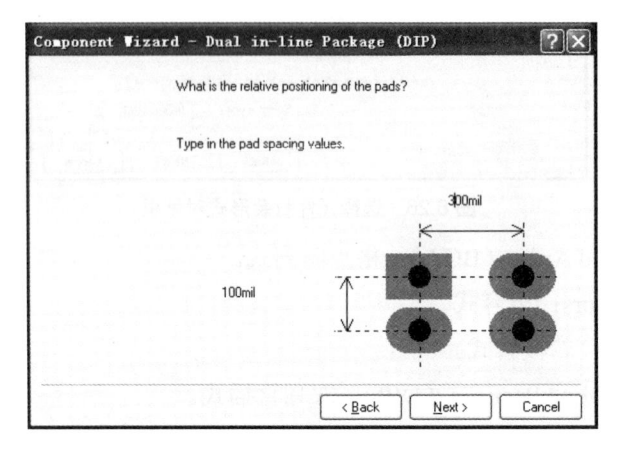

图 8.28　设置焊盘间距对话框

⑤单击"Next"按钮，进入如图 8.29 所示对话框，进行元件封装外形所有线条的宽度设置。一般系统默认为 10mil，基本不需要更改。本例中，线宽设定为"10mil"。

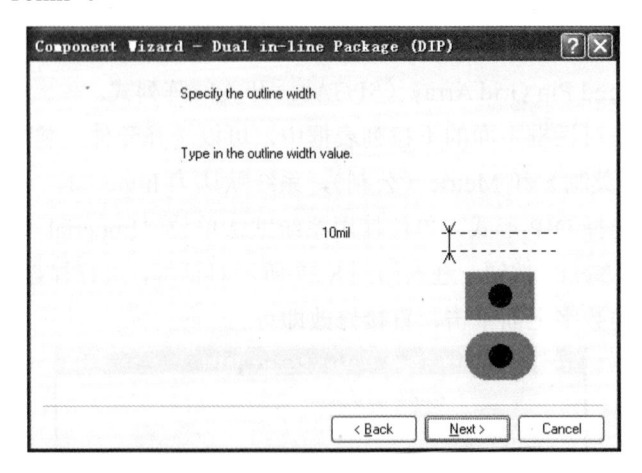

图 8.29　设置元件外形线宽对话框

⑥单击"Next"按钮，进入如图 8.30 所示对话框，进行焊盘数量的设置。在微调框中直接输入焊盘数量或调节微调框右边的上下键均可以完成设置，但要注意的是，下面的图形示意中数字会改变，焊盘的数量不会改变，但这些并不影响使用。本例中，焊盘数量设定为"8"。

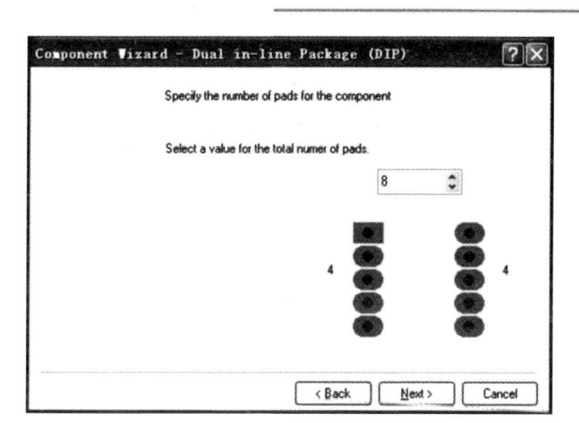

图 8.30　设置焊盘数量对话框

⑦单击"Next"按钮，进入如图 8.31 所示对话框，给制作完成的元件封装命名。本例中，元件封装名称设定为"DIP8"。

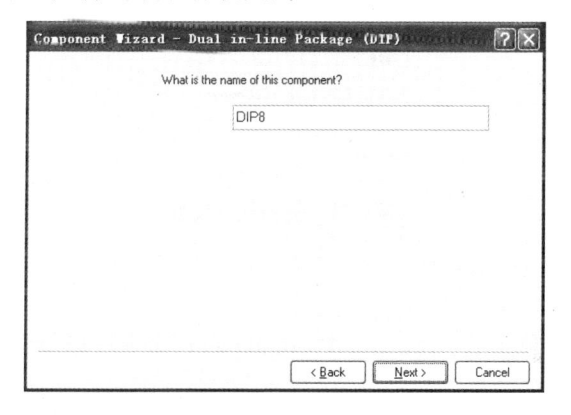

图 8.31　命名元件封装对话框

⑧单击"Next"按钮，进入如图 8.32 所示对话框，单击"Finish"按钮结束元件封装图的向导。

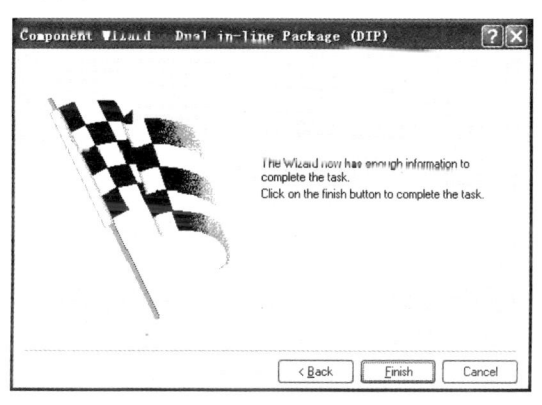

图 8.32　结束元件封装向导对话框

8.4　知识点总结——元件封装管理

在图 8.2 所示元件封装编辑器的元件封装列表中右击，会弹出如图 8.33 所示的右键快捷菜单，此快捷菜单中包括常用的新建、复制和粘贴等命令，同时它们也对应于元件封装库的菜单栏中的命令。

```
New Blank Component
Component Wizard...

Cut
Copy
Copy Name
Paste
Clear

Select All
Component Properties...
Place...

Update PCB With PCBComponent_1
Update PCB With All

Report
```

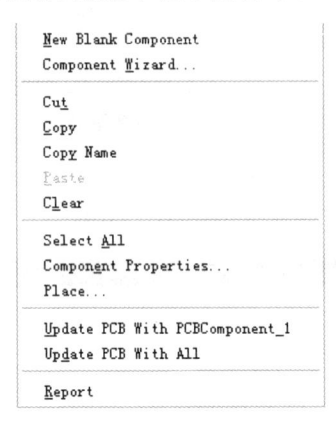

图 8.33　右键快捷菜单

1. 添加新元件封装

执行快捷菜单中的"New Blank Component"命令可以新建一个元件封装，执行快捷菜单中的"Component Wizard…"命令则启动元件封装向导。这两种方法均可以添加新的元件封装到当前元件封装库中。

执行"Tools\New Component"命令同样可以启动元件封装向导，如图 8.25 所示，单击"Cancel"按钮即可新建一个元件封装，单击"Next"按钮继续执行元件封装向导。

2. 复制元件封装

执行快捷菜单中的"Copy"命令可以复制当前元件封装。执行命令"Edit\Copy Component"也可以复制当前元件封装。

3. 粘贴元件封装

执行复制元件封装命令之后，快捷菜单中的粘贴命令不再是灰色不可执行的状态。因此，执行快捷菜单中的"Paste（粘贴）"命令可以粘贴剪贴板中的元件封装。执行"Edit\Paste Component"命令也可以粘贴元件封装。

4. 删除元件封装

执行快捷菜单中的"Clear"命令可以删除选中元件封装。执行命令"Tools\Remove Component"也可以删除元件封装。

5. 其他命令

Cut：剪切元件封装。

Select All：选择全部元件封装。

Component Properties：元件封装属性设置。

Place：放置元件封装至电路板中。

Update PCB With PCB Componect-1：更新电路板中的 Componect-1 元件封装。

Update PCB With All：更新电路板中此元件封装库中的全部元件封装。

Report：生成元件封装库的报告文件。

第9章 电路仿真

电路仿真是利用计算机对电路模型的工作状态进行模拟和分析，以验证所设计的电路及系统在性能上能否达到要求的技术指标。在当代电子设计领域，随着电子设计自动化（EDA）技术的迅速发展，电子电路仿真技术已经应用于产品的各个级别的电路设计过程中。

与之前的版本相比较，Protel DXP 软件在仿真方面有了很大的提高和改进。它不仅可以实现数模混合电路仿真和信号完整性分析，还可以实现硬件描述语言 VHDL 和 FPGA 设计仿真验证等。本章主要介绍基于电路原理图的数模混合电路仿真的基本方法，即电路原理图仿真。

对于电路原理图的仿真分析，Protel DXP 软件与 Protel 99SE 软件相比，除了提供几十种仿真激励源和电源外，最大的区别在于不再提供专门的仿真元件库文件。在 Protel DXP 软件中，集成元件库把元件的 Spice 仿真模型集成在元件内，所有的仿真元件也就是电路原理图中的元件，因此，仿真操作可以在原理图编辑环境中直接进行，而无须像 Protel 99SE 软件那样单独创建用于仿真的电路原理图。另外，在 Protel DXP 软件中，可用于仿真的元件达 5800 多种，基本上能够满足各种常用的模拟及数字和模数混合电路的仿真需要。

Protel DXP 软件中的电路仿真器能够进行无限制的电路级模拟仿真和无限制的门级数字电路仿真，为此，它提供了工作点特性分析、瞬态特性分析、傅立叶分析、直流扫描分析、交流小信号分析、温度扫描分析、参数扫描分析、传输函数分析、噪声分析以及蒙特卡洛分析等多种仿真分析方式。不同的仿真分析方式从不同的角度对电路的各种电气特性进行仿真，设计者可以根据具体电路的实际需要确定合适的仿真方式，并通过反复调整元件参数，使设计的电路达到最佳的工作状态。

9.1 电路仿真实例

9.1.1 案例介绍及知识要点

试分析图 9.1 所示运算放大电路的仿真过程。

知识点

①掌握电路仿真的基本步骤。
②掌握仿真电路元件参数的设置方法。
③了解多种仿真激励源的使用方法。
④掌握仿真分析设置。

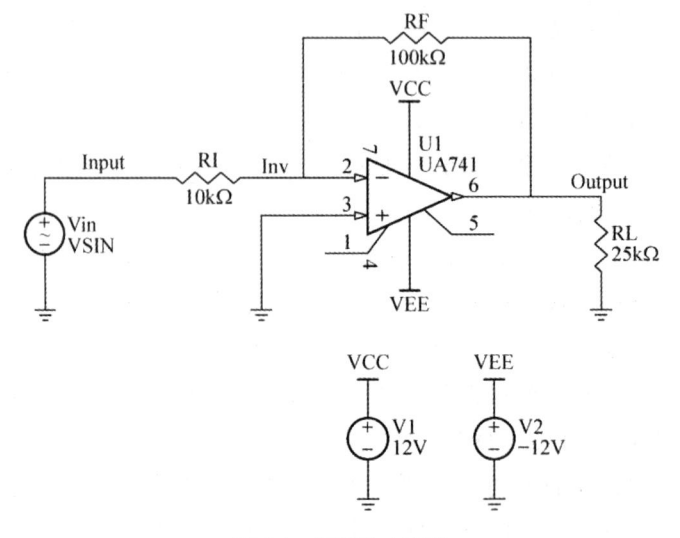

图 9.1 运算放大电路

9.1.2 操作步骤

①运行 Protel DXP 软件,选择"File\Open Project"命令,打开安装目录下的 Altium2004\Examples\CircuitSimulation\AnalogAmplifier\AnalogAmplifier.PRJPCB 文件,如图 9.2 所示。双击"Analog Amplifier. schdoc",进入电路图编辑环境,如图 9.3 所示。

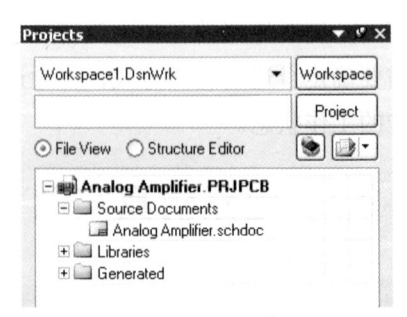

图 9.2 打开"Analog Amplifier"文件

第 9 章 电路仿真

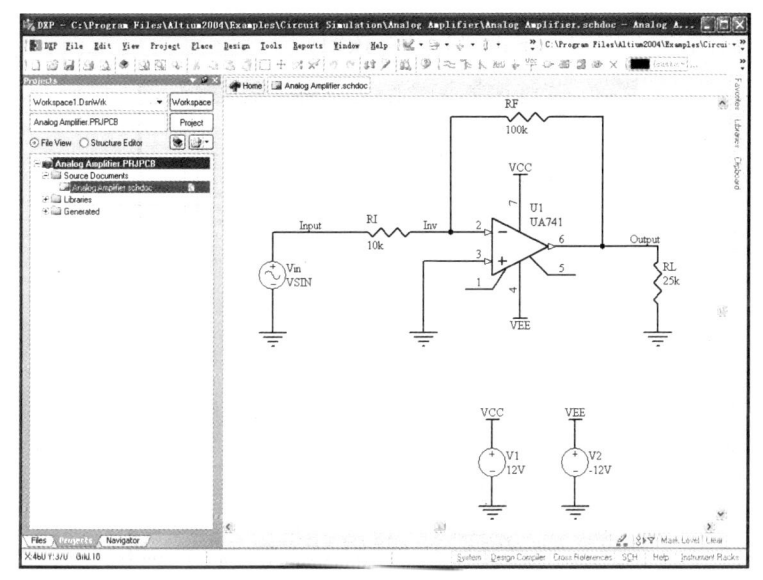

图 9.3 电路图编辑环境

右击"Analog Amplifier.schdoc",在弹出的快捷菜单中选择"Compile Document Analog Amplifier.schdoc"命令,检查文件是否存在错误,如有错误先纠正。

②装载仿真库,单击窗口右侧的"Libraries(图书馆)"标签栏,在弹出的面板中单击"Libraries"按钮,如图 9.4 所示。

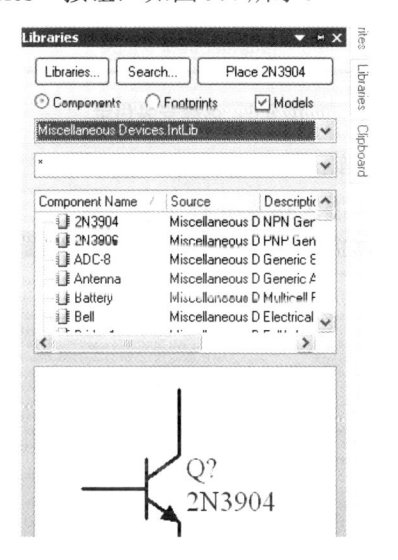

图 9.4 "Libraries"工具栏

在图 9.5 所示窗口中,切换到"Installed(安装的)"选项卡,单击"Install"按钮,打开如图 9.6 所示窗口,选择安装目录下 Altium 2004\Library\Simulation

文件夹包含的所有的库，单击"打开"按钮。

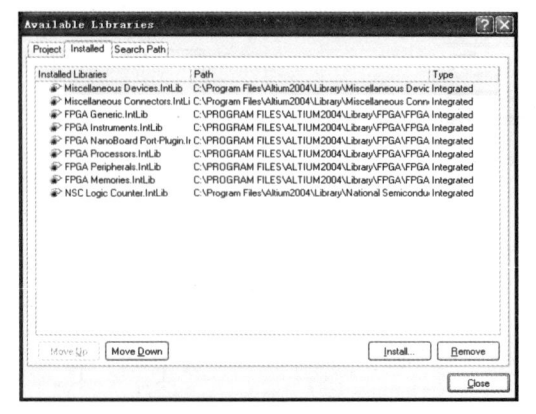

图 9.5　"Installed"选项卡

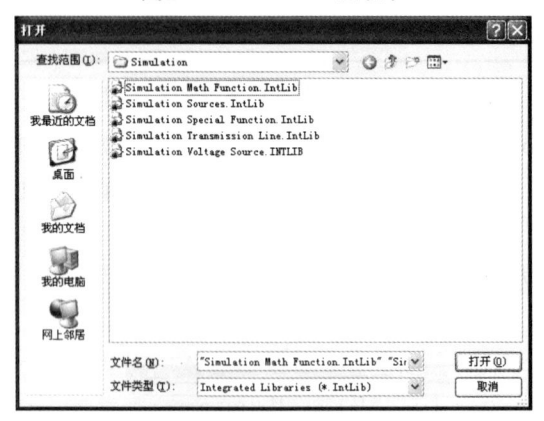

图 9.6　选择安装目录

如图 9.7 所示，仿真库已经添加进来，然后单击"Close"按钮，就可以直接在电路图编辑环境下调入仿真元件了。

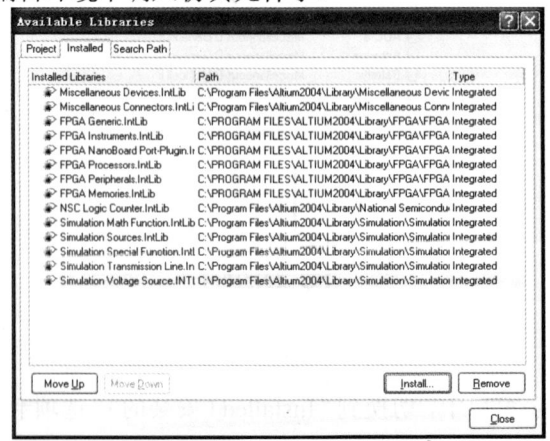

图 9.7　添加仿真库

本例中所用的仿真电源及激励源都在 Simulation Sources 集成库下，如图 9.8 所示，其他带有仿真模型的元器件，可以从包含各个厂商的库中得到。

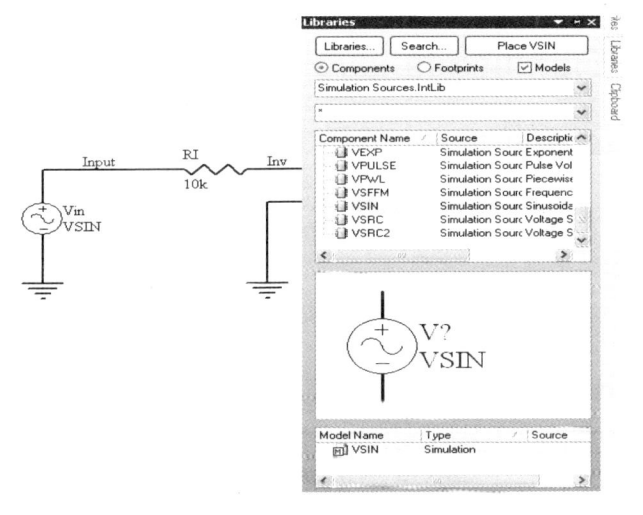

图 9.8 仿真电源库

③设置及修改仿真模型。在电路图编辑环境下，双击元件"U1"，将会弹出如图 9.9 所示的器件属性窗口，在窗口右侧能够看到其仿真模型，双击"Type"下的"Simulation（模拟）"，就能调出关于该元件的详细仿真模型描述，如图 9.10 所示。

在图 9.10 所示窗口的下方，单击"Model File"标签，即可看到该元件的仿真模型文件，此外，用户还可以从外部导入仿真模型，在"Model Locate"选项组中，选择"Full Path"单选按钮，再单击"Choose"按钮，选择所需的仿真模型文件（*.ckt）即可。

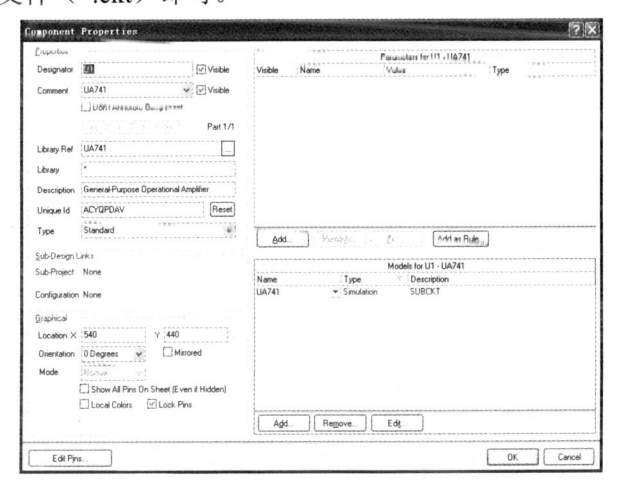

图 9.9 "U1"属性窗口

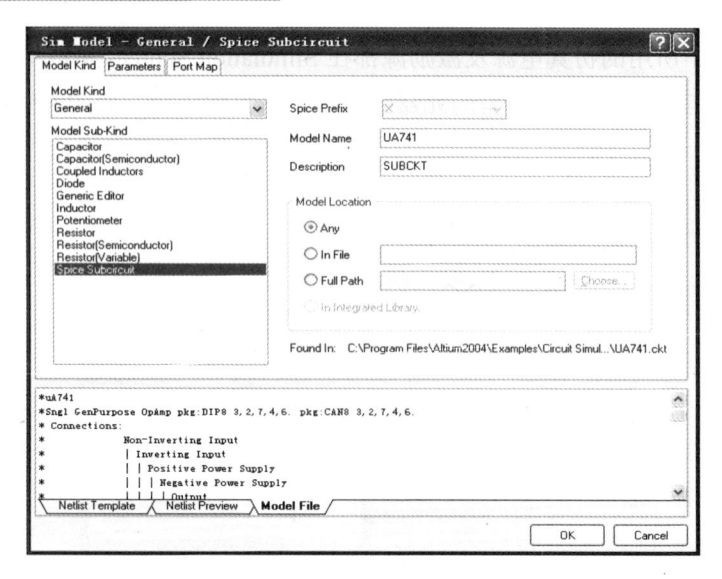

图 9.10 "Model File"选项卡

在图 9.10 所示窗口的上方，单击"Port Map"标签，显示该器件的原理图管脚和仿真模型中管脚之间的映射关系，用户可以修改，如图 9.11 所示。

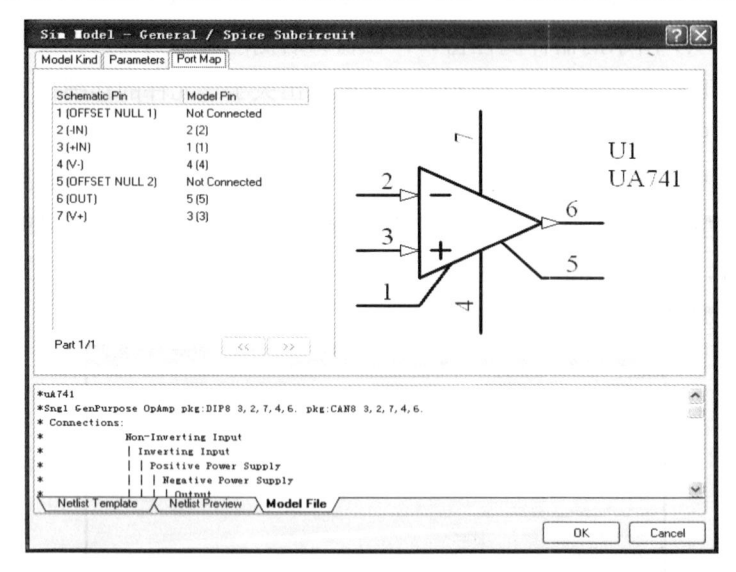

图 9.11 "Port Map"选项卡

设置完成后单击"OK"按钮，再在器件属性窗口中单击"OK"按钮退回到电路图编辑界面。对于仿真电源或激励源，需要设置其参数，同上述步骤一样，进入器件模型的编辑界面，单击"Parameter"标签进入参数设置界面，如图 9.12 所示，按照电路的实际需求进行设置，本例中所有参数都保持默认状态。

第9章 电路仿真

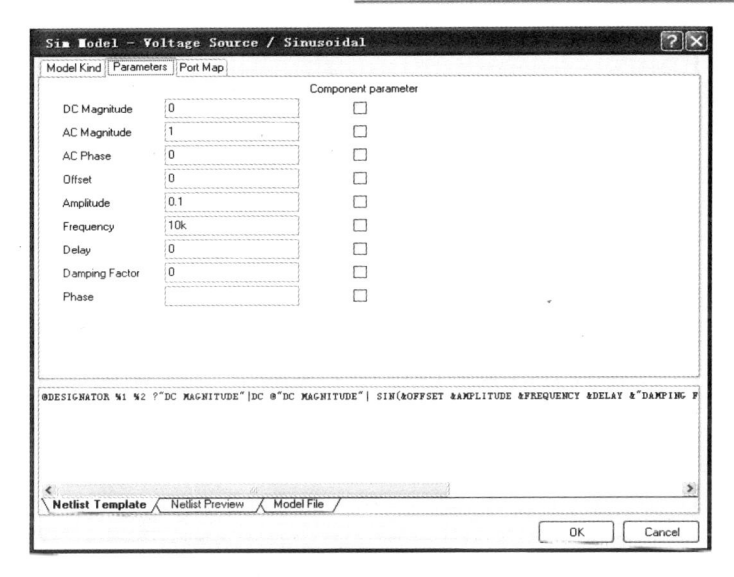

图 9.12 参数设置界面

④仿真模型设定好以后，需要设置仿真的节点，如图 9.13 所示为需要观察的节点添加"Input"和"Output"网络标识。编译该文件，确认无误后保存，然后保存工程文件，接下来就可以进行仿真了。

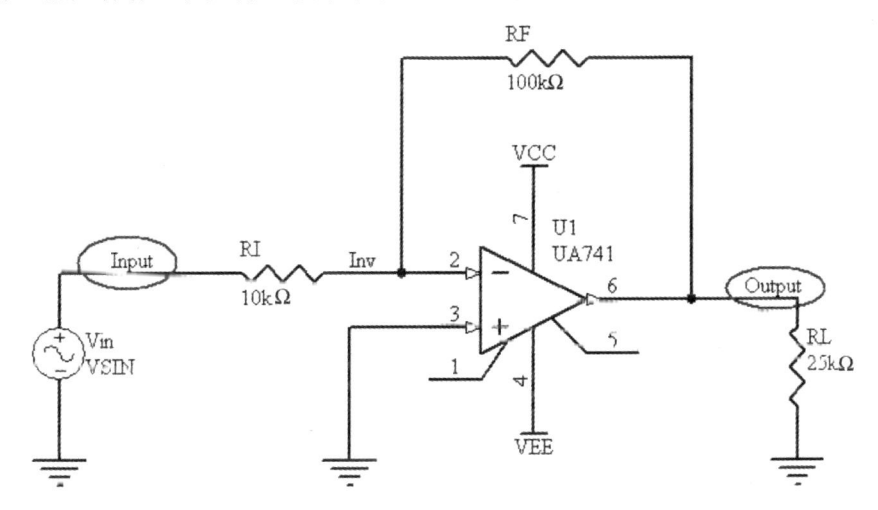

图 9.13 设置网络标识

选择"Design\Simulate\Mixed Sim"命令，进入仿真分析设置对话框，如图 9.14 所示。

241

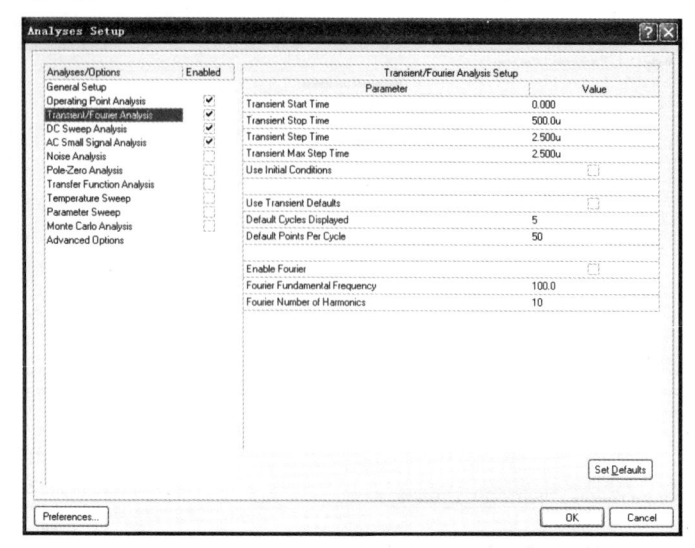

图 9.14 仿真分析设置对话框

在图 9.14 所示的窗口中，选择所需要的分析方法，单击每种分析方法，在窗口右侧会出现相应的参数设置，关于参数设置部分将在第 9.5 节仿真分析设置中介绍。本例中的分析方法及参数设置保留默认值。

单击"General Setup"，在窗口右侧可以设置需要观察的节点，即要得到的仿真波形，如图 9.15 所示。设置完成后，单击"OK"按钮，系统仿真后得到如图 9.16 所示的仿真波形，窗口下方显示了相应的分析结果选项，共四种，单击相应的选项即可观察仿真后的结果。

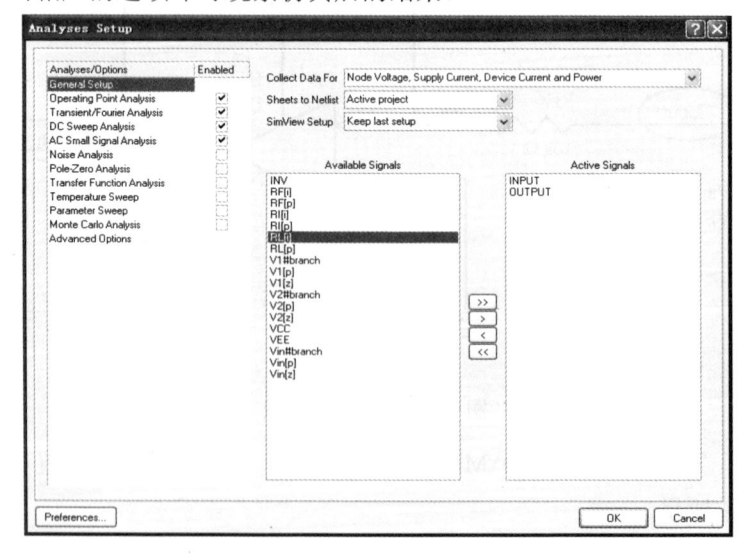

图 9.15 设置观察的节点

⑤分析仿真数据。在如图 9.16 所示的仿真波形界面下，右键单击波形的名称"Input"，在弹出的快捷菜单中选择"Cursor A"和"Cursor B"命令，将会在波形上产生两个光标，拖动光标就可以测量相关的数据，单击窗口左下角的"Sim Data"选项（见图9.84），在此界面下就能观察到实际的测量结果。

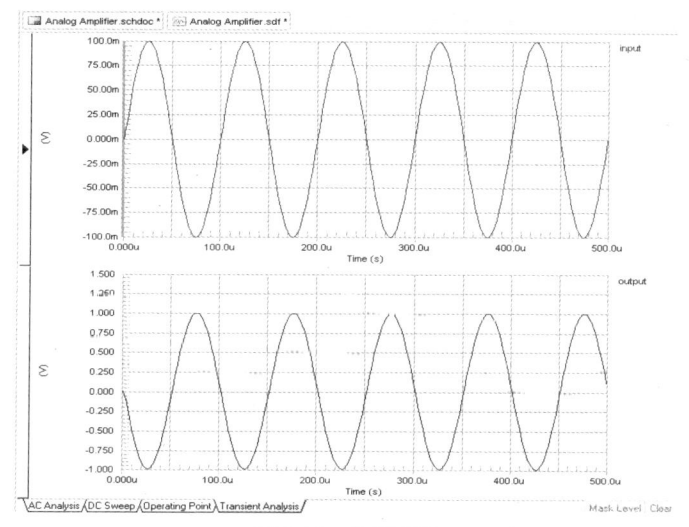

图 9.16　仿真波形

⑥参数扫描分析，参数扫描功能对于电路设计初期非常有帮助，能够节省大量的人为计算时间。如图 9.17 所示，在电路图编辑界面下，重新进入仿真分析对话框，选择"Parameter Sweep"选项，在窗口右侧选择需要扫描的器件、参数的初始值、终值、步进等。单击"OK"按钮，得到仿真结果。

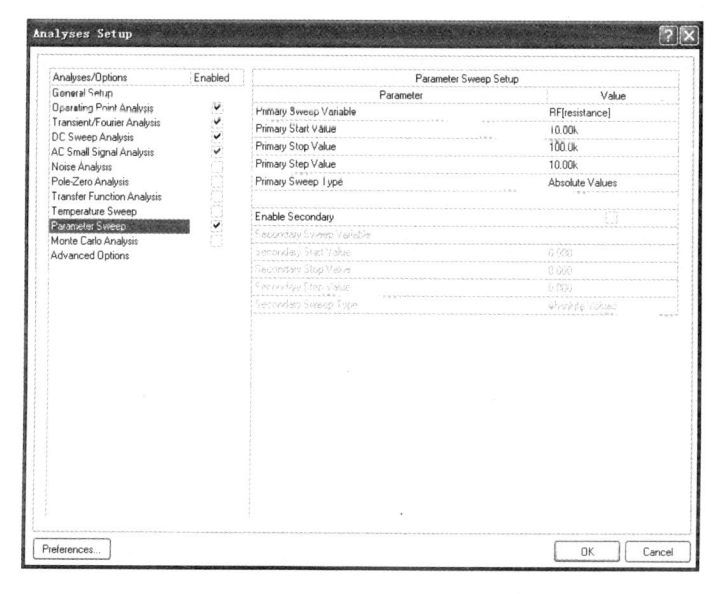

图 9.17　"Parameter Sweep"选项

如图 9.18 所示，单击"Output"波形所在的图表，使其处于激活状态，激活"Sim Data"面板，在"Source Data"下双击"output_p01～output_p10"，将其导入"Output"波形所在的图表中，如图 9.19 所示，然后可以从中挑选符合要求的图形，在波形下方将会对应其参数值，如图 9.20 所示。

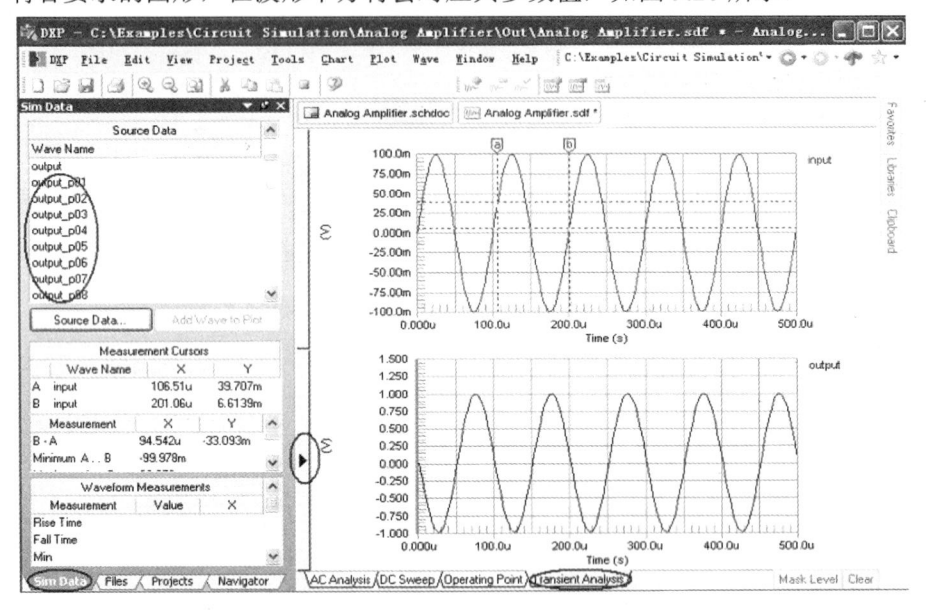

图 9.18 设置"Output"波形

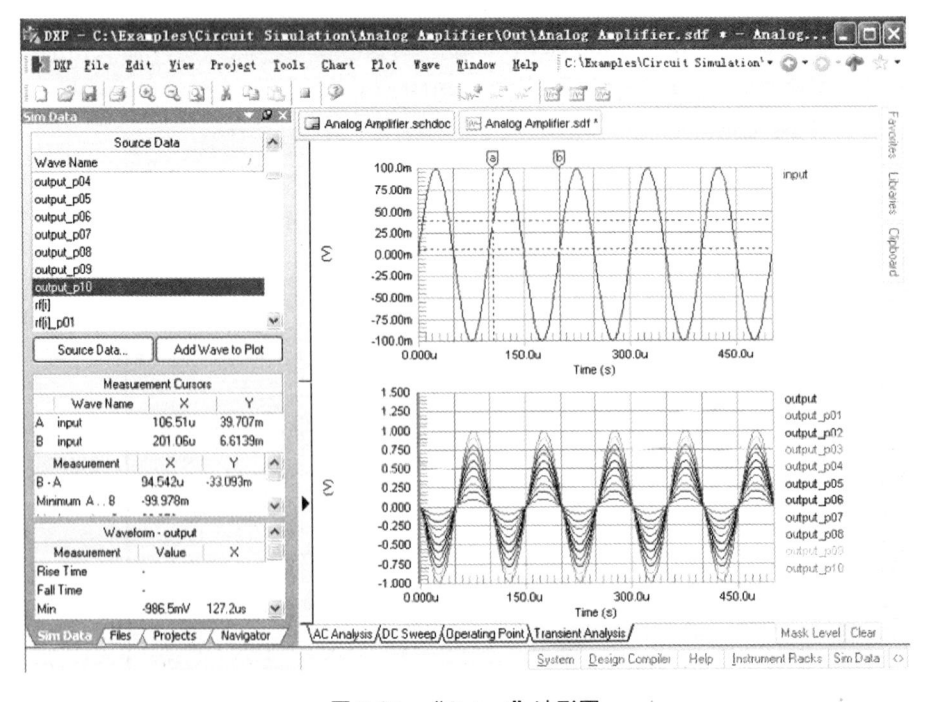

图 9.19 "Output"波形图

第 9 章　电路仿真

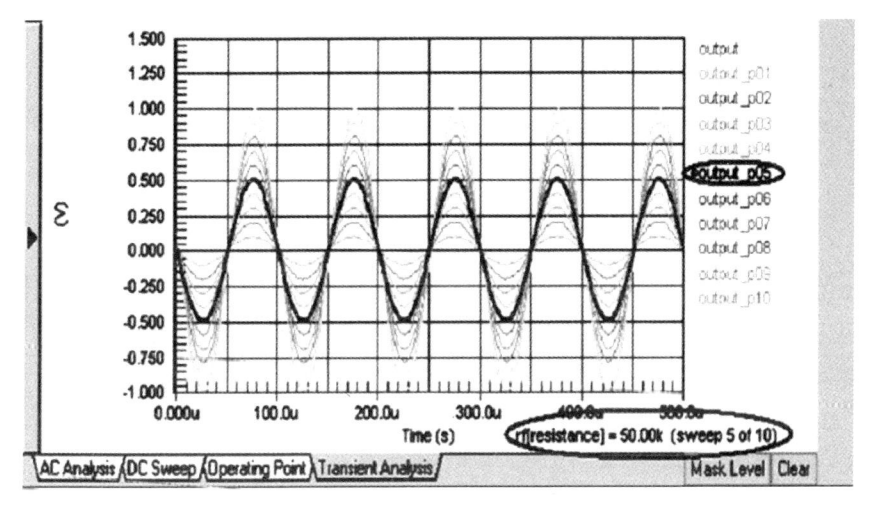

图 9.20　"output_pU5"波形图及参数值

⑦修改仿真模型参数。在设计过程中，如果需要修改仿真模型参数，可以单击窗口左下方的"Projects"标签，在如图 9.21 所示的窗口中，双击"Analog Amplifier.PRJPCB"工程中"Libraries"下的"UA741.ckt"文件，即可进入仿真模型文件，在此文件中根据需要修改相应的参数值，然后保存，就可以进行下一次仿真了。

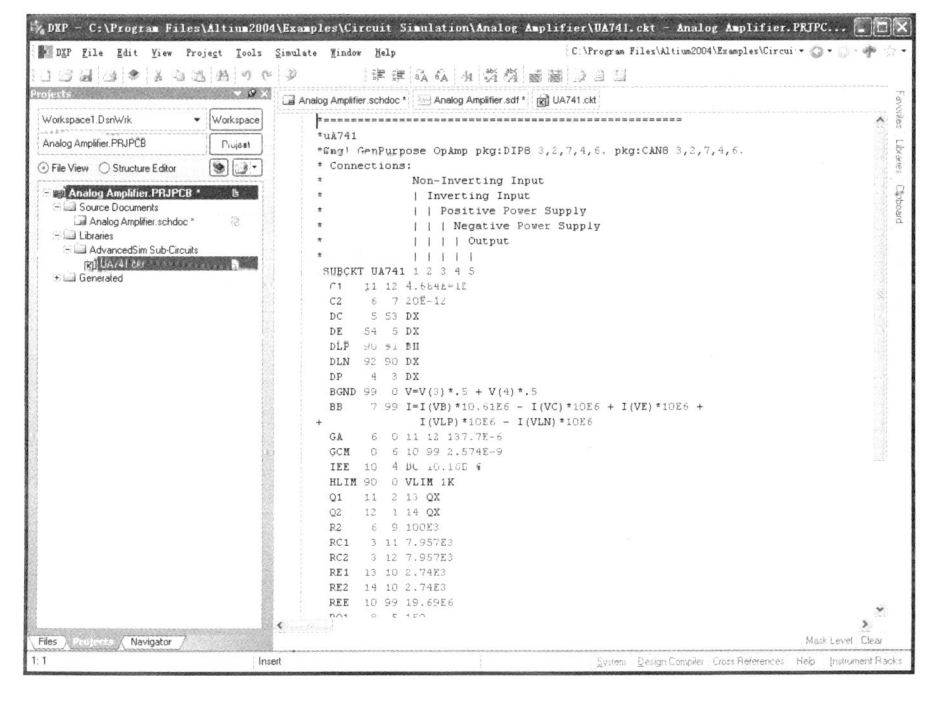

图 9.21　仿真模型文件

245

9.2　知识点总结——电路仿真的基本步骤

电路仿真的基本步骤一般由以下几步构成。

1．创建电路仿真原理图设计文件

在 Protel DXP 软件中，电路仿真原理图的编辑环境就是电路原理图的编辑环境，创建和绘制电路仿真原理图的方法与前面的电路原理图设计文件的创建方法完全相同，可参考前面的第 2 章~第 3 章，在此不再赘述。其中 9.1 节案例使用了系统自带例子。

但在进行电路仿真原理图的绘制时，仍然与原来的电路原理图绘制有一点区别，即其中所有的元件必须具有相应的仿真模型，否则在进行仿真分析时将出现错误，不能继续运行或不能得到正确结果，也就无法进行仿真。

2．装载仿真元件库和激励源库

Protel DXP 软件不再提供专门的电路仿真元件库，而采用了集成元件库（*.IntLib）模式，即元件库中的元件图符号、元件封装图符号、电路仿真模型和信号完整性分析的输入/输出模型等信息都集成在同一元件内，在调用元件时可以将所需信息同步传递给具体设计项目。

但仍需注意，并不是元件库中的所有元件都具有电路仿真模型（Simulation）。只有在元件属性的"Models"选项组中具备"Simulation"项的元件，才可以进行仿真。如图 9.22 所示，这是一个含有电路仿真模型的电阻。反之，没有"Simulation"项的元件，不能进行电路仿真。

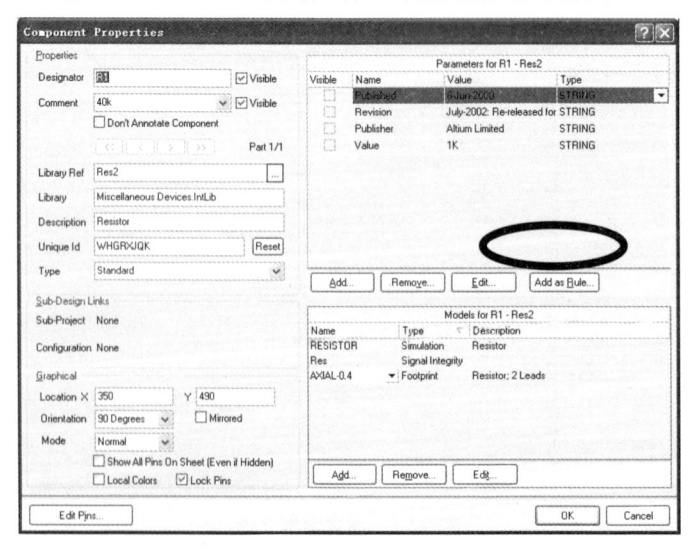

图 9.22　含有电路仿真模型的电阻元件属性对话框

仿真电路中应有专门的仿真激励源，用于产生和提供各种仿真测试信号。为此，Protel DXP 软件中提供了专门的仿真激励源库，它的默认安装路径为"\Altium\Library\Simulation"。

其中包含 5 个子库，分别介绍如下。

①Simulation Math Function.IntLib：数学函数模块库，其中收集了加、减、乘、除等众多数学函数模块的符号。

②Simulation Sources.IntLib：仿真激励源库，其中包含电压源在内的所有仿真激励源。

③Simulation Special Function.IntLib：特殊功能模块库，内含压控开关、限流器等众多特殊功能模块的符号。

④Simulation Transmission Line.IntLib：传输线库，其中包括各种传输线的符号。

⑤Simulation Voltage Source.IntLib：电压源库，其中含有所有的电压源。

上述仿真激励源库，在需要时可以先加载，再从相关库中调取元件符号放置到原理图上。

3．放置仿真元件，进行参数设置

由于电路中的元件是用来仿真的，因此必须对其仿真参数做一系列相关的设置，这是得到正确仿真结果的首要条件，即在进行仿真时元件必须具有仿真模型。而且元件参数必须在仿真模型的相关选项中设置，常见仿真模型的参数是 Value，参数值较多的元件在后面讲述具体仿真元件时再进行介绍。

4．放置电源和仿真激励源，并进行参数设置

电路仿真激励源是进行电路仿真时，给仿真电路提供标准的激励信号。在电子工程中，常用的激励源有阶跃信号激励源、脉冲信号激励源、正弦信号激励源等，用户可以根据不同的测试要求选择不同的仿真激励源。

添加电源和仿真激励源时，还要对它们进行设置，特别是仿真激励源，一定要根据测试要求设置诸如幅值、频率、相位、初始值等参数。

5．连接电路，放置电路测试点

在原理图中用导线将上述各元件连接起来，在需要仿真测试的地方添加网络标号，添加的方法和一般电路原理图中添加网络标号的方法一样。在 Protel DXP 软件的电路仿真器中，如果不添加网络标号，那么系统仅提供所有元件两端的电压、流过它的电流和消耗的功率。

6. 设置电路仿真方式及参数

Protel DXP 软件为读者提供了多种电路仿真方式，如工作点分析、瞬态特性分析、交流小信号分析等，不同的电路仿真方式将出现不同形式的仿真结果，用户可以根据自己的需要选择不同的分析方式进行仿真。不同的分析方式需要设置的参数是不一样的，只有正确地进行参数设置，才能得到正确的仿真结果。

7. 运行仿真

以上步骤都完成后就可以开始进行仿真了。选择"Design\Simulate\Mixed Sim"命令，系统就自动进行电路仿真，如果电路仿真原理图正确无误，系统就会给出电路仿真的结果，并把该结果存为*.sdf文件。如果仿真过程中出现错误，则会终止仿真，并在"Message"对话框中给出相应的错误信息，返回原理图中将错误修正后，再次进行仿真，直到不再出现错误为止。

8. 分析、验证仿真结果

利用波形显示窗口在*.sdf文件中查看、比较、分析仿真结果，如果对仿真结果不满意，可以再次修改、调整电路仿真原理图中元件的参数，然后再次进行电路仿真，直至得到满意的仿真结果为止。

9.3 常用元件参数设置

前面说过，在运用 Protel DXP 软件进行仿真分析时，原理图中的所有元件必须包含仿真模型，并且对这些元件进行正确的参数设置。为此，设计者必须熟悉 Protel DXP 软件中的仿真元件的种类及其参数含义，这是进行电路仿真的基础。

Protel DXP 软件中的仿真元件种类很多，在此仅对常用的元件及其参数进行介绍，这些元件大多集中在"Miscellaneous Devices.IntLib"库中。

9.3.1 电阻器设置

1. 电阻

电阻是所有原理图中都必须用到的基本元件，其设置也是比较简单的。Protel DXP 软件提供了固定电阻和半导体电阻两种类型的基本电阻，固定电阻根据外形的不同，有三种不同的形式：Res1、Res2 和 Res3。固定电阻和半导体电阻如图9.23所示。

```
    R?          R?          R?          R?
   Res1        Res2        Res3       Res Semi
   1kΩ         1kΩ         1kΩ         1kΩ
```

图9.23　电阻

对于固定电阻，其设置方法如下。

①打开电阻属性对话框，在对话框的"Models for R？-Res2"栏中双击"Simulation"属性。

②在弹出的电阻仿真属性编辑窗口中，单击"Parameters"标签，则出现固定电阻的仿真属性参数设置对话框，如图9.24所示。电阻只有一个Value参数，代表电阻阻值，默认的阻值大小为1kΩ。

半导体电阻的参数设置对话框如图9.25所示，其中各参数的含义如下。

①Value：电阻阻值，默认为1kΩ。

②Comment：电阻的参数或名称。

③Note1：可直接输入电阻的阻值，不受电阻长度、宽度和温度的影响。

④Length：电阻的长度。

⑤Width：电阻的宽度。

⑥Temperature：设置元件工作温度，以摄氏度为单位，默认为27℃。

单击"Add"按钮，可以为元件添加新的仿真参数，单击"Delete"按钮可以删除元件已有的仿真参数。

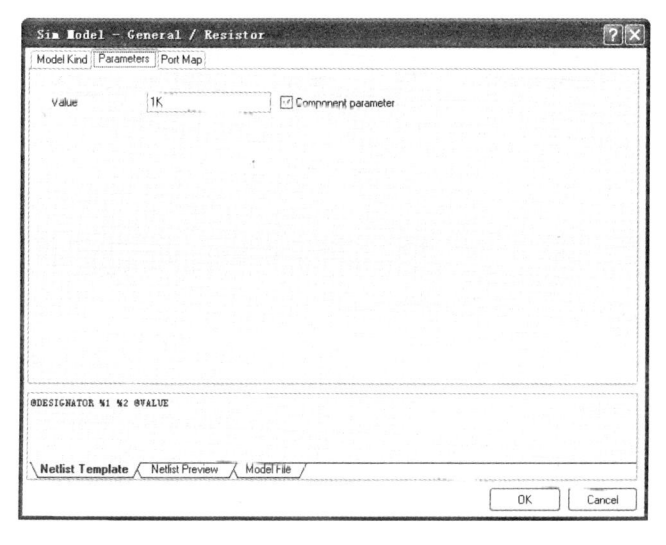

图9.24　固定电阻的"Parameters"选项卡

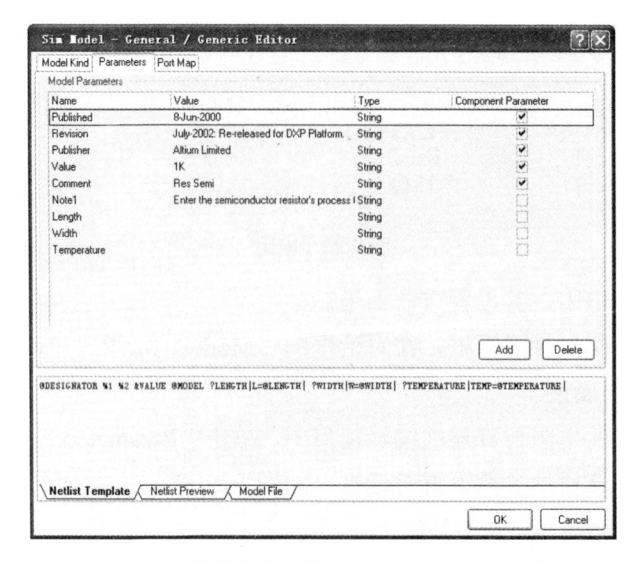

图 9.25 半导体电阻的"Parameters"选项卡

2. 可变电阻

如图 9.26 所示，元件库中提供了以下几种类型的仿真可变电阻。其"Parameters"选项卡的参数设置部分如图 9.27 所示。

其中各参数的含义如下。

①Value：设置电阻的阻值，默认值为 1kΩ。

②Set Position：第一脚和中间引脚之间的阻值与可变电阻总阻值之比，默认值为 0.5。

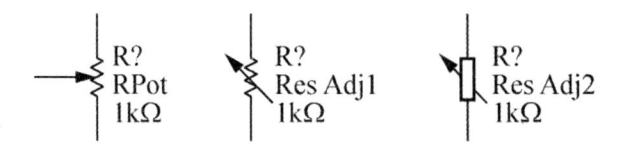

图 9.26 可变电阻

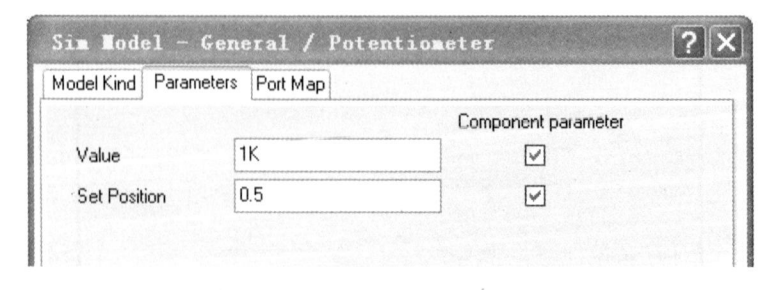

图 9.27 可变电阻的"Parameters"选项卡参数

9.3.2 电容器

仿真元件库中，提供了三种类型的电容，即 Cap、Cap Semi 和 Cap Pol，如图 9.28 所示。

图 9.28　电容

1. Cap 和 Cap Pol 的参数设置

Cap 和 Cap Pol 为无正负极性的固定电容和有正负极性的固定电容，其"Parameters"选项卡的参数设置部分如图 9.29 所示。

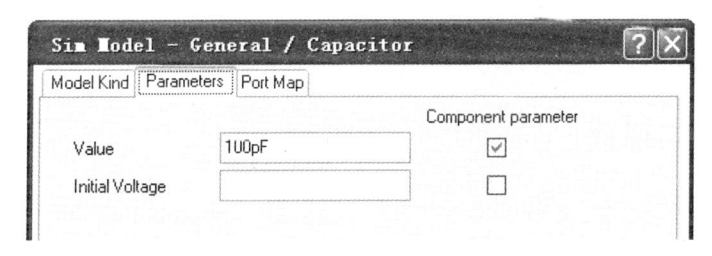

图 9.29　电容的"Parameters"选项卡参数

其中各参数的含义如下。

①Value：设置电容容量参数，默认为 100pF。

②Initial Voltage：电容两端的起始电压值，单位为 V，默认值为 0。

2. Cap Semi 的参数设置

Cap Semi 为半导体电容，其"Parameters"选项卡的参数设置部分如图 9.30 所示。

其中各主要参数含义如下。

①Value：电容容量，默认值为 100pF。

②Comment：电容的参数或名称。

③Length：电容的长度。

④Width：电容的宽度。

⑤Initial Voltage：电容两端的起始电压值，单位为 V，默认值为 0。

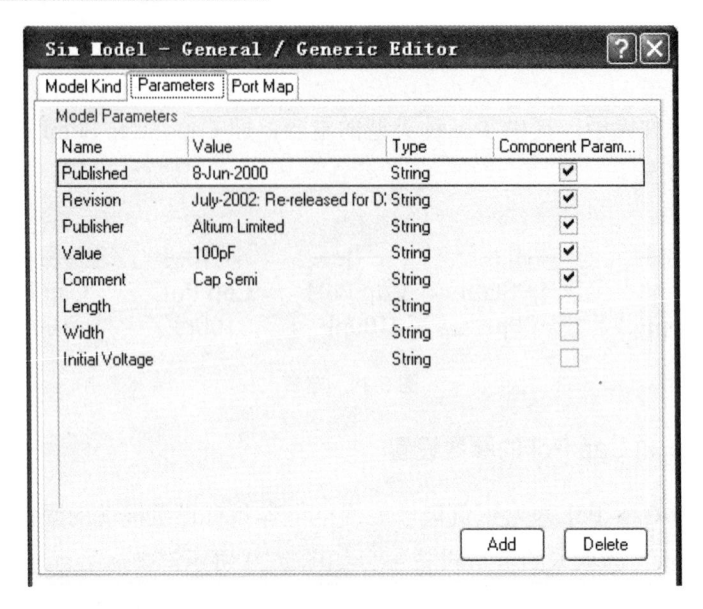

图9.30 可变电容的"Parameters"选项卡参数

9.3.3 电感器

仿真元件库中,提供了多种类型的电感,即 Inductor(固定电感)、Inductor Adj(可调电感)、Inductor Iron(固定铁芯电感)和 Inductor Iron Adj(可调铁芯电感)等,如图9.31所示。

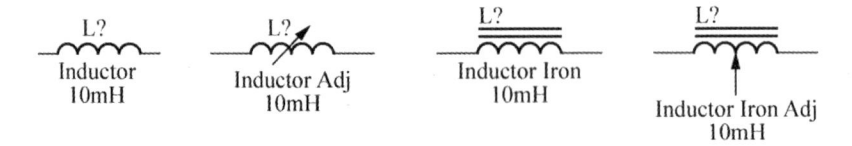

图9.31 电感

其中电感的"Parameters"选项卡的参数设置部分如图9.32所示。

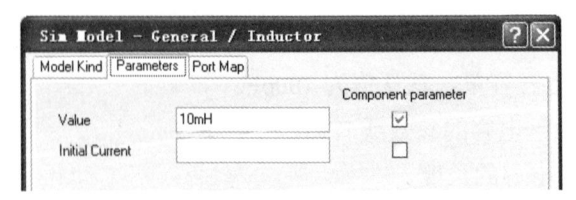

图9.32 电感的"Parameters"选项卡参数

其中各参数的含义如下。

①Value:电感量设置。

②Initial Current:电感起始电流设置。

9.3.4 石英晶体

石英晶体又称晶振，符号如图 9.33 所示。

其"Parameters"选项卡的参数设置部分如图 9.34 所示。

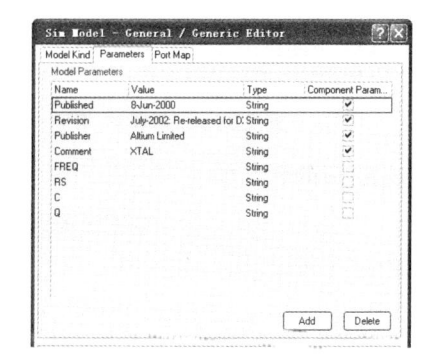

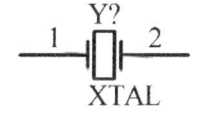

图 9.33　石英晶体　　图 9.34　石英晶体的"Parameters"选项卡参数

其中各主要参数的含义如下。

①FREQ：设置晶振的振荡频率。

②RS：设置晶振的串联电阻。

③C：设置晶振的等效电容值。

④Q：设置晶振的品质因数。

9.3.5 二极管

Protel DXP 软件中提供了多种类型的二极管，包括普通二极管（Diode）、稳压二极管（D Zener）、发光二极管（LED0）、变容二极管（D Varactor）、肖特基二极管（D Schottky）及隧道二极管（D Tunnel）等，如图 9.35 所示。除这几种常见的二极管之外，其他二极管几乎也都具有仿真模型，不再一一列举。

图 9.35　二极管

这些元件的仿真属性参数大都相同，其"Parameters"选项卡的参数设置部分如图 9.36 所示。

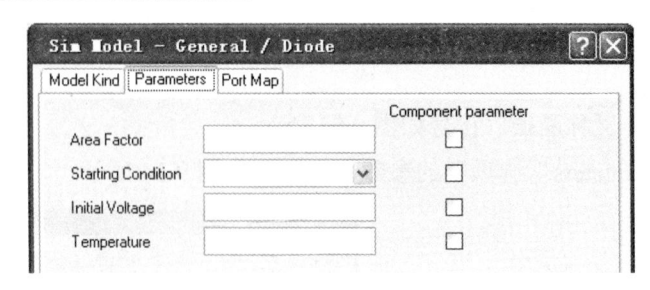

图9.36 二极管的"Parameters"选项卡参数

其中各参数的含义如下。

①Area Factor：可选项，该属性定义了三极管的面积因子。

②Starting Condition：可选项，设置二极管的初始工作条件。

③Initial Voltage：可选项，初始时刻二极管两端的电压值，单位为V，其默认值为0。该项仅在傅立叶仿真分析方式的使用初始条件被选中后才有效。

④Temperature：可选项，元件工作温度，以摄氏度为单位，默认为27℃。

9.3.6 三极管

Protel DXP 软件中提供了多种三极管，最基本的包括 NPN 和 PNP，如图9.37 所示。

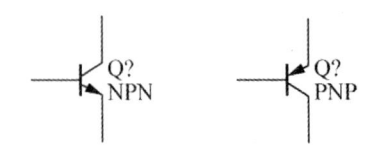

图9.37 三极管

它们的仿真属性参数都相同，其"Parameters"选项卡的参数设置部分如图9.38 所示。

图9.38 三极管的"Parameters"选项卡参数

其中各参数的含义如下。

①Area Factor：可选项，该属性定义了三极管的面积因子。

②Initial B-E Voltage：可选项，初始时刻基极和发射极两端的电压，单位为V，默认值为0。

③Initial C-E Voltage：可选项，初始时刻集电极和发射极两端的电压，单位为V，默认值为0。

④Starting Condition：可选项，初始条件，分析静态工作点时，管子的初始状态默认值为关断。

⑤Temperature：可选项，元件工作温度，以摄氏度为单位，默认为27℃。

9.3.7 场效应管

Protel DXP 软件提供了结型（JFET）和 MOS 型两种类型的场效应管的仿真模型，其中，MOS 场效应管应用最为广泛，也是现代集成电路中最常用的器件之一，下面以 MOS 场效应管为例来说明场效应管的仿真参数设置，如图 9.39 所示。

图 9.39 MOS 场效应管的"Parameters"选项卡参数

其中各参数的含义如下。

①Length：沟道长度。

②Width：沟道宽度。

③Drain Area：漏区面积。

④Source Area：源区面积。

⑤Drain Perimeter：漏区周长。

⑥Source Perimeter：源区周长。

⑦NRD：漏极扩散长度。

⑧NRS：源极扩散长度。

⑨Starting Condition：可选项，初始条件，分析静态工作点时，管子的初始状态默认值为关断。

⑩Temperature：可选项，元件工作温度，以摄氏度为单位，默认为27℃。

⑪Initial D-S Voltage：可选项，初始时刻漏极和源极两端的电压，单位为V，默认值为0。

⑫Initial G-S Voltage：可选项，初始时刻栅极和源极两端的电压，单位为V，默认值为0。

⑬Initial B-S Voltage：初始时刻公共端和源极两端的电压，单位为V，默认值为0。

虽然在多种类型的二极管、三极管和场效应管的仿真参数设置中，提供了各种仿真参数，但由于所有的二极管、三极管和场效应管都是成熟产品，一般情况下不用手工设置，只要使用系统默认值就可以了。

9.3.8 继电器

集成元件库提供的可以仿真的继电器（Relay）有 Relay-SPST（单刀单掷型）、Relay-SPDT（单刀双掷型）、Relay-DPST（双刀单掷型）和 Relay-DPDT（双刀双掷型）4种，其 Parameters 选项卡的参数设置部分如图9.40所示。

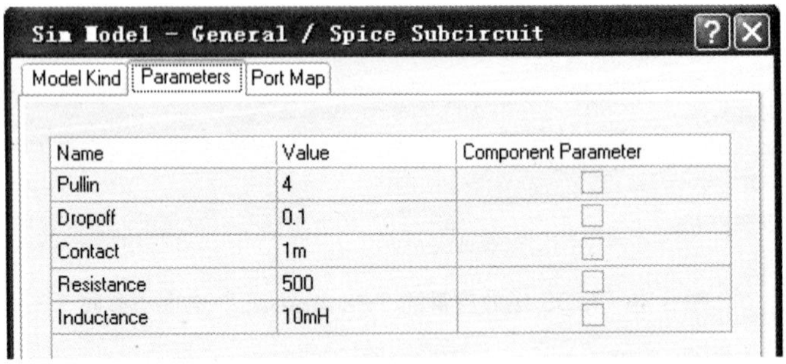

图9.40 继电器的"Parameters"选项卡参数

其中各参数的含义如下。

①Pullin：触点的吸合电压。

②Dropoff：触点的释放电压。

③Contact：继电器的铁芯吸合时间。

④Resistance：继电器线圈的电阻。

⑤Inductance：继电器线圈的电感。

9.3.9 熔丝

集成元件库提供了 3 种可以仿真的熔丝，分别是 Fuse1、Fuse2 和 Fuse Thermal，这些不同类型的保险丝的仿真属性参数基本相同，其"Parameters"选项卡的参数设置部分如图 9.41 所示。

图 9.41 熔丝的"Parameters"选项卡参数

其中各主要参数的含义如下。
①Resistance：设置保险丝的电阻阻值。
②Current：设置保险丝的熔断电流。

9.3.10 变压器

集成库中提供了具有仿真模型的各种变压器元件近十种，它们的仿真参数并不完全相同，现将通常设置的大多数参数列出，以供参考。
①InductanceA：一次侧线圈（原绕组）阻抗。
②InductanceB：一次侧线圈（原绕组）阻抗。
③Coupling Factor：电感耦合因数。
④NP：一次侧线圈电阻。
⑤SP：二次侧线圈电阻。
⑥Mag：互感。
⑦Leak：漏感。
⑧Ratio：变比。

9.3.11 集成电路

Protel DXP 软件中还提供了大量可用于仿真的 TTL 和 CMOS 集成逻辑器件。设计者可以调用这些数字电路到所设计的仿真原理图中，这些集成电路的"Parameters"选项卡的参数设置部分如图 9.42 所示。

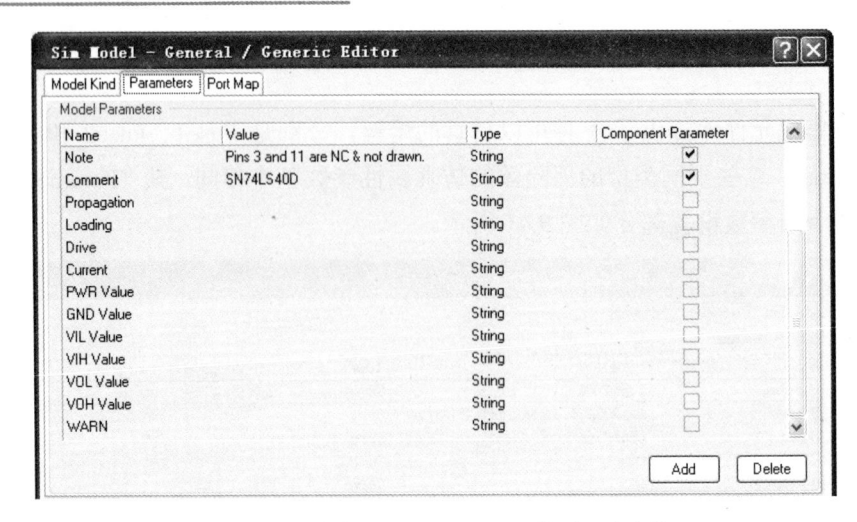

图 9.42　集成电路的"Parameters"选项卡参数

其中可设置参数的含义分别如下。

①Propagation：可选项，元件的延时，可以设置为最大或最小值供设计者使用，默认值为典型值。

②Loading：可选项，输入特性参数。默认值取典型值。该参数影响所有输入特性参数的取值范围，例如低电平输入电流（IIL），高电平输入电流）IIH）等。

③Drive：可选项，输出特性参数。默认值取典型值。该参数影响所有输出特性参数的取值范围，例如低电平输出电流（IOL）、高电平输出电流（IOH）和输出短路电流（IOS）等。

④Current：可选项，该参数影响电源电流的取值范围，默认值取典型值。

⑤PWR Value：可选项，电源的电压。将改变默认的数字集成器件支持电压值，如果定义该值，则 GND Value 值也需同时定义。

⑥GND Value：可选项，接地电压，如果定义该值，则 GND Value 值也需同时定义。

⑦VIL Value：低电平输入电压的最大值。当输入电压低于 VIL 值时，则认为输入了一个低电平电压。一般 TTL 的 VIL 为 0.8V，而 CMOS 的 VIL 为 0.2 倍 VDD，其中 VDD 为电源电压。

⑧VOL Value：低电平输出电压。一般而言，TTL 的 VOL 为 0.2V，而 CMOS 的 VOL 为 0。

⑨VIH Value：高电平输入电压的最小值。当输入电压高于 VIL 值时，则认为输入了一个高电平电压。一般而言，TTL 的 VIL 为 4.6V，而 CMOS 的 VIL 为 0.6 倍 VDD，其中 VDD 为电源电压。

⑩VOH Value：高电平输出电压。一般 TTL 的 VOL 为 4.6V，而 CMOS 的 VOL 为 VDD。

⑪WARN：警告信息。

9.3.12　两种专用仿真元件

Protel DXP 软件为了方便设计者，在仿真库"Simulation Source.IntLib"中提供了两种特殊的仿真元件，即初始电压元件".IC"和设置节点电压元件".NS"，如图 9.43 所示，其作用是用于电路中初始状态的设置。实际上，这类特殊的仿真元件并不属于真正意义上的仿真元件。

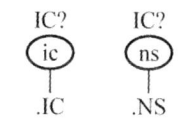

图 9.43　两种专用仿真元件

1. 初始电压元件

节点电压初值".IC"是 Initial Conditions（初始条件）的缩写，其重要作用是在进行瞬态特性分析时设置电路上某个节点的电压初值（起始电压值），其作用与电容中的 Initial Voltage 参数的作用类似。

当电路中存在储能元件（电容、电感等）时，常常会用到电压初值".IC"。典型应用为电容器的充放电电路。

节点电压初值".IC"仿真属性参数只有一个初始电压值（Initial Voltage）。其放置方法是将".IC"用导线或者直接与仿真的节点相连接，并修改初值。

使用".IC"元件定义了各节点电压初值后，在运行瞬态特性分析时，如果选择了"Use Initial Condition"选项，则仿真程序将不计算电路中的直流工作点，而直接采用".IC"元件所定义的电压初值作为运行瞬态特性分析的初始条件。

如果在运行瞬态特性分析时，没有选择"Use Initial Condition"选项，则仿真程序仍然需要先进行电路的直流工作点分析以获取初始时刻各节点的电压初始值。在计算直流工作点时，".IC"元件定义的节点电压初值将参与运算，从而影响瞬态特性分析的运行结果。

如果在电路中连接有电容并已经设置了初始值，而同时又在与电容相连接的电路上放置".IC"，则运行瞬态特性分析时，仿真程序仅仅应用电容两端的初始值，即电容的"Initial Voltage"参数将优先于".IC"的初始电压值。

2. 设置节点电压元件

节点电压设置元件".NS"是 Node Set（节点设置）的缩写。它用于设定电路中的节点电压，以使电路能够顺利地进入工作点分析状态，然后这些设置的节点电压值失效，系统继续进行实际的工作点分析。

在进行双稳态或不稳定电路的瞬态特性分析时，".NS"仿真元件用来设置某节点电压的预收敛值。".NS"是求节点电压收敛值的辅助手段，放置的方法是直接将".NS"与节点相连，并修改其 Value 参数。其仿真属性参数也只有一个初始电压值（Initial Voltage）。

总结以上两种特殊仿真元件的功能，可以看出初始状态的设置共有 3 种方式：".IC"设置、".NS"设置和元件属性参数中初始条件设置。在电路仿真时，如果电路中同时存在上述 3 种设置，则执行的优先级由高到低是元件属性参数中初始条件、".IC"设置和".NS"设置，如电路中某节点处同时有".IC"设置和".NS"设置，则执行时，".IC"设置将取代".NS"设置。

9.3.13 仿真数学函数

为满足仿真时对信号进行运算的需要，Protel DXP 软件的电路仿真器中还提供了多种数学函数模块，又称双端口数学函数。它们也是特殊的仿真元件，位于 Library\Simulation\Simulation Math Function.IntLib 元件库中，并不代表真正的元件，而仅仅是为了满足电路仿真时计算的方便。通过仿真数学函数可以把电路仿真原理图中的两个电路节点信号进行合成，如加、减、乘、除、开方等运算，也可以对一个电路节点信号进行变换，如取一个信号的正弦值等。其典型应用如图 9.44 所示，其中 M1 是反相运算模块，它把输入信号 IN 反相后输出，M3 是求和运算模块，它将 A、B 两个信号求和后输出。

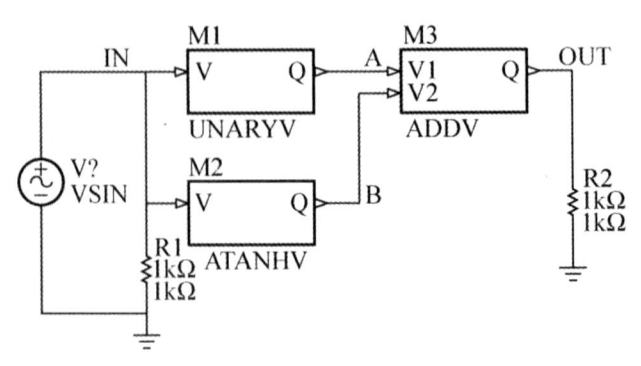

图 9.44 仿真数学函数模块

仿真数学函数模块的设置方法很简单，只要把仿真数学函数库中的功能模块调出，放到原理图中需要进行信号处理的地方就可以了。其仿真属性参数无须手工设置。

9.4 仿真激励源

电路要进行仿真就必须加适当的激励源，即仿真激励源，也就是输入给电路测试信号，好比是信号发生器，一般都是标准的测试信号，观察这些测试信号通过仿真电路后的输出，从而判断该仿真电路参数的合理性。

Protel DXP 软件提供了多种仿真激励源，均存放在文件目录\Library\Simulation Source.IntLib 库中，这些仿真激励源在电路仿真时，都默认为是理想的激励源，从而给仿真电路提供标准的激励信号。

9.4.1 直流源

直流源在仿真时用于提供直流电压和直流电流，包括直流电压源（VSRC）和直流电流源（ISRC），如图 9.45 所示。

图 9.45 直流源

以直流电压源为例，其"Parameters"选项卡的参数设置部分如图 9.46 所示。

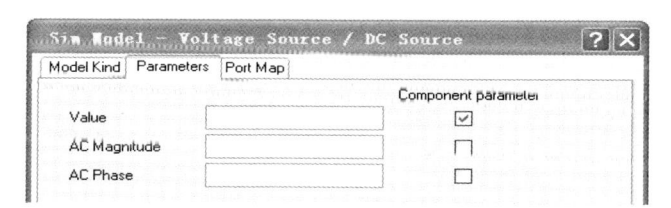

图 9.46 直流源的"Parameters"选项卡参数

其中各参数的含义如下。

①Value：直流电压的数值。

②AC Magnitude：交流小信号分析电压值，一般设置为 1V。

③AC Phase：交流小信号相位，一般设置为 0。

直流电流源的参数设置与直流电压源类似，只是在 Value 中应输入电流值。

9.4.2 正弦信号源

正弦信号源包括正弦电压源（VSIN）和正弦电流源（ISIN），如图 9.47 所示。用于提供电路中的正弦激励，进行瞬态分析和交流小信号分析。

以正弦电压源为例，其"Parameters"选项卡的参数设置部分如图 9.48 所示。

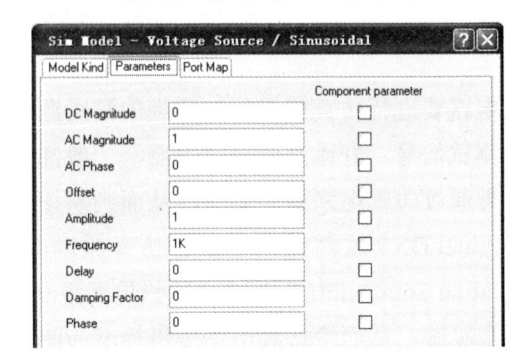

图 9.47　正弦信号源　　图 9.48　正弦电压源的"Parameters"选项卡参数

其中各参数的含义如下。

①DC Magnitude：直流参数，表示正弦信号的直流偏置，一般设置为 0。

②AC Magnitude：交流小信号分析的电压值，通常设置为 1V，当不进行交流小信号分析时，该值可以任意设置。

③AC Phase：交流小信号分析的电压初始相位，通常设置为 0。

④Offset：正弦信号激励波形上叠加的直流分量。

⑤Amplitude：正弦信号激励波形的幅值。

⑥Frequency：正弦信号激励波形的频率。

⑦Delay：初始时刻的延迟时间。

⑧Damping Factor：阻尼因子，影响正弦波幅度的变化。该值设置为 0 时，每个周期的正弦波幅度相等；该值设置为正值时，正弦波的幅度随时间变化而递减；该值设置为负值时，正弦波的幅度随时间变化而递增。

⑨Phase：正弦激励信号的初始相位值，单位为度。

9.4.3 脉冲信号源

脉冲信号源包括脉冲电压源（VPULSE）和脉冲电流源（IPULSE），如图 9.49 所示，用于提供周期性仿真脉冲电压和电流。其中，脉冲电压激励源在电路的瞬态分析中应用较多，利用该信号源可以产生矩形波、梯形波和三角波等常用的脉冲信号。

以脉冲电压源为例，其"Parameters"选项卡的参数设置部分如图9.50所示。其中各参数的含义如下。

①DC Magnitude：直流参数，表示脉冲信号的直流偏置，一般设置为0。

②AC Magnitude：交流小信号分析的电压值，通常设置为1V，当不进行交流小信号分析时，该值可以任意设置。

③AC Phase：交流小信号分析的电压初始相位，通常设置为0。

④Initial Value：脉冲初始电压值。

⑤Pulsed Value：脉冲电压幅度。

⑥Time Delay：初始时刻的延时时间。

⑦Rise Time：脉冲波形的上升时间。

⑧Fall Time：脉冲波形的下降时间。

⑨Pulse Width：脉冲波形高电平的时间宽度。

⑩Period：脉冲周期。

⑪Phase：脉冲波形的初始相位。

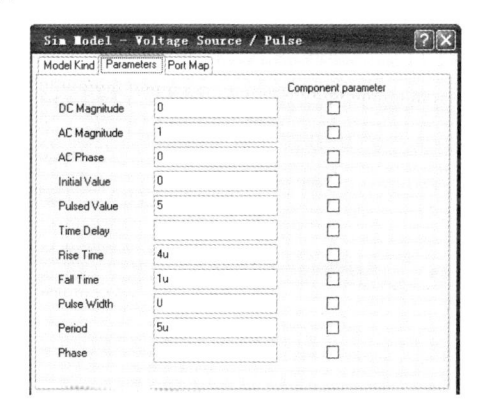

图9.49 脉冲信号源　　图9.50 脉冲电压源的"Parameters"选项卡参数

9.4.4 分段线性源

分段线性激励源为不规则的信号源，包括分段线性电压源（VPWL）和分段线性电流源（IPWL），如图9.51所示，其波形表现为折线，用于产生随机信号。

以分段线性电压源为例，其"Parameters"选项卡的参数设置部分如图9.52所示。

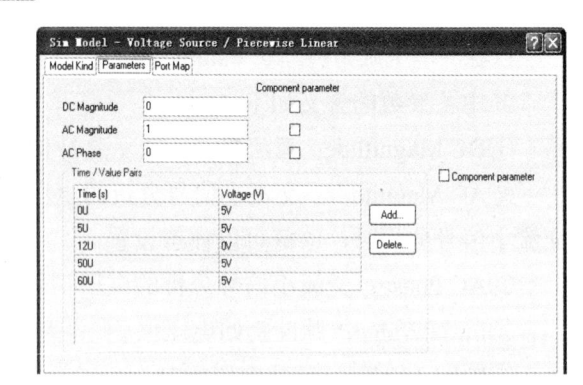

图 9.51　分段线性源　　　　图 9.52　分段线性电压源的"Parameters"选项卡参数

其中各参数的含义如下。

①DC Magnitude：直流参数，表示分段线性电压源的直流偏置，一般设置为0。

②AC Magnitude：交流小信号分析的电压值，通常设置为1V，当不进行交流小信号分析时，该值可以任意设置。

③AC Phase：交流小信号分析的电压初始相位，通常设置为0。

④Time/Value Pairs：时间—电压坐标对，用于设置波形的数据点。该信号源波形的每个数据点由一个时间值和一个电压值确定，其中第一点的时间坐标值为0。此处共设置了5个数据点。此外，单击对话框中的Add按钮或Delete按钮可以添加或删除数据点的时间—电压坐标值。

9.4.5　调频信号源

调频信号源包括调频电压源（VSFFM）和调频电流源（ISFFM）两类，一般用于高频电路仿真，如图9.53所示。

以调频电压源为例，其"Parameters"选项卡的参数设置部分如图9.54所示。

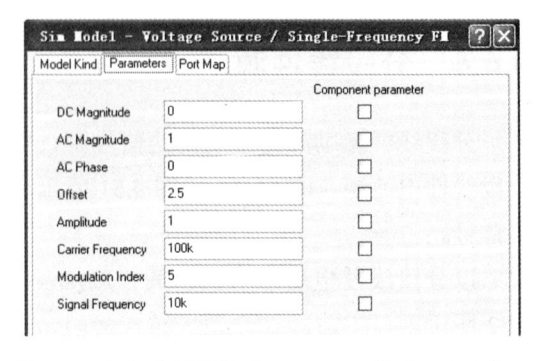

图 9.53　调频信号源　　　　图 9.54　调频电压源的"Parameters"选项卡参数

其中各参数的含义如下。

①DC Magnitude：直流参数，一般设置为 0。

②AC Magnitude：交流小信号分析的电压值，通常设置为 1V，当不进行交流小信号分析时，该值可以任意设置。

③AC Phase：交流小信号分析的电压初始相位，通常设置为 0。

④Offset：调频波形上叠加的直流分量。

⑤Amplitude：载波波形的幅值。

⑥Carrier Frequency：调频信号源的载波频率。

⑦Modulation Index：调制系数。

⑧Signal Frequency：调制信号的频率。

9.4.6 指数函数激励源

指数函数激励源也常用于高频电路仿真，它分为指数函数电压激励源（VEXP）和指数函数电流激励源（IEXP）两类，如图 9.55 所示。

以指数函数电压激励源为例，其 "Parameters" 选项卡的参数设置部分如图 9.56 所示。

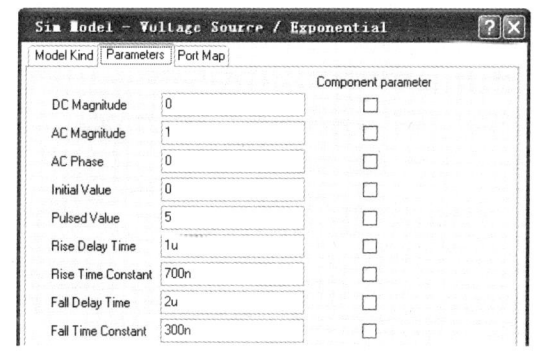

图 9.55 指数函数激励源　图 9.56 指数函数电压激励源的 "Parameters" 选项卡参数

其中各参数的含义如下。

①DC Magnitude：直流参数，一般可忽略，通常设置为 0。

②AC Magnitude：交流小信号分析的电压值，通常设置为 1V，当不进行交流小信号分析时，该值可以任意设置。

③AC Phase：交流小信号分析的电压初始相位，通常设置为 0。

④Initial Value：电压激励源的初始电压值。

⑤Pulsed Value：电压激励源的电压幅度值。

⑥Rise Delay Time：波形上升延时时间。

⑦Rise Time Constant：波形上升时间常量。

⑧Fall Delay Time：波形下降延时时间。
⑨Fall Time Constant：波形下降时间常量。

9.5 仿真实例

9.5.1 仿真步骤及注意事项

①绘制原理图。绘图时必须选择有仿真模型的元件，并且设置 Value 值或仿真模型属性。

②放置网络标号。为便于在仿真分析时选择分析信号，常常在需要分析的位置加网络标号。

③仿真分析。选择所需的仿真分析，进行必要的设置，设置完成后执行仿真命令进行仿真。

④分析仿真结果。有些仿真的结果并不是设计者需要的最终结果，因此需要对仿真结果进行分析。

9.5.2 仿真练习

例 1. 计算如图 9.57 所示电路中 N 点的电压及电路中的电流。

提示： 图中各元件显示的参数为 Value 值。仿真分析设置如图 9.58 所示，仿真结果如图 9.59 所示。

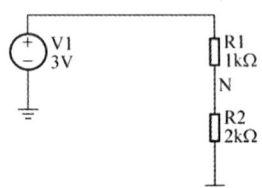

图 9.57 例 1 的原理图

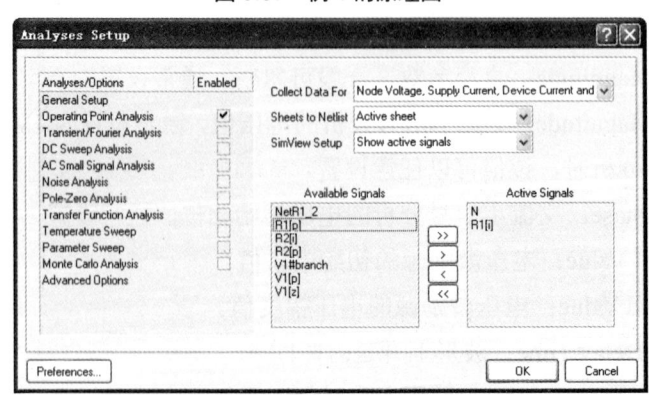

图 9.58 工作点仿真分析设置

第 9 章 电路仿真

n	2.000 V
r1[i]	-1.000mA

图 9.59　仿真结果

例 2. 观察如图 9.60 所示的输出信号波形。

提示：图中除 V2 和 Q1 外，各元件的参数为 Value 值，V2 的仿真模型设置如图 9.61 所示，Q1 用默认仿真模型即可。常规设置的瞬态分析设置如图 9.62 和 9.63 所示，仿真结果如图 9.64 所示。

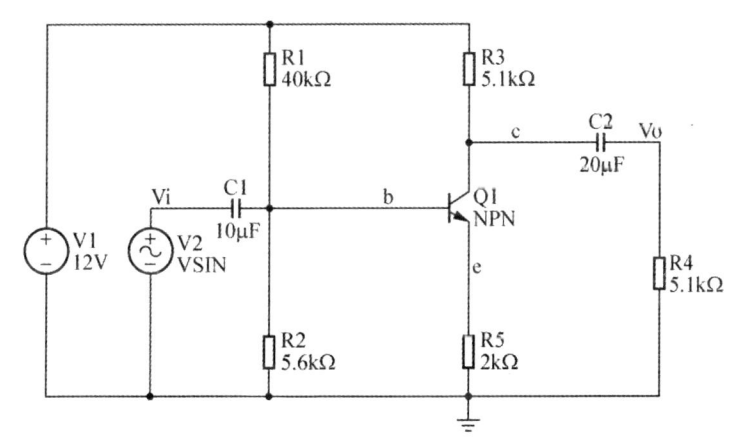

图 9.60　例 2 的原理图

图 9.61　V2 的仿真模型设置对话框

图 9.62　例 2 的常规设置对话框

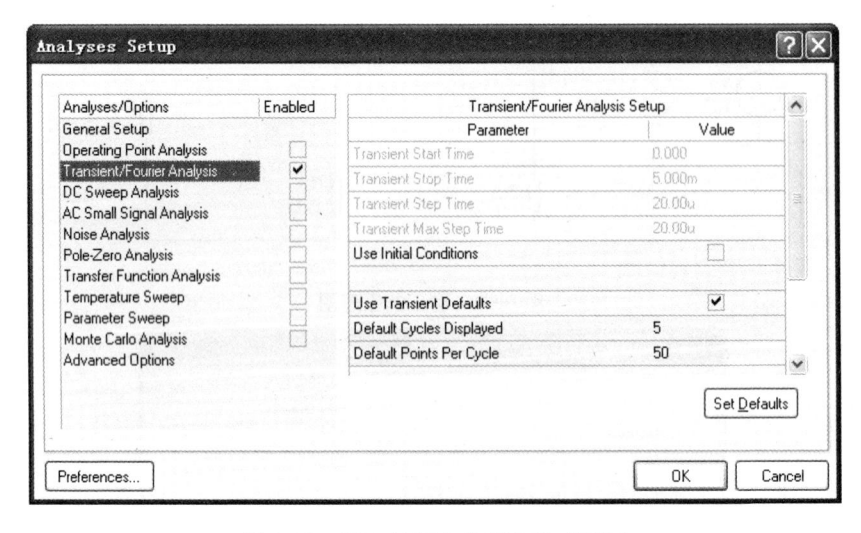

图 9.63　例 2 的瞬态分析设置对话框

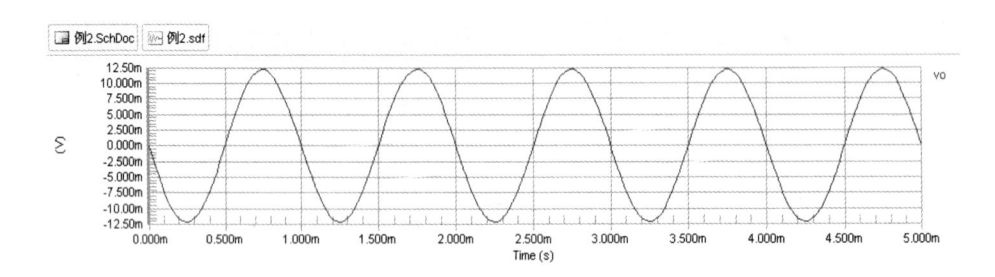

图 9.64　例 2 的仿真结果

例 3. 将例 1 中直流电源的电压值由 1V 增加至 6V，计算电源变化时 N

点的电压。

提示：选择直流扫描分析。仿真分析设置如图 9.65 所示，仿真结果如图 9.66 所示。选择标尺，在仿真结果中可以方便地读出在电源 V1 取不同值时 N 点的电压。

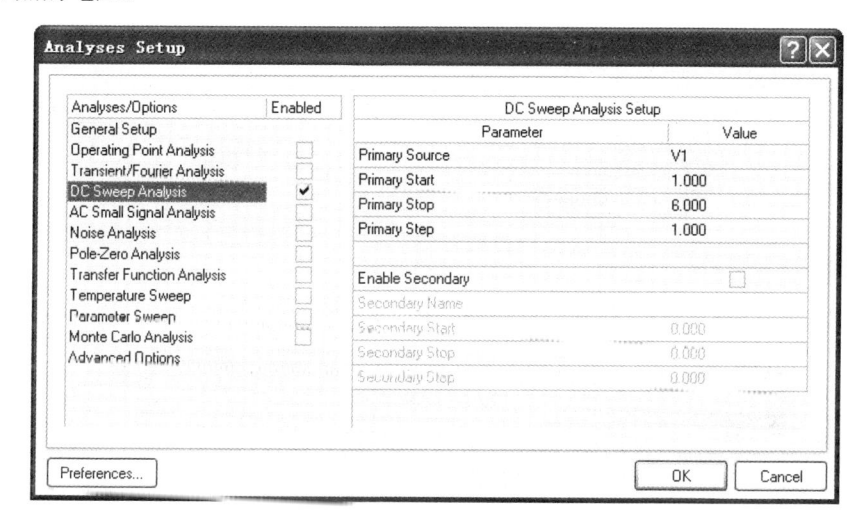

图 9.65　例 3 的仿真分析设置

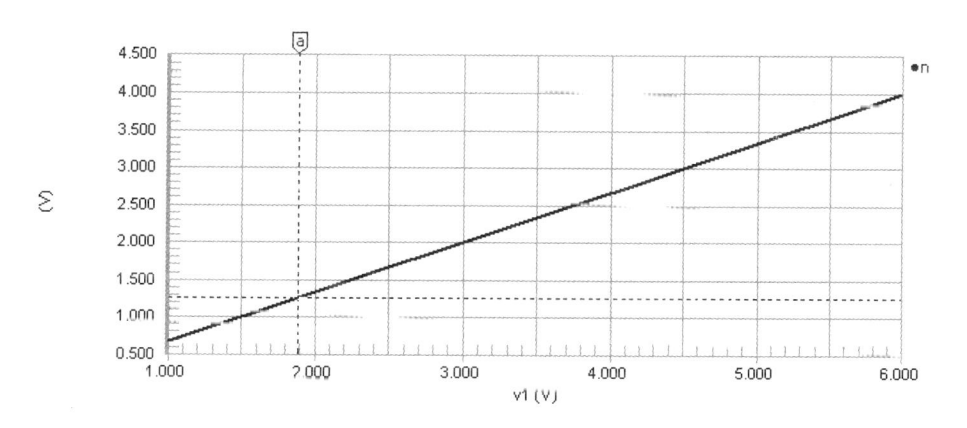

图 9.66　例 3 的仿真结果

例 4. 计算如图 9.67 所示放大电路的放大倍数。

提示：选择交流小信号分析。常规设置和交流信号分析设置如图 9.68 和图 9.69 所示，在仿真结果中执行右键菜单中的"Add Wave to Plot"命令，弹出如图 9.70 所示的建立放大倍数曲线的对话框，选择"vo/vi"，单击"Create"按钮，即可建立放大倍数曲线，如图 9.71 所示；由此，也可以进一步得出放大电路的截止频率。

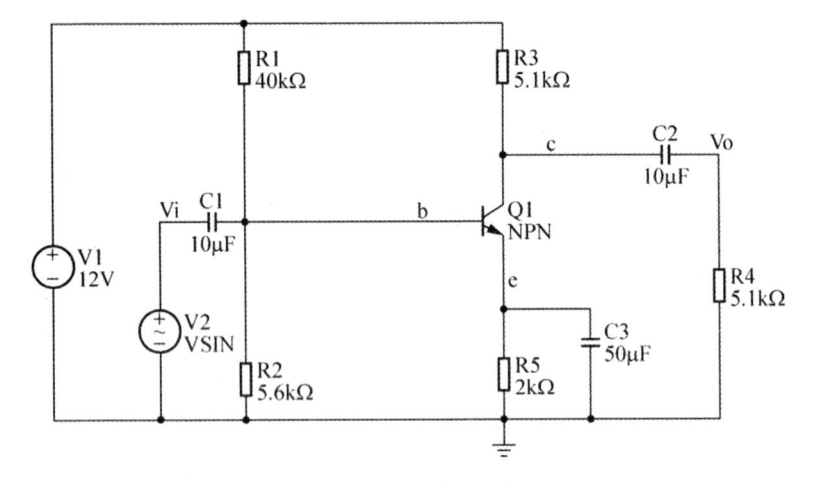

图 9.67　例 4 的原理图

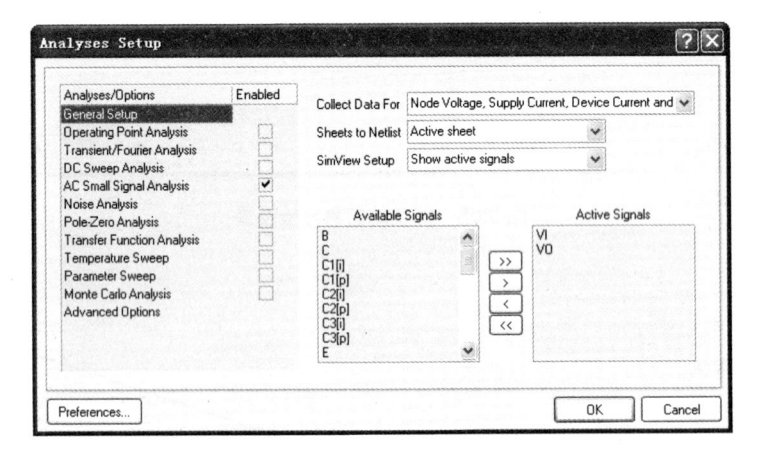

图 9.68　例 4 的常规设置

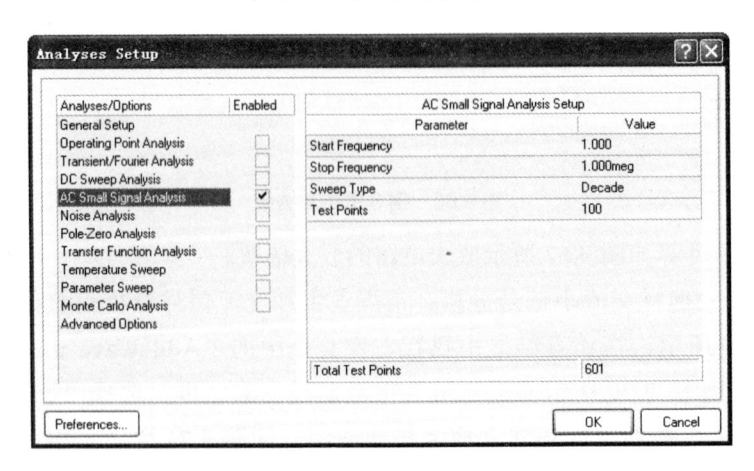

图 9.69　例 4 的交流小信号分析设置

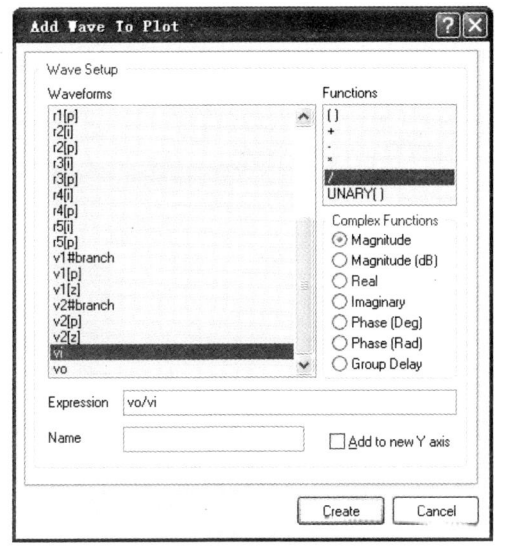

图 9.70 建立放大倍数曲线

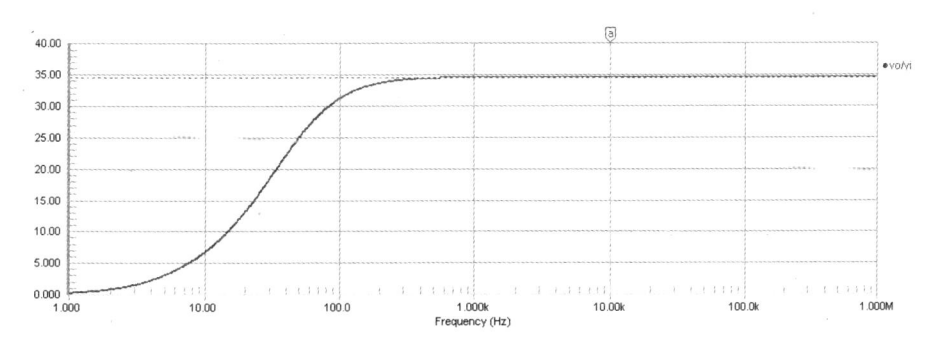

图 9.71 例 4 的仿真结果

例 5. 计算如图 9.72 所示电路在温度从 0℃ 到 100℃ 变化时集电极的电压。

提示：选择温度扫描分析。仿真分析设置如图 9.73 所示。仿真结果如图 9.74 所示。

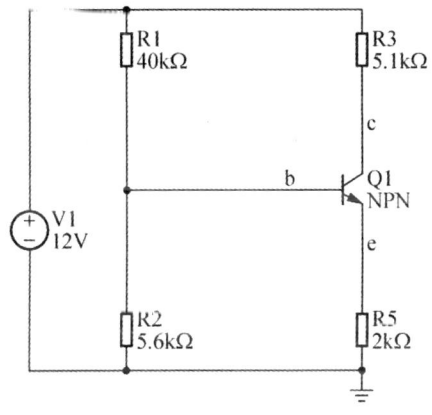

图 9.72 例 5 的原理图

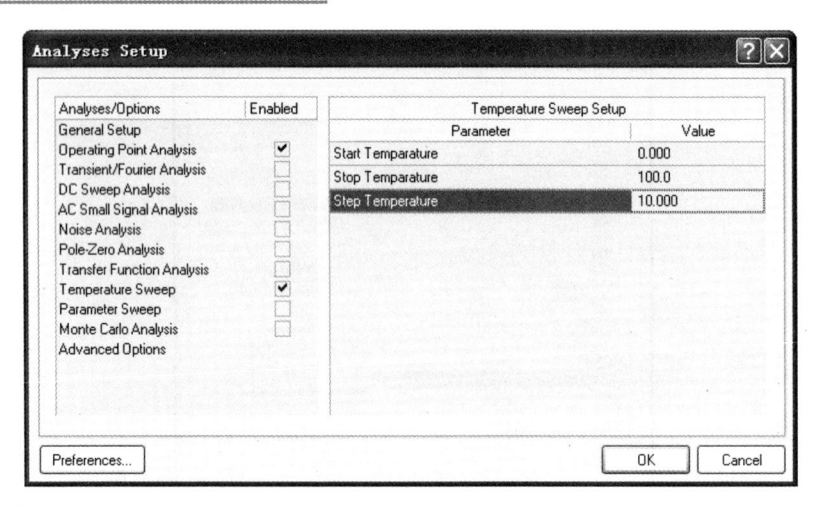

图 9.73 仿真分析设置

c	10.21 V
c_t01	10.21 V
c_t02	10.27 V
c_t03	10.23 V
c_t04	10.20 V
c_t05	10.16 V
c_t06	10.13 V
c_t07	10.09 V
c_t08	10.06 V
c_t09	10.02 V
c_t10	9.986 V
c_t11	9.951 V

图 9.74 例 5 的仿真结果

> **注意**：温度扫描分析必须与瞬态分析、交流小信号分析、直流扫描分析和静态工作点分析中的一种相结合才可以进行仿真分析。本例中选择的是与工作点分析相结合，读者可以选择与其他分析相结合进行仿真分析的练习。

例 6. 将例 1 中的 R1 从 1 kΩ 升至 6 kΩ，计算 N 点的电压。

提示：选择参数扫描分析。仿真分析设置如图 9.75 所示。仿真结果如图 9.76 所示。

第 9 章 电路仿真

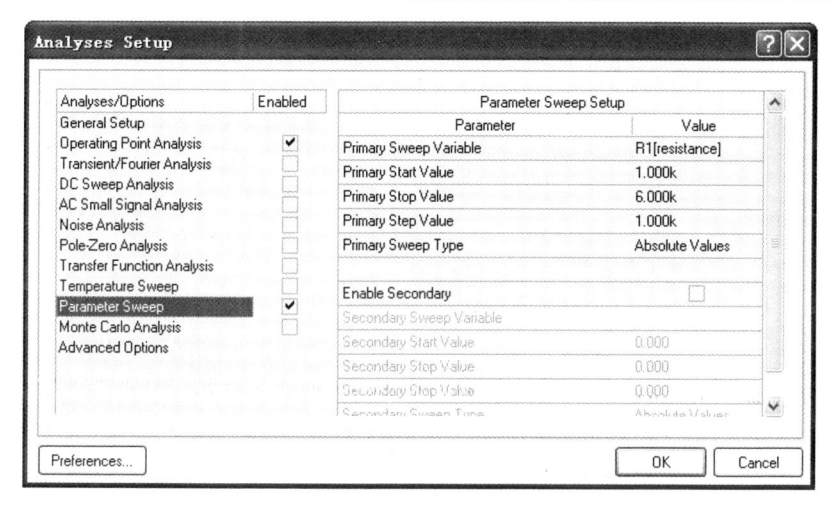

图 9.75 参数扫描分析设置

n	2.000 V
n_p1	2.000 V
n_p2	1.500 V
n_p3	1.200 V
n_p4	1.000 V
n_p5	857.1mV
n_p6	750.0mV

图 9.76 仿真结果

第10章 电路板的设计原则

10.1 一般原则

10.1.1 电路板的选择

电路板设计的一般原则包括电路板的选用、电路板尺寸、元件布局、布线、焊盘、填充、跨接线等。

电路板一般用敷铜层压板制成，板层选用时要从电气性能、可靠性、加工工艺要求和经济指标等方面考虑。常用的敷铜层压板有敷铜酚醛纸质层压板、敷铜环氧纸质层压板、敷铜环氧玻璃布层压板、敷铜环氧酚醛玻璃布层压板、敷铜聚四氟乙烯玻璃布层压板和多层印刷电路板用环氧玻璃布等。不同材料的层压板有不同的特点。

环氧树脂与铜箔有极好的黏合力，因此铜箔的附着强度和工作温度较高，可以在260℃的熔锡中不起泡。环氧树脂浸过的玻璃布层压板受潮气的影响较小。

超高频电路板最好是敷铜聚四氟乙烯玻璃布层压板。

在要求阻燃的电子设备上，还需要阻燃的电路板，这些电路板都是浸入了阻燃树脂的层压板。电路板的厚度应该根据电路板的功能、所装元件的重量、电路板插座的规格、电路板的外形尺寸和承受的机械负荷等来决定。电路板主要应该保证足够的刚度和强度。

常见的电路板的厚度有0.5mm、1.0mm、1.5mm和2.0mm。

10.1.2 电路板尺寸

从成本、铜膜线长度、抗噪声能力考虑，电路板的尺寸越小越好，但是尺寸太小，则散热不良，且相邻的导线容易引起干扰。电路板的制作费用是和电路板的面积相关的，面积越大，造价越高。在设计具有机壳的电路板时，电路板的尺寸还受机箱外壳大小的限制，一定要在确定电路板尺寸前确定机壳大小，否则就无法确定电路板的尺寸。

一般情况下，在禁止布线层中指定的布线范围就是电路板尺寸的大小。电路板的最佳形状是矩形，长宽比为 3：2 或 4：3，当电路板的尺寸大于 200mm×150mm 时，应该考虑电路板的机械强度。

总之，应该综合考虑利弊来确定电路板的尺寸。

10.1.3　电路板布局

虽然 Protel DXP 能够自动布局，但是实际上电路板的布局几乎都是手工完成的。要进行布局时，一般遵循如下规则。

1. 特殊元件的布局

特殊元件的布局从以下几个方面考虑。

①高频元件：高频元件之间的连线越短越好，设法减小连线的分布参数和相互之间的电磁干扰，易受干扰的元件不能离得太近。隶属于输入和隶属于输出的元件之间的距离应该尽可能大一些。

②具有高电位差的元件：应该加大具有高电位差元件和连线之间的距离，以免出现意外短路时损坏元件。为了避免爬电现象的发生，一般要求 2000V 电位差之间的铜膜线距离应该大于 2mm，若对于更高的电位差，距离还应该加大。带有高电压的元件，应该尽量布置在调试时手不易触及的地方。

③重量太大的元件：此类元件应该有支架固定，而对于又大又重、发热量多的元件，不宜安装在电路板上。

④发热与热敏元件：注意发热元件应该远离热敏元件。

⑤可以调节的元件：对于电位器、可调电感线圈、可变电容、微动开关等可调元件的布局应该考虑整机的结构要求，若是机内调节，应该放在电路板上容易调节的地方，若是机外调节，其位置要与调节旋钮在机箱面板上的位置相对应。

⑥电路板安装孔和支架孔：应该预留出电路板的安装孔和支架的安装孔，因为这些孔和孔附近是不能布线的。

2. 按照电路功能布局

如果没有特殊要求，应尽可能按照原理图的元件安排对元件进行布局，信号从左边进入、从右边输出，从上边输入、从下边输出。

按照电路流程，安排各个功能电路单元的位置，使布局便于信号流通，并使信号尽可能保持一致方向。以每个功能电路为核心，围绕这个核心电路进行布局，元件安排应该均匀、整齐、紧凑，原则是减少和缩短各个元件之间的引线和连接。

数字电路部分应该与模拟电路部分分开布局。

3．元件离电路板边缘的距离

所有元件均应该放置在离板边缘 3mm 以内的位置，或者至少距电路板边缘的距离等于板厚，这是由于在大批量生产中进行流水线插件和进行波峰焊时，要提供给导轨槽使用，同时也是防止由于外形加工引起电路板边缘破损，引起铜膜线断裂导致废品。如果电路板上元件过多，不得已要超出 3mm 时，可以在电路板边缘上加上 3mm 辅边，在辅边上开 V 形槽，在生产时用手掰开。

4．元件放置的顺序

首先放置与结构紧密配合的固定位置的元件，如电源插座、指示灯、开关和连接插件等；

再放置特殊元件，例如发热元件、变压器、集成电路等；

最后放置小元件，例如电阻、电容、二极管等。

10.1.4 电路板布线

布线的规则如下。

① 线长：铜膜线应尽可能短，在高频电路中更应该如此。铜膜线的拐弯处应为圆角或斜角，而直角或尖角在高频电路和布线密度高的情况下会影响电气性能。当双面板布线时，两面的导线应该相互垂直、斜交或弯曲走线，避免相互平行，以减少寄生电容。

② 线宽：铜膜线的宽度应以能满足电气特性的要求而又便于生产为准则，它的最小值取决于流过它的电流，但是一般不宜小于 0.2mm。若板面积足够大时，铜膜线宽度和间距最好选择 0.3mm。一般情况下，1~1.5mm 的线宽，允许流过 2A 的电流。例如，地线和电源线最好选用大于 1mm 的线宽。在集成电路焊盘之间走两根线时，焊盘直径为 50mil，线宽和线间距都是 10mil，当焊盘之间走一根线时，焊盘直径为 64mil，线宽和线间距都为 12mil。注意公制和英制之间的转换，100mil=2.54mm。

③ 线间距：相邻铜膜线之间的间距应该满足电气安全要求，同时为了便于生产，间距应该越宽越好。最小间距至少能够承受所加电压的峰值。在布线密度低的情况下，间距应该尽可能大。

④ 屏蔽与接地：铜膜线的公共地线应该尽可能放在电路板的边缘部分。

在电路板上应该尽可能多地保留铜箔做地线，这样可以使屏蔽能力增强。另外地线的形状最好做成环路或网格状。多层电路板由于采用内层做电源和地线专用层，因而可以起到更好的屏蔽作用。

10.1.5 焊盘

1. 焊盘尺寸

焊盘的内孔尺寸必须从元件引线直径和公差尺寸以及镀锡层厚度、孔径公差、孔金属化电镀层厚度等方面考虑，通常情况下以金属引脚直径加上 0.2mm 作为焊盘的内孔直径。例如，电阻的金属引脚直径为 0.5mm，则焊盘孔直径为 0.7mm，而焊盘外径应该为焊盘孔径加 1.2mm，最小应该为焊盘孔径加 1.0mm。

当焊盘直径为 1.5mm 时，为了增加焊盘的抗剥离强度，可采用方形焊盘。

对于孔直径小于 0.4mm 的焊盘，焊盘外径/焊盘孔直径=0.5～3。

对于孔直径大于 2mm 的焊盘，焊盘外径/焊盘孔直径=1.5～2。

常用的焊盘尺寸如表 10.1 所示。

表 10.1 常用的焊盘尺寸

焊盘孔直径（mm）	0.4	0.5	0.6	0.8	1.0	1.2	1.6	2.0
焊盘外径（mm）	1.5	1.5	2.0	2.0	2.5	3.0	3.5	4.0

2. 注意事项

①焊盘孔边缘到电路板边缘的距离要大于 1mm，这样可以避免加工时导致焊盘缺损。

②焊盘补泪滴，当与焊盘连接的铜膜线较细时，要将焊盘与铜膜线之间的连接设计成泪滴状，这样可以使焊盘不容易被剥离，而铜膜线与焊盘之间的连线不易断开。

③相邻的焊盘要避免有锐角。

10.1.6 大面积填充

电路板上的大面积填充的目的有两个，一个是散热，另一个是用屏蔽减少干扰。为避免焊接时产生的热使电路板产生的气体无处排放而使铜膜脱落，应该在大面积填充上开窗口，或者使填充为网格状。使用敷铜也可以达到抗干扰的目的，而且敷铜可以自动绕过焊盘并可连接地线。

10.1.7　跨接线

在单面电路板的设计中，当有些铜膜无法连接时，通常的做法是使用跨接线，跨接线的长度应该选择如下三种：6mm、8mm 和 10mm。

10.2　接地

10.2.1　地线的共阻抗干扰

电路图上的地线表示电路中的零电位，并用作电路中其他各点的公共参考点，在实际电路中由于地线（铜膜线）阻抗的存在，必然会带来共阻抗干扰，因此在布线时，不能将具有地线符号的点随便连接在一起，这可能会引起有害的耦合而影响电路的正常工作。

10.2.2　如何连接地线

通常在一个电子系统中，地线分为系统地、机壳地（屏蔽地）、数字地（逻辑地）和模拟地等几种，在连接地线时应该注意以下几点。

①正确选择单点接地与多点接地。在低频电路中，信号频率小于1MHz，布线和元件之间的电感可以忽略，而地线电路电阻上产生的压降对电路影响较大，所以应该采用单点接地法。当信号的频率大于 10MHz 时，地线电感的影响较大，所以宜采用就近接地的多点接地法。当信号频率在 1～10MHz 之间时，如果采用单点接地法，地线长度不应该超过波长的1/20，否则应该采用多点接地。

②数字地和模拟地分开。电路板上既有数字电路，又有模拟电路，应该使它们尽量分开，而且地线不能混接，应分别与电源的地线端连接（最好电源端也分别连接）。要尽量加大线性电路的面积。一般数字电路的抗干扰能力强，TTL 电路的噪声容限为 0.4～0.6V，CMOS 数字电路的噪声容限为电源电压的 0.3～0.45 倍，而模拟电路部分只要有微伏级的噪声，就足以使其工作不正常。所以两类电路应该分开布局和布线。

③尽量加粗地线。若地线很细，接地电位会随电流的变化而变化，导致电子系统的信号受到干扰，特别是模拟电路部分，因此地线应该尽量宽，一般以大于 3mm 为宜。

④将接地线构成闭环。当电路板上只有数字电路时，应该使地线形成环路，这样可以明显提高抗干扰能力，这是因为当电路板上有很多集成电路时，若地线很细，会引起较大的接地电位差，而环形地线可以减少接地电阻，从而减小接地电位差。

⑤同一级电路的接地点应该尽可能靠近，并且本级电路的电源滤波电容也应该接在本级的接地点上。

⑥总地线的接法。总地线必须严格按照高频、中频、低频的顺序一级级地从弱电到强电连接。高频部分最好采用大面积包围式地线，以保证有好的屏蔽效果。

10.3　抗干扰设计

具有微处理器的电子系统，抗干扰和电磁兼容性是设计过程中必须考虑的问题，特别是对于时钟频率高、总线周期快的系统，含有大功率、大电流驱动电路的系统，含微弱模拟信号以及高精度 A/D 变换电路的系统。为增加系统抗电磁干扰的能力应考虑采取如下措施。

①选用时钟频率低的微处理器。只要控制器的性能能够满足要求，时钟频率越低越好，低的时钟可以有效降低噪声和提高系统的抗干扰能力。由于方波中包含各种频率成分，其高频成分很容易成为噪声源，一般情况下，时钟频率 3 倍的高频噪声是最具危害性的。

②减小信号传输中的畸变。当高速信号（信号频率高、上升沿和下降沿陡的信号）在铜膜线上传输时，由于铜膜线电感和电容的影响，会使信号发生畸变，当畸变过大时，就会使系统工作不可靠。一般要求，信号在电路板上传输的铜膜线越短越好，过孔数目越少越好。典型值：长度不超过 25cm，过孔数不超过 2 个。

③减小信号间的交叉干扰。当一条信号线具有脉冲信号时，会对另一条具有高输入阻抗的弱信号线产生干扰，这时需要对弱信号线进行隔离，方法是加一个接地的轮廓线将弱信号包围起来，或者是增加线间距离，对于不同层面之间的干扰可以采用增加电源和地线层面的方法解决。

④减小来自电源的噪声。电源在向系统提供能源的同时，也将其噪声加到所供电的系统中，系统中的复位、中断以及其他一些控制信号最易受外界噪声的干扰，所以应该适当增加电容来滤掉这些来自电源的噪声。

⑤注意电路板与元件的高频特性。在高频情况下，电路板上的铜膜线、焊盘、过孔、电阻、电容、接插件的分布电感和电容不容忽略。由于这些分布电感和电容的影响，当铜膜线的长度为信号或噪声波长的 1/20 时，就会产生天线效应，对内部产生电磁干扰，对外发射电磁波。一般情况下，过孔和焊盘会产生 0.6pF 的电容，一个集成电路的封装会产生 2~6pF 的电容，一个电路板的接插件会产生 520nH 的电感，而一个 DIP-24 插座有 18nH 的电感，这些电容和电感对低时钟频率的电路没有任何影响，而对于高时钟频率的电路必须给予注意。

⑥元件布置要合理分区。元件在电路板上排列的位置要充分考虑抗电磁干扰问题。原则之一就是各个元件之间的铜膜线要尽量短，在布局上，要把模拟电路、数字电路和产生大噪声的电路（继电器、大电流开关等）合理分开，使它们相互之间的信号耦合最小。

⑦处理好地线。按照前面提到的单点接地或多点接地方式处理地线。将模拟地、数字地、大功率器件地分开连接，再汇聚到电源的接地点。电路板以外的引线要用屏蔽线，对于高频和数字信号，屏蔽电缆两端都要接地，低频模拟信号用的是屏蔽线，一般采用单端接地。对噪声和干扰非常敏感的电路或高频噪声特别严重的电路应该用金属屏蔽罩屏蔽。

⑧去耦电容。去耦电容以瓷片电容或多层陶瓷电容的高频特性较好。设计电路板时，每个集成电路的电源和地线之间都要加一个去耦电容。去耦电容有两个作用：一方面，作为集成电路的储能电容，提供和吸收该集成电路开门和关门瞬间的充放电电能；另一方面，旁路掉该器件产生的高频噪声。数字电路中典型的去耦电容为 $0.1\mu F$，这样的电容有 5nH 的分布电感，可以对 10MHz 以下的噪声有较好的去耦作用。一般情况下，选择 $0.01\sim0.1\mu F$ 的电容都可以。

一般要求每 10 片左右的集成电路增加一个 $10\mu F$ 的充放电电容。另外，在电源端、电路板的四角等位置应该跨接一个 $10\sim100\mu F$ 的电容。

10.4 高频布线

为了使高频电路板的设计更合理，抗干扰性能更好，在进行印制电路板设计时应从以下几个方面考虑。

①合理选择层数。利用中间内层平面作为电源和地线层，可以起到屏蔽的作用，有效降低寄生电感、缩短信号线长度、降低信号间的交叉干扰，一般情况下，四层板比两层板的噪声低 20dB。

②走线方式。走线必须按照 45°角拐弯，这样可以减小高频信号的发射和相互之间的耦合。

③走线长度。走线长度越短越好，两根线并行距离越短越好。

④过孔数量。过孔数量越少越好。

⑤层间布线方向。层间布线方向应该取垂直方向，就是顶层为水平方向，底层为垂直方向，这样可以减小信号间的干扰。

⑥敷铜。增加接地的敷铜可以减小信号间的干扰。

⑦包地。对重要的信号线进行包地处理，可以显著提高该信号的抗干扰能力，当然还可以对干扰源进行包地处理，使其不能干扰其他信号。

⑧信号线。信号走线不能环路，需要按照菊花链方式布线。

⑨去耦电容。在集成电路的电源端跨接去耦电容。

⑩高频扼流。数字地、模拟地等连接公共地线时要接高频扼流元件，一般是中心孔穿有导线的高频铁氧体磁珠。

10.5 电路板设计指导

初次设计电路板时可以参考如下数据。

①铜膜线线宽：单面板的线宽为 0.3mm，双面板的线宽为 0.2mm。

②铜膜线最小间隙：单面板的间隙为 0.3mm，双面板的间隙为 0.2mm。

③铜膜线距板边缘最小 1mm，元件距板边缘最小 5mm，焊盘距板边缘最小 4mm。

④一般通孔安装原件的焊盘直径起码是焊盘内孔直径的两倍。双面板的焊盘最小直径为 1.5mm。单面板的焊盘最小直径为 2～2.5mm。如果不能使用圆形焊盘，可以使用方形焊盘。

⑤电解电容不可靠近发热元件，例如大功率电阻、变压器、大功率三极管、三端稳压电源和散热器等。电解电容与这些元件的距离最小为 10mm。

⑥大型元件（变压器、直径 15mm 的电解电容，钮子开关、大电流插座等）的焊盘应该加大面积，至少是原焊盘面积的一倍。

⑦螺丝孔半径 5.00mm 内不能有铜膜线（除要求接地线外）及元件。

⑧上焊锡的位置不能有丝网漏印油。

⑨中心距小于 2.5mm 的焊盘周围要有丝印油包裹，丝印油宽度最小为 0.2mm，建议为 0.5mm。

⑩跳线不要放在集成电路、电位器以及其他大面积金属外壳的元件下面。

⑪在大面积电路板设计中（超过 $500cm^2$），为防止过锡炉时电路板弯曲，应该在电路板中间留一条 5～10mm 宽的空隙不放置元件（可以有铜膜线），用来放置防止电路板弯曲的压条。

⑫每个三极管都必须在丝网漏印层上标出 e-b-c 三个电极。

⑬需要过锡炉后才焊的元件焊盘，需要在焊盘上开走锡槽，槽的方向与过锡方向相反，槽的宽度视孔的直径而定。

⑭设计双面电路板时，要注意与电路板接触的金属外壳元件，电路板与这些元件接触位置的顶层焊盘和过孔应该用丝印油盖住，以免短路。

⑮为减少焊点短路，所有双面电路板的过孔都需要用丝印油盖住。

⑯每一块电路板都必须用实心箭头标出过锡炉的方向。

⑰布局时，DIP 封装的集成电路摆放方向应该与过锡炉的方向垂直，尽量不要平行。

⑱布线方向由垂直转入水平时，应该从 45°方向进入。

⑲元件放置应该是垂直或水平方向。

⑳丝网漏印层的字符为水平或右转 90°。

㉑物料编码和设计编号要放在电路板的空位置上。

㉒把没有接线的电路板位置安排为地线或电源。

㉓布线尽可能短，而时钟线和高频回路的布线应该更短。

㉔模拟电路和数字电路的地线和供电系统要完全分开。

㉕如果电路板有大面积的地线和电源线区（面积超过 $500mm^2$），应该局部开窗口。

㉖电路板的保险管、保险电阻、交流 220V 的滤波电容、变压器等元件附近，应该在顶层丝网漏印层上标出警告标记。

㉗交流 220V 电源部分的火线和中线的铜膜线间距不应该小于 3mm；220V 电源中的任何一根线与低压元件和低压焊盘、铜膜线之间的距离应该大于 6mm，并且要加上高电压符号，同时应该标注"HIGH VOLTAGE DANGER"的字符，弱电和强电之间应该用粗的丝网线分开，以警告维修人员小心操作。